彩图 1　美国 Richardsons 公司放牧
试验（王显国摄影）

彩图 2　放牧试验显示肉牛对不同
类型高粱采食差异（王显国摄影）

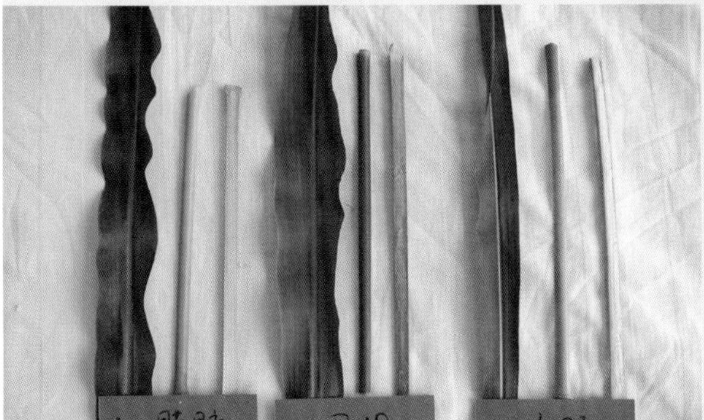

bmr-12高粱　　bmr-6高粱　　普通高粱

腊脉　　BMR　　白脉

彩图 3　不同叶脉类型饲草高粱茎叶
形态差异（李源摄影）

彩图 4　项目组在赤峰市林西县开展
奶牛饲喂褐色中脉饲草高粱青贮试验

彩图 5　试验场地及工作人员

彩图 6　项目负责人王显国与
试验人员合影

彩图 7　试验用青贮料

彩图 8　项目组负责人王显国
参观美国德州农工大学饲草高
粱品比试验田

彩图 9　项目组邀请澳大利亚太平洋种业公司高粱育种负责人 Wayne Chesher 来华交流褐色中脉饲草高粱育种和栽培利用技术

彩图 10　澳大利亚太平洋种业公司高粱育种负责人 Wayne Chesher 参观试验田

彩图 11　项目组在国家牧草产业技术体系黄骅试验站考察

彩图 12　项目组在国家牧草产业技术体系黄骅试验站（黄骅试验点）现场考察引种褐色中脉饲草高粱的生长情况

彩图 13　参观河北省农林科学院
旱作农业研究所位于海南三亚的
饲草高粱南繁试验田

彩图 14　参观河北省农林科学
院旱作农业研究所位于衡水市
的饲草高粱育种试验田

彩图 15　开展褐色中脉饲草高粱
育种试验（通辽市农业科学院海南
南繁基地）

本书由大北农教育基金学术专著专项资助出版

褐色中脉饲草高粱
品种引进及利用

王显国　薛建国　刘贵波　胡东良　主编

中国农业大学出版社
·北京·

内 容 简 介

本书以褐色中脉(BMR)饲草高粱在全国7个试验点的引种评价及饲喂试验结果为基础,重点介绍了各引进品种在我国东北、华北、华东、西北和西南地区的适应性及饲喂效果;同时,总结了国内外褐色中脉饲草高粱相关进展并对褐色中脉饲草高粱的栽培和育种进行了相关介绍。全书共分为5章:第1章为褐色中脉饲草高粱品种引种评价,第2章为褐色中脉饲草高粱农艺性状与饲用价值,第3章为饲草高粱栽培学特性与栽培技术,第4章为饲草高粱生产技术规范,第5章为褐色中脉饲草高粱育种技术及良繁体系。

图书在版编目(CIP)数据

褐色中脉饲草高粱品种引进及利用/王显国,等主编. —北京:中国农业大学出版社,2013.12

ISBN 978-7-5655-0874-5

Ⅰ.①褐⋯　Ⅱ.①王⋯　Ⅲ.①高粱-牧草-栽培技术　Ⅳ.①S54

中国版本图书馆 CIP 数据核字(2013)第 296810 号

书　　名	褐色中脉饲草高粱品种引进及利用		
作　　者	王显国　薛建国　刘贵波　胡东良　主编		
责任编辑	张　蕊　刘耀华	责任校对	陈　莹　王晓凤
封面设计	郑　川		
出版发行	中国农业大学出版社		
社　　址	北京市海淀区圆明园西路 2 号	邮政编码	100193
电　　话	发行部 010-62818525,8625	读者服务部	010-62732336
	编辑部 010-62732617,2618	出　版　部	010-62733440
网　　址	http://www.cau.edu.cn/caup	E-mail	cbsszs @ cau.edu.cn
经　　销	新华书店		
印　　刷	涿州市星河印刷有限公司		
版　　次	2014 年 5 月第 1 版　2014 年 5 月第 1 次印刷		
规　　格	787×980　16 开本　15.25 印张　280 千字　彩插 2		
定　　价	40.00 元		

图书如有质量问题本社发行部负责调换

本书试验研究由农业部"948"褐色中脉饲草高粱品种资源和育种技术引进项目（编号：2011-Z17）资助完成。

编写人员

主　编　王显国　中国农业大学
　　　　薛建国　中国科学院
　　　　刘贵波　河北省农林科学院
　　　　胡东良　北京佰青源畜牧业科技发展有限公司

副主编　李　源　河北省农林科学院
　　　　韩云华　西北农林科技大学
　　　　房丽宁　北京佰青源畜牧业科技发展有限公司

参　编　（按姓氏拼音排序）
　　　　鲍青龙　赤峰市草原工作站
　　　　丁成龙　江苏省农业科学院
　　　　顾洪如　江苏省农业科学院
　　　　贾春林　山东省农业科学院
　　　　李　岩　内蒙古通辽农业科学院
　　　　刘　芳　全国畜牧总站
　　　　刘宏亮　中国农业大学
　　　　刘庭玉　内蒙古民族大学
　　　　刘振宇　河北省农林科学院
　　　　刘忠宽　河北省农林科学院
　　　　廖祥龙　云南省草地动物科学研究院
　　　　潘多锋　黑龙江省农业科学院
　　　　盛亦兵　山东省农业科学院
　　　　申忠宝　黑龙江省农业科学院
　　　　王伟光　中国农业大学
　　　　王文虎　甘肃大业草业有限公司
　　　　王振国　内蒙古通辽农业科学院

谢　楠　河北省农林科学院

薛世明　云南省草地动物科学研究院

玉　柱　中国农业大学

闫　敏　全国畜牧总站

张　泉　酒泉大业种业有限公司

张玉霞　内蒙古民族大学

张永亮　内蒙古民族大学

赵海明　河北省农林科学院

赵淑芬　赤峰市林西县草原站

智健飞　河北省农林科学院

前　言

随着我国畜牧业的迅猛发展,对优质、高产饲草的需求显著增加,进而推动我国饲草产业取得了长足的进步,但饲草产业发展速度远不能满足畜牧业发展的需求。饲草资源匮乏、价格偏高一直是限制我国畜牧业特别是乳业发展的重要因素,开发新的优良饲草资源、提高饲草产量对保障畜牧业可持续发展具有重要意义。

高粱是世界第五大作物,具有适应性强、耐贫瘠、抗旱性强、生物量高等优点,这些优点决定了其具有成为良好的饲草作物和能源原料的潜力。普通饲草高粱农艺性状优良,但由于其茎叶中木质素含量较高,影响反刍动物消化和能源的转化效率,降低了其应用价值。本书中介绍的褐色中脉(BMR)饲草高粱是一种高粱的突变体,其特征是在茎髓和叶的中脉产生褐色的色素沉积,导致茎髓和叶中脉呈现褐色,该种突变体能明显降低高粱植株的木质素含量,显著提高高粱的饲喂品质和转化率。褐色中脉饲草高粱在国外的研究起始于 20 世纪 70 年代,至今已有 30 多年的历史,我国对褐色中脉饲草高粱的研究刚起步,近几年有山西省农业科学院和安徽科技学院、河北省农林科学院、中国农业大学进行了一些品比试验、品种改良利用和基因定位研究。

本项目组在全国布置了 7 个试验点开展引种评价试验,每个试验点均进行了 2 个试验,一个多次刈割试验和一个立足青贮利用比较试验。本书在各个试验点结果基础上,总结出每个试验点中不同褐色中脉饲草高粱的农艺性状表现,提出了各个试验点的最适宜品种及最佳利用方式。在统一分析全国 7 个试验点数据的基础上,得到某一品种在不同气候条件下的适应性,为各地引种提供依据。在介绍国外褐色中脉饲草高粱品质研究结果的基础上,分析了引进饲草高粱的饲料品质。在总结栽培管理数据与品质分析数据的基础上,提出褐色中脉饲草高粱的栽培利用技术,为全国及各地利用褐色中脉饲草高粱提供参考。本书的最后主要介绍了褐色中脉饲草高粱的育种技术。全书共分为 5 章,第 1 章由王显国、薛建国、韩云华撰写,第 2 章由王显国、玉柱、韩云华、王伟光、薛建国撰写,第 3 章、第 5 章由李源、刘贵波、赵海明撰写,第 4 章由王显国、薛建国撰写,各节实验完成人或生产技术规范完成人见正文。

由于褐色中脉饲草高粱在我国的研究刚刚起步,在编写过程中,编者广泛搜集、整理了大量国外褐色中脉饲草高粱相关文献,引用了大量最新研究成果。随着对褐色中脉饲草高粱研究的深入,本书的一些观点可能会有所变动,不当之处敬请读者批评指正。

本书研究成果由农业部"948"褐色中脉饲草高粱品种资源和育种技术引进项目(编号:2011-Z17)、国家牧草产业技术体系项目(CARS-35)、国家农业行业科技专项(编号:201303061)资助完成,本书出版还得到了大北农教育基金学术专著专项的资助,在此表示衷心的感谢!

编　者

2014 年 3 月

目　　录

第1章 褐色中脉饲草高粱品种引种评价

　　饲草是发展草业的物质基础。优良饲草在畜牧业饲料供给中起着决定性作用,国内外都十分重视优良饲草新品种的选育和引进工作。高粱具有抗旱、耐涝、耐盐碱和适应性强等特性,是世界第五大粮食作物,同时又是一种优质饲料作物。在国外把饲草高粱、苏丹草、高丹草统称为饲草高粱(forge sorghum)。褐色中脉(brown mid rib,BMR)是指叶脉和茎秆木质部呈棕灰或红棕色的自然或化学突变体。研究发现,叶片中脉颜色与木质素含量和组成有着密切的关系,一般认为总木质素含量和木质素单体的组成比例对细胞壁的可消化性影响较大。BMR 饲草高粱与普通饲草高粱相比,木质素含量降低 40%,显著提高了叶和秸秆的适口性,各种放牧家畜特别喜食,同样的饲喂量可获得更高的效益。本研究通过在全国安排7 个试验点(图 1-1),对国外引进的 15 份饲草高粱和 3 份对照饲草高粱的生产性能进行分析评价,以期筛选出适宜不同地区的优良品种,为高粱属饲料作物的栽培利用和生产提供一定的参考依据。

1.1　河北省黄骅地区引种评价试验结果

1.1.1　多次刈割组试验结果[*]

1.1.1.1　试验地概况

　　试验于 2011 年 5 月至 2011 年 9 月在河北省农林科学院农业资源环境研究所国家牧草产业体系沧州(黄骅)综合试验站进行,黄骅市位于北纬 38°09′～38°39′,东经 117°05′～117°49′,气候属于暖温带大陆性季风气候,冬春寒冷而雨雪稀少,夏季炎热而雨水丰沛,全年平均降水量 656.5 mm,且 65% 的降水量集中在 7—8月份;平均年水面蒸发量为 1 980.7 mm,是该区域年降水量的 3 倍,年平均气温12.5℃,日照时数 2 700 h。供试土壤为潮土,高粱种植地为盐碱地,基础养分含

　　[*] 本部分已形成论文发表在《河北农业科学》2011 年第 11 期。

量:有机质 1.649%,全氮 0.099%,全磷 0.176%,全钾 2.243%,速效氮 45.85 mg/kg,速效磷 2.81 mg/kg,速效钾 347.40 mg/kg,pH 为 8.75,全盐含量0.74%（数据由河北省农林科学院资源环境研究所提供）。

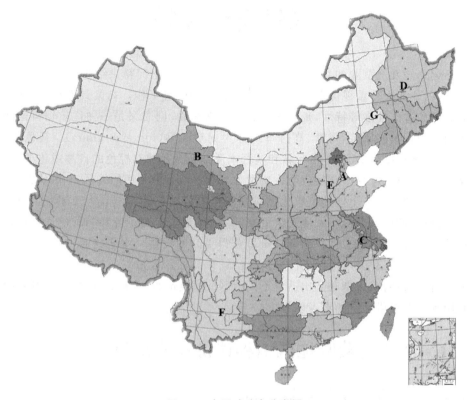

图 1-1　全国试验点分布图

A:河北省黄骅市;B:甘肃省酒泉市;C:江苏省南京市;D:黑龙江绥化市;
E:河北省衡水市;F:云南省昆明市;G:内蒙古自治区通辽市

1.1.1.2　材料与方法

1.试验材料

　　参试材料由北京佰青源畜牧业科技发展有限公司从国外引进(表1-1),其中8份 BMR 杂交高粱,大力士为对照(CK);4份 BMR 苏丹草,新苏2号为对照;6份 BMR 高丹草,健宝为对照。其中 23402、23419、26837、22050、22053、F8421、F8423 为 *bmr*-6 基因型,Latte、Big Kahuma、Sweet Virginia 为 *bmr*-12 基因型。

表 1-1　供试材料和原产地

植物	学名	品种名	原产地
高粱	*Sorghum bicolor* (L.) Moench	大力士(CK)	美国
高粱	*Sorghum bicolor* (L.) Moench	23402	美国
高粱	*Sorghum bicolor* (L.) Moench	23419	美国
高粱	*Sorghum bicolor* (L.) Moench	Latte	美国
高粱	*Sorghum bicolor* (L.) Moench	Big Kahuma	美国
高粱	*Sorghum bicolor* (L.) Moench	Elite	美国
高粱	*Sorghum bicolor* (L.) Moench	26837	美国
高粱	*Sorghum bicolor* (L.) Moench	Sweet Virginia	美国
苏丹草	*Sorghum sudanense* (Piper) Stapf.	新苏 2 号(CK)	中国
苏丹草	*Sorghum sudanense* (Piper) Stapf.	Enorma	美国
苏丹草	*Sorghum sudanense* (Piper) Stapf.	Brasero	美国
苏丹草	*Sorghum sudanense* (Piper) Stapf.	SS2	美国
高丹草	*Sorghum bicolor* × *Sorghum sudanense*	健宝(CK)	澳大利亚
高丹草	*Sorghum bicolor* × *Sorghum sudanense*	22043	美国
高丹草	*Sorghum bicolor* × *Sorghum sudanense*	22053	美国
高丹草	*Sorghum bicolor* × *Sorghum sudanense*	22050	美国
高丹草	*Sorghum bicolor* × *Sorghum sudanense*	F8421	澳大利亚
高丹草	*Sorghum bicolor* × *Sorghum sudanense*	F8423	澳大利亚

2.试验方法

　　采用随机区组设计,18 份材料,每份材料 3 个重复,小区面积为 3.0 m×4.0 m。于 2011 年 5 月份播种,条播,每小区播种 6 行,保苗 20 000 株/亩(1 亩=667 m²),四周均设保护行。于各供试材料株高达到 1.2 m 以上时刈割,留茬高度15 cm。适时进行田间杂草防除,定期观测、记录。试验过程不使用杀虫、除草、生长调节剂。

3.测定项目与方法

　　(1)鲜草产量测定　单位面积土地上所收获的地上部分的全部产量,以kg/hm² 为单位。将每个小区的两边行和地头 0.5 m 去除,刈割其余植株测量鲜重,晒干后测干重,测得的小区鲜重和干重的比值为鲜干比。

（2）株高测定　随机选取 5 株植株，测量由地面到植株顶部最高的叶子或者穗顶的长度，用卷尺测量，以 cm 为单位。

（3）茎粗测定　随机选取 5 株植株，按植株地表起 1/3 处节间的大径为准，用游标卡尺测量，以 mm 为单位。

（4）分蘖数测定　随机选取 5 株植株，计数植株地下部缩生节位腋芽萌生的一次分蘖的数量，以个为单位。

（5）茎叶比测定　随机选取 5 株植株，将茎叶分开，分别称重后计算二者的比值。

4.数据统计和分析

采用 Excel 和 SPSS 13.0 进行数据处理和方差分析。

1.1.1.3　结果与分析

1.鲜草产量

第 1 次刈割时，大力士高粱鲜草产量最大，为 37 908.11 kg/hm²，其次是 Big Kahuma 和 26837，分别为 36 925.95 和 36 745.45 kg/hm²，23419 最小，为 13 745.62 kg/hm²；新苏 2 号苏丹草鲜草产量最大，为 12 406.20 kg/hm²，其次是 SS2 和 Enorma，分别为 11 279.81 和 9 726.11 kg/hm²，Brasero 最小，为 9 108.31 kg/hm²；F8421 高丹草鲜草产量最大，为 33 137.81 kg/hm²，显著高于其他高丹草品种（$P<0.05$），其次是 22053，为 17 954.39 kg/hm²，22043 最小，为 12 389.53 kg/hm²（表 1-2）。

第 2 次刈割时，23402 和 23419 高粱进行了第 2 次刈割，鲜草产量分别为 8 920.71 和 11 777.55 kg/hm²，其他高粱品种第 2 次刈割时因未达到指定刈割高度而没有刈割；Enorma 苏丹草鲜草产量最大，为 17 686.76 kg/hm²，其次是 Brasero 和新苏 2 号，分别为 16 081.79 和 15 572.78 kg/hm²，SS2 最小，为 13 452.14 kg/hm²；F8423 高丹草鲜草产量最大，为 20 761.21 kg/hm²，其次为 22053，为 20 272.63 kg/hm²，22043 最小，为 13 596.80 kg/hm²，F8421 在第 2 次刈割时因未达到指定刈割高度而没有刈割（表 1-2）。

2 次刈割鲜草总产量，大力士高粱产量最大，为 37 908.11 kg/hm²，其次是 Big Kahuma 和 26837，分别为 36 925.95 和 36 745.45 kg/hm²，23419 最小，为 25 523.17 kg/hm²；新苏 2 号苏丹草产量最大，其次是 Enorma 和 Brasero，分别为 27 412.86 和 25 190.09 kg/hm²，SS2 最小，为 24 731.94 kg/hm²；22053 高丹草产量最大，为 38 227.02 kg/hm²，其次是 F8423 和 F8421，分别为 36 046.35 和 33 137.81 kg/hm²，22043 最小，为 25 986.32 kg/hm²（表 1-2）。

表 1-2　黄骅地区多次刈割组不同品种的鲜草产量　　　　　　kg/hm²

组别	品种	第 1 茬产量	第 2 茬产量	总产量
高粱	大力士	37 908.11ᵃ	—	37 908.11ᵃ
	23402	16 441.13ᵈ	8 920.71	25 361.84ᶜ
	23419	13 745.62ᵈ	11 777.55	25 523.17ᶜ
	Latte	27 090.62ᶜ	—	27 090.62ᶜ
	Big Kahuma	36 925.95ᵃᵇ	—	36 925.95ᵃᵇ
	Elite	32 094.79ᵃᵇᶜ	—	32 094.79ᵃᵇᶜ
	26837	36 745.45ᵃᵇ	—	36 745.45ᵃᵇ
	Sweet Virginia	28 704.35ᵇᶜ	—	28 704.35ᵇᶜ
苏丹草	新苏 2 号	12 406.20ᵃ	15 572.78ᵃ	27 978.98ᵃ
	Enorma	9 726.11ᵃ	17 686.76ᵃ	27 412.86ᵃ
	Brasero	9 108.31ᵃ	16 081.79ᵃ	25 190.09ᵃ
	SS2	11 279.81ᵃ	13 452.14ᵃ	24 731.94ᵃ
高丹草	健宝	14 003.25ᵇ	14 844.50ᵃ	28 847.75ᵃ
	22043	12 389.53ᵇ	13 596.80ᵃ	25 986.32ᵃ
	22053	17 954.39ᵇ	20 272.63ᵃ	38 227.02ᵃ
	22050	13 702.26ᵇ	15 330.99ᵃ	29 033.26ᵃ
	F8421	33 137.81ᵃ	—	33 137.81ᵃ
	F8423	15 285.14ᵇ	20 761.21ᵃ	36 046.35ᵃ

表中同一列数据肩标不同小写英文字母表示差异显著($P<0.05$)。"—"表示没有数据,由于测量过程出现大风等意外情况,部分品种第 2 次刈割数据未获得。下表同。

2. 干草产量

第 1 次刈割时,Elite 高粱干草产量最大,为 13 730.61 kg/hm²,其次是 26837 和 Big Kahuma,分别为 13 608.05 和 11 056.36 kg/hm²,23419 最小,为 6 239.79 kg/hm²;新苏 2 号苏丹草干草产量最大,为 5 313.07 kg/hm²,其次是 SS2 和 Brasero,分别为 4 421.38 和 3 803.15 kg/hm²,Enorma 最小,为 3 224.11 kg/hm²;F8421 高丹草干草产量最大,为 11 294.39 kg/hm²,显著高于其他高丹草品种($P<0.05$),其次是 22053,为 6 072.20 kg/hm²,健宝最小,为 4 202.10 kg/hm²(表 1-3)。

第 2 次刈割时,23402 和 23419 高粱干草产量分别为 2 328.25 和 2 528.35

kg/hm²；Enorma 苏丹草产量最大，为 4 607.30 kg/hm²，其次是新苏 2 号和 Brasero，分别为 3 909.87 和 3 535.52 kg/hm²，SS2 最小，为 3 282.89 kg/hm²；22053 高丹草干草产量最大，为 4 870.77 kg/hm²，其次是 22043 和 F8423，分别为 4 308.82 和 4 193.76 kg/hm²，健宝最小，为 3 071.12 kg/hm²（表 1-3）。

2 次刈割干草总产量，Elite 高粱最大，为 13 730.61 kg/hm²，比对照大力士高粱高 2 841.42 kg/hm²，其次是 26837 和 Big Kahuma，分别为 13 608.05 和 11 056.36 kg/hm²，23419 最小，为 8 768.13 kg/hm²；新苏 2 号苏丹草产量最大，为 9 222.95 kg/hm²，其次是 Enorma 和 SS2，分别为 7 831.42 和 7 704.27 kg/hm²，Brasero 最小，为 7 338.67 kg/hm²；F8421 高丹草产量最大，为 11 294.39 kg/hm²，其次是 22053 和 F8423，分别为 10 942.97 和 10 208.02 kg/hm²，健宝最小，为 7 273.22 kg/hm²（表 1-3）。

表 1-3　黄骅地区多次刈割组不同品种的干草产量和鲜干比

组别	品种	第 1 茬产量 /(kg/hm²)	第 2 茬产量 /(kg/hm²)	总产量 /(kg/hm²)	第 1 茬鲜干比	第 2 茬鲜干比
高粱	大力士	10 889.19[abc]	—	10 889.19[ab]	3.50[ab]	—
	23402	7 487.49[cd]	2 328.25	9 815.74[ab]	2.20[d]	3.98
	23419	6 239.79[d]	2 528.35	8 768.13[c]	2.31[bc]	5.03
	Latte	9 053.28[bcd]	—	9 053.28[c]	3.07[abc]	—
	Big Kahuma	11 056.36[abc]	—	11 056.36[ab]	3.58[a]	—
	Elite	13 730.61[a]	—	13 730.61[a]	2.35[bc]	—
	26837	13 608.05[ab]	—	13 608.05[a]	2.82[abc]	—
	Sweet Virginia	10 283.89[abcd]	—	10 283.89[ab]	2.80[abc]	—
苏丹草	新苏 2 号	5 313.07[a]	3 909.87[a]	9 222.95[a]	2.40[a]	4.24[a]
	Enorma	3 224.11[a]	4 607.30[a]	7 831.42[a]	3.22[a]	3.94[a]
	Brasero	3 803.15[a]	3 535.52[a]	7 338.67[a]	2.40[a]	4.67[a]
	SS2	4 421.38[a]	3 282.89[a]	7 704.27[a]	2.60[a]	4.29[a]
高丹草	健宝	4 202.10[b]	3 071.12[a]	7 273.22[a]	3.75[a]	5.15[a]
	22043	5 262.63[b]	4 308.82[a]	9 571.45[a]	2.39[a]	3.25[a]
	22053	6 072.20[b]	4 870.77[a]	10 942.97[a]	3.07[a]	4.28[a]
	22050	5 718.28[b]	3 590.96[a]	9 309.24[a]	2.43[a]	4.29[a]
	F8421	11 294.39[a]	—	11 294.39[a]	3.20[a]	—
	F8423	6 014.26[b]	4 193.76[a]	10 208.02[a]	2.74[a]	4.78[a]

第 1 次刈割时,Big Kahuma 高粱、Enorma 苏丹草和健宝高丹草的鲜干比最大,分别为 3.58、3.22 和 3.75,23402 高粱、Brasero 苏丹草和 22043 高丹草的鲜干比最小,分别为 2.20、2.40 和 2.39;第 2 次刈割时,23419 高粱、Brasero 苏丹草和健宝高丹草的鲜干比最大,分别为 5.03、4.67 和 5.15,23402 高粱、Enorma 苏丹草和 22043 高丹草的鲜干比最小,分别为 3.98、3.94 和 3.25(表 1-3)。

3.生长性状

第 1 次刈割时,Big Kahuma 高粱的分蘖数最多,为 2.67 个,显著高于 23402、Elite、Sweet Virginia 高粱($P<0.05$),其次是大力士,为 2.40 个,Sweet Virginia 最少,为 1.53 个;Enorma 苏丹草的分蘖数最多,为 9.87 个,显著高于其他苏丹草品种($P<0.05$),其次是 Breasero,为 5.00 个,SS2 最少,为 3.53 个;22053 高丹草的分蘖数最多,为 4.00 个,显著高于健宝、22050 和 F8423($P<0.05$),其次是 F8421,为 3.47 个,22050 最少,为 2.53 个。第 2 次刈割时,23402 和 23419 的分蘖数分别为 3.07 和 4.13 个;新苏 2 号苏丹草的分蘖数最多,为 16.73 个,其次是 Brasero 和 Enorma,分别为 15.10 和 12.73 个,SS2 最少,为 9.87 个;22053 高丹草的分蘖数最多,为 11.27 个,其次是 22050,为 10.40 个,22043 最少,为 6.07 个(表 1-4)。

第 1 次刈割时,26837 高粱的茎粗最大,为 27.34 mm,其次是大力士和 Big Kahuma,分别为 26.72 和 26.49 mm,显著高于其他高粱品种($P<0.05$),23419 最小,为 15.30 mm;SS2 苏丹草茎粗最大,为 11.86 mm,其次是新苏 2 号,为 11.08 mm,Brasero 最小,为 9.90 mm;22043 高丹草的茎粗最大,为 14.21 mm,其次是健宝,为 13.72 mm,F8423 最小,为 12.70 mm。第 2 次刈割时,23402 和 23419 的茎粗分别为 14.62 和 14.87 mm;新苏 2 号苏丹草茎粗最大,为 13.19 mm,其次是 SS2 和 Brasero,分别为 11.52 和 11.41 mm,Enorma 最小,为 10.21 mm;22053 高丹草的茎粗最大,为 15.87 mm,其次是健宝,为 14.38 mm,F8423 最小,为 12.51 mm(表 1-4)。

第 1 次刈割时,Sweet Virginia 高粱株高最大,为 246.47 cm,显著高于对照和其他品种($P<0.05$),其次为 Elite 和大力士,分别为 210.20 和 201.27 cm,23419 最小,为 118.73 cm;新苏 2 号苏丹草株高最大,为 155.53 cm,其次是 Brasero 和 Enorma,分别为 137.40 和 134.53 cm,SS2 最小,为 120.67 cm;F8421 高丹草株高最大,为 195.13 cm,显著高于对照和其他品种($P<0.05$),其次是 F8423 和 22053,分别为 146.93 和 127.20 cm,健宝最小,为 115.13 cm。第 2 次刈割时,23402 和 23419 高粱的株高分别为 135.40 和 153.07 cm;新苏 2 号苏丹草株高最大,为 202.40 cm,其次是 Enorma 和 Brasero,分别为 187.73 和 184.70 cm,SS2 最

小,为 155.40 cm;22050 高丹草株高最大,为 187.53 cm,显著高于对照($P<0.05$),其次是 F8423,为 180.60 cm,22043 最小,为 161.47 cm(表 1-4)。

表 1-4 黄骅地区多次刈割组不同品种的生长性状

组别	品种	分蘖数/个		茎粗/mm		株高/cm		茎叶比	
		第 1 茬	第 2 茬	第 1 茬	第 2 茬	第 1 茬	第 2 茬	第 1 茬	第 2 茬
高粱	大力士	2.40ab	—	26.72a	—	201.27b	—	2.62ab	—
	23402	1.67b	3.07	16.29cd	14.62	123.07d	135.40	2.05bc	1.85
	23419	2.00ab	4.13	15.30d	14.87	118.73d	153.07	1.78c	1.91
	Latte	2.13ab	—	18.44bc	—	200.00b	—	2.48ab	—
	Big Kahuma	2.67a	—	26.49a	—	200.07b	—	2.51ab	—
	Elite	1.60b	—	21.11b	—	210.20b	—	2.45ab	—
	26837	2.33ab	—	27.34a	—	159.00c	—	1.57c	—
	Sweet Virginia	1.53b	—	18.75bc	—	246.47a	—	2.98a	—
苏丹草	新苏 2 号	5.33b	16.73a	11.08ab	13.19a	155.53a	202.40a	2.97a	3.00b
	Enorma	9.87a	12.73ab	10.30ab	10.21b	134.53ab	187.73b	2.70a	3.73a
	Brasero	5.00b	15.10ab	9.90b	11.41ab	137.40b	184.70b	3.20a	3.53a
	SS2	3.53b	9.87b	11.86a	11.52ab	120.67c	155.40c	1.94a	2.34c
高丹草	健宝	2.67b	8.53ab	13.72a	14.38ab	115.13d	171.20bc	1.68b	2.48a
	22043	2.93ab	6.07b	14.21a	13.32bc	115.20d	161.47c	2.17a	2.37a
	22053	4.00a	11.27a	13.21a	15.87a	127.20c	176.67ab	2.11a	2.53a
	22050	2.53b	10.40a	13.53a	13.55bc	122.27cd	187.53a	2.55a	2.45a
	F8421	3.47ab	—	13.48a	—	195.13a	—	2.30a	—
	F8423	2.60b	10.07a	12.70a	12.51c	146.93b	180.60ab	2.43a	2.65a

第 1 次刈割时,Sweet Virginia 高粱茎叶比最大,为 2.98,其次是大力士,为 2.62,26837 最小,为 1.57;Brasero 苏丹草茎叶比最大,为 3.20,其次是新苏 2 号,为 2.97,SS2 最小,为 1.94;22050 高丹草茎叶比最大,为 2.55,其次是 F8423,为 2.43,健宝最小,为 1.68。第 2 次刈割时,23402 和 23419 高粱的茎叶比分别为 1.85 和 1.91;Enorma 苏丹草茎叶比最大,为 3.73,其次是 Brasero,为 3.53,SS2 最小,为 2.34;F8423 茎叶比最大,为 2.65,其次是 22053,为 2.53,22043 最小,为 2.37(表 1-4)。

1.1.1.4　小结

多次刈割利用表现较好的品种为 Elite,26837,Big Kahuma 高粱,22053 和 F8421 高丹草,可以初步作为黄骅地区的优良品种多次刈割做青饲或者干草。

1.1.2　青贮组试验结果

1.1.2.1　试验地概况

试验地概况同 1.1.1.1。

1.1.2.2　材料与方法

1.试验材料

除 1.1.1.2 中试验材料外,增加郑单 958 玉米作为对照,以比较它们的产量性状。

2.试验方法

采用随机区组设计,19 份材料,每份材料 3 个重复,小区面积为 3.0 m×5.0 m。于 2011 年 5 月播种,条播,每小区播种 6 行,保苗 6 000 株/亩,四周均设保护行。于各供试材料乳熟期到蜡熟期时一次性刈割。适时进行田间杂草防除,定期观测、记录。试验过程不使用杀虫、除草、生长调节剂。

3.测定项目与方法

(1)鲜草产量测定　单位面积土地上所收获的地上部分的全部产量,以 kg/hm^2 为单位。将每个小区的两边行和地头 0.5 m 去除,刈割 1/2 小区植株测量鲜重,剩余 1/2 小区观测生育期和收种用。

(2)株高测定　随机选取 5 株植株,测量由地面到植株顶部最高的叶子或者穗顶的长度,用卷尺测量,以 cm 为单位。

(3)茎粗测定　随机选取 5 株植株,按植株地表起 1/3 处节间的大径为准,用游标卡尺测量,以 mm 为单位。

(4)分蘖数测定　随机选取 5 株植株,计数植株地下部缩生节位腋芽萌生的一次分蘖的数量,以个为单位。

(5)茎叶比测定　随机选取 5 株植株,将茎叶分开,分别称重后计算二者的比值。

(6)穗形观测　分 5 级评分:1 级,紧(枝梗紧密,手握有硬性感觉者);2 级,中紧(枝梗紧密,手握无硬性感觉者);3 级,中散(枝梗不紧密,较短,侧面观察时透光者);4 级,侧散(枝梗不紧密,较长,向同一方向稀疏下垂者);5 级,周散(枝梗不紧密,较长,向四周稀疏垂散)。

(7)茎叶早衰观测 分 5 级评分:1 级,无早衰(中上部节的叶片基本无死亡);2 级,轻度早衰(中上部节的叶片中仅有个别叶片死亡);3 级,中度早衰(中上部节的叶片中半数叶片死亡);4 级,重度早衰(中上部节的叶片中大部分叶片死亡);5 级,严重早衰(中上部节的叶片全部死亡)。

(8)茎秆髓部质地观测 分 3 级评分:1 级,蒲心(茎秆髓部疏松);2 级,半实心(茎秆髓较紧密);3 级,实心(茎秆髓部紧密)。

(9)茎秆髓部汁液观测 分 3 级评分:1 级,无汁;2 级,少汁;3 级,多汁。

注:本部分(6)、(7)、(8)、(9)4 个指标均依据《高粱种质资源描述规范和数据标准》来测定。

4. 数据统计和分析

采用 Excel 和 SPSS 13.0 进行数据处理和方差分析。

1.1.2.3 结果与分析

1. 产量与产量相关性状

高粱中 Big Kahuma 鲜草产量最大,为 99 513.73 kg/hm²,高于对照大力士,其次是大力士,为 82 850.74 kg/hm²,Sweet Virginia 最小,为 27 020.17 kg/hm²,郑单 958 玉米产量低于对照和其他 5 个高粱品种,说明引进的大多数高粱品种的产量比当地的玉米品种高;苏丹草中 SS2 鲜草产量最大,为 38 655.32 kg/hm²,高于对照,其次 Brasero 和 Enroma,均为 29 778.88 kg/hm²,对照新苏 2 号最小,为 27 468.39 kg/hm²;高丹草中 F8421 鲜草产量最大,为 70 983.47 kg/hm²,高于对照,其次是健宝,为 70 766.03 kg/hm²,22043 最小,为 30 524.59 kg/hm²(表 1-5)。

各高粱品种中,Sweet Virginia 株高最大,为 274.73 cm,其次是 Elite,为 254.53 cm,26837 最小,为 197.00 cm;Big Kahuma 和大力士茎粗最大,为 37.12 mm,其次是 26837,为 34.68 mm,23419 最小,为 226.73 mm;26837 分蘖数最多,为 4.07 个,其次是 Latte,为 3.60 个,玉米最小,为 1.00 个;大力士茎叶比最大,为 4.88,其次是 Elite,为 4.50,23419 最小,为 3.28(表 1-5)。

各苏丹草品种中,Enroma 株高最大,为 242.13 cm,高于对照,其次是新苏 2 号和 Brasero,分别为 235.47 和 227.60 cm,SS2 最小,为 217.60 cm;Enroma 茎粗最大,为 12.84 mm,高于对照,其次是 SS2 和新苏 2 号,分别为 10.76 和 9.58 mm,Brasero 最小,为 8.70 mm;Brasero 分蘖数最多,为 7.80 个,高于对照,其次是 Enroma 和新苏 2 号,分别为 7.60 和 6.67 个,SS2 最少,为 4.27 个;Brasero 茎叶比

最大,为5.65,其次是新苏2号和Enroma,分别为5.45和4.90,SS2最小,为3.35(表1-5)。

各高丹草品种中,健宝株高最大,为286.27 cm,其次是22053,为262.13 cm;22043最小,为226.13 cm;健宝茎粗最大,为30.36 mm,其次是F8421,为27.77 mm;F8423最小,为12.46 mm;F8421和健宝分蘖数最多,为4.87个,其次是22053,为4.33个,22043最少,为3.07个;健宝茎叶比最大,为5.40,其次是F8423,为4.65,22050最小,为2.94(表1-5)。

表 1-5　黄骅地区青贮组不同品种的产量与产量相关性状

组别	品种	鲜草产量/(kg/hm²)	茎叶比	分蘖数/个	茎粗/mm	株高/cm
高粱	大力士	82 850.74ab	4.88a	3.33ab	37.12a	252.20a
	23402	49 301.97bc	3.38b	1.60c	17.71cd	227.53b
	23419	29 992.32c	3.28b	1.73c	16.17d	226.73b
	Latte	69 842.90abc	3.44ab	3.60ab	30.48b	253.67a
	Big Kahuma	99 513.73a	3.84ab	3.33ab	37.12a	252.20a
	Elite	76 130.05ab	4.50ab	2.93b	30.54b	254.53a
	26837	79 622.46ab	4.17ab	4.07a	34.68a	197.00c
	Sweet Virginia	27 020.17c	3.74ab	1.53c	19.81c	274.73a
玉米	郑单958	39 463.72bc	3.66ab	1.00c	19.92c	197.87c
苏丹草	新苏2号	27 468.39a	5.49a	6.67a	9.58a	235.47a
	Enorma	29 778.88a	4.90a	7.60a	12.84a	242.13a
	Brasero	29 778.88a	5.65a	7.80a	8.70a	227.60a
	SS2	38 655.32a	3.35a	4.27a	10.76a	217.60a
高丹草	健宝	70 766.03a	5.40a	4.87a	30.36a	286.27a
	22043	30 524.59a	4.32ab	3.07b	13.45de	226.13c
	22053	51 941.96a	3.32b	4.33a	16.87c	262.13b
	22050	48 492.23a	2.94b	3.27ab	14.80d	254.27a
	F8421	70 983.47a	2.97b	4.87a	27.77b	256.67b
	F8423	48 933.79a	4.65ab	4.00ab	12.46f	234.80c

2. 生长性状

苏丹草的穗形比高粱和高丹草的穗形散,高粱、高丹草和苏丹草部分品种茎叶有早衰现象,大部分高粱、高丹草和苏丹草茎秆髓部均为半实心,除 23402、Latte 高粱茎秆髓部多汁外,其余品种茎秆髓部均少汁(表 1-6)。

表 1-6　黄骅地区青贮组不同品种的生长性状

级别	品种	穗形	茎叶早衰	茎秆髓部质地	茎秆髓部汁液
高粱	大力士	—	1	2	2
	23402	3	2	3	3
	23419	4	2	1	2
	Latte	3	2	3	3
	Big Kahuma	1	1	2	2
	Elite	3	1	1	2
	26837	2	1	2	2
	Sweet Virginia	3	2	2	2
玉米	郑单 958	—	1	2	2
苏丹草	新苏 2 号	5	2	2	2
	Enorma	4	2	3	2
	Brasero	5	2	2	2
	SS2	4	2	2	2
高丹草	健宝	—	1	1	2
	22043	2	2	3	2
	22053	4	2	2	2
	22050	3	2	2	2
	F8421	—	1	2	2
	F8423	3	2	3	2

1.1.2.4　小结

　　一次刈割利用条件下,大力士和其他 5 个高粱品种的产量均高于郑单 958 玉米,表现较好的品种有 Big Kahuma、26837、Elite 和 Latte 高粱,可以初步作为黄骅地区的优良品种一次刈割做青贮。

　　　　　　　　　　　　　　(本节试验完成人:薛建国　王显国　刘忠宽　智健飞

　　　　　　　　　　　　　　　　　　　刘振宇　刘　芳　刘宏亮)

1.2   甘肃省酒泉地区引种评价试验结果

1.2.1   多次刈割组试验结果

1.2.1.1   试验地概况

试验地设在酒泉市中国农业大学甘肃省酒泉市草业科学试验研究站上坝基地,该试验田位于河西走廊中部西端(东经 98°30′,北纬 39°37′),海拔 1 480 m。试验地为典型的大陆性气候,年均气温 7.3℃,≥10℃年积温 2 954.4℃;年均降水量 85.30 mm,集中在 6—8 月份,蒸发量 2 148 mm;年日照时数 3 033.4 h。试验地为沙壤质灰钙土,土壤 pH 为 8.1,含盐量为 0.594%,保墒能力较弱。

1.2.1.2   材料与方法

1.试验材料

同 1.1.1.2 中试验材料。

2.试验方法

采用随机区组设计,18 份材料,每份材料 3 个重复,小区面积为 4.0 m× 3.5 m。于 2011 年 5 月播种,条播,每小区播种 6 行,保苗 20 000 株/亩,四周均设保护行。于各供试材料株高达到 1.2 m 以上时刈割,留茬高度 15 cm。适时进行田间杂草防除、定期观测、记录。试验过程不使用杀虫、除草、生长调节剂。

3.测定项目与方法

(1)鲜草产量测定   单位面积土地上所收获的地上部分的全部产量,以 kg/hm² 为单位。将每个小区的两边行和地头两行去除,刈割中间植株测量鲜重。

(2)茎叶比和鲜干比   从每小区随机选取 5~10 株植株,将茎、叶分开,称鲜重,于 65℃烘箱烘干,称干重,计算茎叶比和鲜干比。

(3)株高测定   随机选取 30 株植株,测量由地面到植株顶部最高的叶子或者穗顶的长度,用卷尺测量,以 cm 为单位。

(4)茎粗测定   随机选取 30 株植株,按植株地表起 1/3 处节间的大径为准,用游标卡尺测量,以 mm 为单位。

(5)分蘖数测定   随机选取 30 株植株,计数植株地下部缩生节位腋芽萌生的一次分蘖的数量,以个为单位。

4.数据统计和分析

采用 Excel 和 SPSS 13.0 进行数据处理和方差分析。

1.2.1.3 结果与分析

1. 鲜草产量

第 1 次刈割时，大力士高粱鲜草产量最大，为 40 448.78 kg/hm²，其次是 26837 和 23402，分别为 39 853.25 和 32 301.86 kg/hm²，Sweet Virginia 最小，为 23 047.23 kg/hm²；SS2 苏丹草产量最大，为 24 059.64 kg/hm²，其次是新苏 2 号和 Enorma，分别为 17 949.45 和 14 238.07 kg/hm²，Brasero 最小，为 13 571.07 kg/hm²；22043 高丹草产量最大，为 29 205.07 kg/hm²，高于其他高丹草品种，其次是 22053，为 27 704.32 kg/hm²，F8423 最小，为 19 700.32 kg/hm²（表 1-7）。

第 2 次刈割时，大力士高粱鲜草产量最大，为 28 407.06 kg/hm²，其次是 23419，为 29 014.50 kg/hm²，Big Kahuma 最小，为 19 509.75 kg/hm²，26837 在第 2 次刈割时因未达到指定刈割高度而没有刈割；新苏 2 号苏丹草产量最大，为 24 941.04 kg/hm²，其次是 Brasero 和 SS2，分别为 22 761.38 和 24 059.64 kg/hm²，Enorma 最小，为 21 665.59 kg/hm²；F8421 的产量最大，为 32 587.71 kg/hm²，其次是 22053，为 30 157.93 kg/hm²，22043 最小，为 22 630.36 kg/hm²（表 1-7）。

第 3 次刈割时，新苏 2 号产量为 16 904.76 kg/hm²，其他品种均未达到指定的刈割高度（表 1-7）。

表 1-7　酒泉地区多次刈割组不同品种的鲜草产量　　　　　　　　　　kg/hm²

组别	品种	第 1 茬产量	第 2 茬产量	第 3 茬产量	总产量
高粱	大力士	40 448.78ª	28 407.06	—	68 855.84ª
	23402	32 301.86ᵃᵇ	25 548.49	—	57 850.34ᵃᵇ
	23419	24 007.24ᵇ	29 014.50	—	53 021.74ᵃᵇ
	Latte	31 518.13ᵃᵇ	23 797.61	—	55 315.74ᵇ
	Big Kahuma	29 371.82ᵇ	19 509.75	—	48 881.57ᵃᵇ
	Elite	27 466.11ᵇ	22 368.33	—	49 834.43ᵃᵇ
	26837	39 853.25ª	—	—	39 853.25ᵇ
	Sweet Virginia	23 047.23ᵇ	25 977.27	—	49 024.50ᵃᵇ
苏丹草	新苏 2 号	17 949.45ᵇ	24 941.04ª	16 904.76	59 795.25ª
	Enorma	14 238.07ᵇ	21 665.59ª	—	35 903.66ᶜ
	Brasero	13 571.07ᵇ	22 761.38ª	—	36 332.44ᶜ
	SS2	24 059.64ª	23 487.93ª	—	47 547.57ᵇ

续表 1-7

组别	品种	第 1 茬产量	第 2 茬产量	第 3 茬产量	总产量
高丹草	健宝	24 938.66[a]	28 323.68[ab]	—	53 262.34[a]
	22043	29 205.07[a]	22 630.36[b]	—	51 835.43[a]
	22053	27 704.32[a]	30 157.93[ab]	—	57 862.25[a]
	22050	27 537.57[a]	27 513.75[ab]	—	55 051.33[a]
	F8421	21 987.18[a]	32 587.71[a]	—	54 574.89[a]
	F8423	19 700.32[a]	26 739.55[ab]	—	46 439.87[a]

表中同一列数据肩标不同小写英文字母表示差异显著（$P < 0.05$）。"—"表示没有数据，第 3 茬只有新苏 2 号达到刈割高度，其余品种均未达到刈割高度，故没有采集数据。下表同。

3 次刈割鲜草总产量，大力士高粱最大，为 68 855.84 kg/hm²，其次是 23402，为 57 850.34 kg/hm²，26837 最小，为 39 853.25 kg/hm²；新苏 2 号苏丹草产量最大，为 59 795.25 kg/hm²，其次是 SS2 和 Brasero，分别为 47 547.57 和 36 332.44 kg/hm²，Enorma 最小，为 35 903.66 kg/hm²；22053 高丹草产量最大，为 57 862.25 kg/hm²，其次是 22050，为 55 051.33 kg/hm²，F8423 最小，为 46 439.87 kg/hm²（表 1-7）。

2. 干草产量

第 1 次刈割时，大力士高粱干草产量最大，为 8 560.57 kg/hm²，其次是 26837 和 23402，分别为 7 047.94 和 6 355.62 kg/hm²，Sweet Virginia 产量最小，为 2 908.64 kg/hm²；SS2 苏丹草产量最大，为 4 298.22 kg/hm²，其次是新苏 2 号和 Brasero，分别为 2 663.92 和 2 306.86 kg/hm²，Enorma 产量最小，为 2 098.29 kg/hm²；22043 高丹草产量最大，为 5 112.30 kg/hm²，高于其他高丹草品种，其次是 22050，为 3 845.98 kg/hm²，健宝最小，为 2 818.05 kg/hm²（表 1-8）。

第 2 次刈割时，大力士高粱干草产量最大，为 11 277.44 kg/hm²，其次是 Big Kahuma，为 5 848.92 kg/hm²，23419 最小，为 5 531.04 kg/hm²；Brasero 苏丹草产量最大，为 4 199.74 kg/hm²，高于对照，其次是 Enorma 和 SS2，分别为 3 619.20 和 3 207.73 kg/hm²，新苏 2 号最小，为 3 167.34 kg/hm²；22043 高丹草的产量最大，为 13 718.04 kg/hm²，其次是 F8421，为 5 750.61 kg/hm²，F8423 最小，为 3 521.79 kg/hm²（表 1-8）。

第 3 次刈割时，新苏 2 号干草产量为 2 160.77 kg/hm²，其他品种均未达到指定的刈割高度（表 1-8）。

3 次刈割干草总产量，大力士高粱最大，为 19 838.01 kg/hm²，其次是 23402，为 11 800.04 kg/hm²，Sweet Virginia 最小，为 2 908.64 kg/hm²；新苏 2 号苏丹草产量最大，为 7 992.02 kg/hm²，其次是 SS2 和 Brasero，分别为 7 505.95 和 6 506.60 kg/hm²，Enorma 最小，为 5 717.49 kg/hm²；22043 高丹草产量最大，为 18 830.34 kg/hm²，远远高于对照，其次是 F8421，为 8 903.99 kg/hm²，健宝最小，为 2 818.05 kg/hm²（表 1-8）。

表 1-8　酒泉地区多次刈割组不同品种的干草产量　　　　　　kg/hm²

组别	品种	第 1 茬产量	第 2 茬产量	第 3 茬产量	总产量
高粱	大力士	8 560.57	11 277.44	—	19 838.01
	23402	6 355.62	5 444.42	—	11 800.04
	23419	4 027.65	5 531.04	—	9 558.69
	Latte	6 177.81	—	—	6 177.81
	Big Kahuma	4 490.54	5 848.92	—	10 339.46
	Elite	4 122.37	—	—	4 122.37
	26837	7 047.94	—	—	7 047.94
	Sweet Virginia	2 908.64	—	—	2 908.64
苏丹草	新苏 2 号	2 663.92	3 167.34	2 160.77	7 992.02
	Enorma	2 098.29	3 619.20	—	5 717.49
	Brasero	2 306.86	4 199.74	—	6 506.60
	SS2	4 298.22	3 207.73	—	7 505.95
高丹草	健宝	2 818.05	—	—	2 818.05
	22043	5 112.30	13 718.04	—	18 830.34
	22053	3 354.63	—	—	3 354.63
	22050	3 845.98	—	—	3 845.98
	F8421	3 153.38	5 750.61	—	8 903.99
	F8423	3 138.03	3 521.79	—	6 659.82

测量过程中由于大风等意外因素影响，第 2 次刈割数据部分品种未采集成功。

3.生长性状

第 1 次刈割时，大力士高粱的分蘖数最多，为 4.70 个，其次是 Latte，为 4.30 个，23402 最少，为 2.70 个；Enorma 苏丹草的分蘖数最多，为 6.90 个，显著高于对照新苏 2 号（$P<0.05$），其次是 Brasero 和新苏 2 号，分别为 6.83 和 6.10 个，SS2

最少,为 4.87 个;F8423 高丹草的分蘖数最多,为 4.80 个,显著高于对照健宝($P<$ 0.05),其次是 F8421,为 4.27 个,22043 最少,为 3.73 个。第 2 次刈割时,Late 的分蘖数最多,为 8.00 个,其次是大力士,为 4.44 个,Sweet Virginia 最少,为 3.44 个;Enorma 的分蘖数最多,为 10.22 个,其次是 Brasero 和 SS2,分别为 8.99 和 7.59 个,新苏 2 号苏丹草最少,为 7.57 个;22053 高丹草的分蘖数最多,为 6.98 个,其次是健宝,为 6.88 个,22050 最少,为 5.21 个(表 1-9)。

第 1 次刈割时,26837 高粱的茎粗最大,为 16.30 mm,其次是 23402 和大力士,均为 15.70 mm,Latte 最小,为 14.10 mm;SS2 苏丹草的茎粗最大,为 11.80 mm,其次是 Brasero 和新苏 2 号,均为 9.90 mm,Enorma 最小,为 9.30 mm;22053 高丹草的茎粗最大,为 14.60 mm,高于对照,其次是 22050,为 14.00 mm,F8423 最小,为 11.40 mm。第 2 次刈割时,Big Kahuma 的茎粗最大,为 11.70 mm,其次是 23419 和大力士,均为 11.50 mm,Latte 最小,为 9.00 mm;SS2 苏丹草的茎粗最大,为 7.50 mm,其次是新苏 2 号和 Brasero,分别为 6.70 和 6.60 mm,Enorma 最小,为 5.90 mm;22053 高丹草的茎粗最大,为 10.20 mm,高于对照,其次是 22050,为 10.00 mm,F8423 最小,为 7.70 mm(表 1-9)。

第 1 次刈割时,大力士高粱株高最大,为 156.16 cm,其次是 23402,为 152.65 cm,26837 最小,为 129.82 cm;新苏 2 号苏丹草株高最大,为 146.49 cm,其次是 SS2 和 Enorma,分别为 140.75 和 133.71 cm,Brasero 最小,为 126.84 cm;22050 高丹草株高最大,为 149.74 cm,高于对照和其他高丹草品种,其次是 22043,为 148.64 cm,F8421 最小,为 129.44 cm。第 2 次刈割时,大力士高粱的株高最大,为 146.82 cm,其次是 Latte,为 144.19 cm,23402 最小,为 134.62 cm;新苏 2 号苏丹草株高最大,为 149.26 cm,其次是 Brasero 和 SS2,分别为 136.74 和 135.87 cm,Enorma 最小,为 133.54 cm;22050 高丹草株高最大,为 149.74 cm,高于对照,其次是健宝,为 143.64 cm,F8421 最小,为 138.13 cm(表 1-9)。

第 1 次刈割时,23402 高粱茎叶比最大,为 1.59,其次是 26837,为 1.57,Sweet Virginia,最小,为 1.26;Enorma 苏丹草茎叶比最大,为 1.89,其次是新苏 2 号和 SS2,分别为 1.75 和 1.56,Brasero 最小,为 1.35;22050 高丹草茎叶比最大,为 1.65,其次是 22043,为 1.57,22053 最小,为 1.17。第 2 次刈割时,23402 高粱的茎叶比最大,为 2.46,高于对照,其次是 Sweet Virginia,为 1.62,Latte 最小,为 1.07;SS2 苏丹草茎叶比最大,为 1.88,其次是 Brasero 和 Enorma,分别为 1.76 和 1.66,新苏 2 号最小,为 1.55;22043 茎叶比最大,为 1.36,其次是 F8423,为 1.30,F8421 最小,为 0.95(表 1-9)。

表 1-9　酒泉地区多次刈割组不同品种的生长性状

组别	品种	分蘖数/个		茎粗/mm		株高/cm		茎叶比	
		第1茬	第2茬	第1茬	第2茬	第1茬	第2茬	第1茬	第2茬
高粱	大力士	4.70[a]	4.44	15.70[ab]	11.50	156.16[a]	146.82	1.28[a]	1.17
	23402	2.70[c]	4.04	15.70[ab]	10.30	152.65[ab]	134.62	1.59[a]	2.46
	23419	3.07[bc]	4.11	14.40[ab]	11.50	149.53[abc]	138.00	1.47[a]	1.54
	Latte	4.30[a]	8.00	14.10[b]	9.00	145.94[abc]	144.19	1.55[a]	1.07
	Big Kahuma	3.60[b]	4.29	15.90[ab]	11.70	151.91[ab]	135.30	1.30[a]	1.22
	Elite	2.83[c]	3.77	15.50[ab]	10.00	140.93[abc]	140.69	1.33[a]	1.38
	26837	2.87[c]	—	16.30[a]	—	129.82[c]	—	1.57[a]	—
	Sweet Virginia	2.73[c]	3.44	14.50[ab]	9.90	133.92[bc]	137.60	1.26[a]	1.62
苏丹草	新苏2号	6.10[b]	7.57[b]	9.90[b]	6.70[a]	146.49[a]	149.26[a]	1.75[ab]	1.55[a]
	Enorma	6.90[a]	10.22[a]	9.30[b]	5.90[a]	133.71[ab]	133.54[a]	1.89[a]	1.66[a]
	Brasero	6.83[a]	8.99[ab]	9.90[b]	6.60[a]	126.84[b]	136.74[a]	1.35[b]	1.76[a]
	SS2	4.87[c]	7.59[b]	11.80[a]	7.50[a]	140.75[ab]	135.87[a]	1.56[ab]	1.88[a]
高丹草	健宝	4.63[a]	6.88[a]	13.40[ab]	9.70[ab]	138.92[ab]	143.64[a]	1.28[bc]	1.22[a]
	22043	3.73[a]	5.76[ab]	13.80[a]	8.90[ab]	148.64[a]	140.89[a]	1.57[ab]	1.36[a]
	22053	4.43[a]	6.98[a]	14.60[a]	10.20[a]	143.72[ab]	139.35[a]	1.17[c]	1.18[a]
	22050	4.03[a]	5.21[b]	14.00[a]	10.00[a]	148.86[a]	149.74[a]	1.65[a]	1.26[a]
	F8421	4.27[a]	6.38[ab]	12.70[ab]	8.60[ab]	129.44[b]	138.13[a]	1.20[c]	0.95[a]
	F8423	4.80[a]	6.91[a]	11.40[b]	7.70[b]	132.90[ab]	138.49[a]	1.43[abc]	1.30[a]

"—"表示未采集到数据,第2茬26837未达到刈割高度,没有刈割。

1.2.1.4　小结

多次刈割利用表现较好的品种有 23402、Big Kahuma 高粱,22043、F8421 高丹草,可以初步作为酒泉地区的优良品种多次刈割做青饲或者干草。

1.2.2　青贮组试验结果

1.2.2.1　试验地概况

试验地概况同 1.2.1.1。

1.2.2.2　材料与方法

1.试验材料

同 1.1.2.2 中试验材料。

2.试验方法

采用随机区组设计,19 份材料,每份材料 3 个重复,小区面积为 3.5 m×3.5 m。于 2011 年 5 月播种,条播,保苗 6 000 株/亩,四周均设保护行。于各供试材料乳熟期到蜡熟期时一次性刈割。适时进行田间杂草防除,定期观测、记录。试验过程不使用杀虫、除草、生长调节剂。

3.测定项目与方法

(1)鲜草产量测定　单位面积土地上所收获的地上部分的全部产量,以 kg/hm² 为单位。将每个小区的两边行和地头 0.5 m 去除,刈割 1/2 小区植株测量鲜重,剩余 1/2 小区观测生育期和收种用。

(2)株高测定　随机选取 30 株植株,测量由地面到植株顶部最高的叶子或者穗顶的长度,用卷尺测量,以 cm 为单位。

(3)茎粗测定　随机选取 30 株植株,按植株地表起 1/3 处间的大径为准,用游标卡尺测量,以 mm 为单位。

(4)分蘖数测定　随机选取 30 株植株,植株地下部缩生节位腋芽萌生的一次分蘖的数量,以个为单位。

(5)茎叶比测定　随机选取 5 株植株,将茎叶分开,分别称重后计算二者的比值。

(6)生育期观测　播种期、出苗期、分蘖期、拔节期、开花期和成熟期(指全区 75% 的植株出苗、分蘖、开花等的日期)。

4.数据统计和分析

采用 Excel 和 SPSS 13.0 进行数据处理和方差分析。

1.2.2.3　结果与分析

1.生育期

试验结果表明,大力士、Big Kahuma 高粱,健宝、22053 和 22050 高丹草是晚熟品种,在酒泉地区不能开花结实,其他品种能够正常生长。播种期相同,但 Latte、Big Kahuma、Sweet Virginia 高粱,22053、22050 高丹草出苗较晚,分蘖期和拔节期相差 2~5 d,新苏 2 号苏丹草开花期最早,为早熟品种,23402、Latte 高粱,Enorma 苏丹草,F8421 高丹草为晚熟品种,开花结实较晚(表 1-10)。

表 1-10　酒泉地区青贮组不同品种的生育期

组别	品种	播种期	出苗期	分蘖期	拔节期	开花期	成熟期
高粱	大力士	5月9日	5月24日	6月14日	6月25日	—	—
	23402	5月9日	5月24日	6月16日	6月29日	9月3日	10月5日
	23419	5月9日	5月24日	6月15日	6月25日	8月27日	10月6日
	Latte	5月9日	5月30日	6月16日	6月29日	8月30日	10月6日
	Big Kahuma	5月9日	5月28日	6月16日	6月29日	—	—
	Elite	5月9日	5月24日	6月16日	6月25日	8月23日	10月6日
	26837	5月9日	5月24日	6月16日	6月27日	8月23日	10月6日
	Sweet Virginia	5月9日	5月30日	6月19日	6月25日	8月23日	10月5日
玉米	郑单958	5月31日	6月5日	—	6月25日	8月19日	10月3日
苏丹草	新苏2号	5月9日	5月24日	6月14日	6月25日	8月1日	9月30日
	Enorma	5月9日	5月24日	6月16日	6月26日	9月3日	10月3日
	Brasero	5月9日	5月24日	6月14日	6月25日	8月23日	10月6日
	SS2	5月9日	5月24日	6月16日	6月25日	8月18日	10月3日
高丹草	健宝	5月9日	5月24日	6月14日	6月25日	—	—
	22043	5月9日	5月24日	6月15日	6月25日	8月15日	10月3日
	22053	5月9日	5月29日	6月14日	6月25日	—	—
	22050	5月9日	5月29日	6月14日	6月25日	—	—
	F8421	5月9日	5月24日	6月14日	6月25日	8月27日	10月6日
	F8423	5月9日	5月24日	6月14日	6月23日	8月20日	10月6日

"—"表示没有数据。

2.产量与产量相关性状

高粱中大力士鲜草产量最大,为 91 982.48 kg/hm²,郑单958玉米的产量仅次于对照大力士,但高于其他高粱品种,其次是 Elite,为 77 530.81 kg/hm²,Latte 最小,为 58 767.86 kg/hm²;苏丹草中 SS2 鲜草产量最大,为 66 731.76 kg/hm²,显著高于对照($P<0.05$),其次是 Enorma 和 Brasero,分别为 56 885.57 和 55 773.91 kg/hm²;高丹草中健宝鲜草产量最大,为 119 964.72 kg/hm²,其次是 F8423,为 88 488.67 kg/hm²,22043 最小,为 77 848.43 kg/hm²(表 1-11)。

各高粱品种中,大力士株高最大,为 300.96 cm,其次是 Big Kahuma,为 295.24 cm,26837 最小,为 143.10 cm;Big Kahuma 和郑单958玉米茎粗最大,为

20.60 mm,其次是 23419,为 19.90 mm,Latte 最小,为 15.50 mm;大力士分蘖数最多,为 6.67 个,其次是 Latte,为 6.17 个,郑单 958 玉米分蘖数最少,为 1.07 个;23419 茎叶比最大,为 4.73,高于对照大力士,其次为 Elite,为 4.55,Big Kahuma 最小,为 2.88(表 1-11)。

表 1-11 酒泉地区青贮组不同品种的产量与产量相关性状

组别	品种	鲜草产量/(kg/hm²)	茎叶比	分蘖数/个	茎粗/mm	株高/cm
高粱	大力士	91 982.48ᵃ	3.69ᵃᵇ	6.67ᵃ	19.70ᵃᵇ	300.96ᵃ
	23402	68 510.43ᵇᶜ	3.78ᵃᵇ	4.97ᵇᶜ	18.10ᵃᵇᶜ	210.89ᵉ
	23419	61 014.62ᵈ	4.73ᵃ	4.37ᶜ	19.90ᵃᵇ	245.77ᶜᵈ
	Latte	58 767.86ᵈ	4.07ᵃ	6.17ᵃᵇ	15.50ᶜ	246.93ᶜᵈ
	Big Kahuma	65 969.48ᵇᶜ	2.88ᵇ	4.73ᶜ	20.60ᵃ	295.24ᵃᵇ
	Elite	77 530.81ᵃᵇ	4.55ᵃ	4.63ᶜ	18.90ᵃᵇ	203.69ᵉ
	26837	60 347.62ᵈ	3.99ᵃᵇ	4.83ᵇᶜ	18.30ᵃᵇ	143.10ᶠ
	Sweet Virginia	70 606.71ᵇᶜ	4.23ᵃ	3.73ᶜ	17.10ᵇᶜ	265.09ᵇᶜ
玉米	郑单 958	91 029.62ᵃ	4.05ᵃ	1.07ᵈ	20.60ᵃ	227.75ᵈᵉ
苏丹草	新苏 2 号	53 741.14ᵇ	5.01ᵃᵇ	10.23ᵇ	13.40ᵃ	311.57ᵃ
	Enorma	56 885.57ᵃᵇ	4.59ᵇ	14.87ᵃ	12.80ᵃ	279.55ᵇ
	Brasero	55 773.91ᵃᵇ	5.20ᵃᵇ	15.77ᵃ	12.30ᵃ	280.69ᵇ
	SS2	66 731.76ᵃ	5.96ᵃ	7.97ᵇ	13.80ᵃ	234.48ᶜ
高丹草	健宝	119 964.72ᵃ	4.32ᵇ	7.07ᵃ	19.50ᵃ	367.22ᵃ
	22043	77 848.43ᵇ	5.59ᵃ	6.07ᵃᵇ	15.50ᶜ	253.90ᵈ
	22053	87 345.24ᵇ	3.66ᵇ	5.20ᵇ	17.00ᵇᶜ	312.84ᵃ
	22050	86 773.52ᵇ	4.48ᵇ	7.73ᵃ	17.60ᵇ	294.50ᵇᶜ
	F8421	88 044.00ᵇ	4.62ᵇ	6.10ᵃᵇ	16.30ᵇᶜ	267.72ᶜᵈ
	F8423	88 488.67ᵇ	5.56ᵃ	7.20ᵃ	13.60ᵈ	272.22ᶜᵈ

各苏丹草品种中,新苏 2 号株高最大,为 311.57 cm,其次是 Brasero 和 Enorma,分别为 280.69 和 279.55 cm,SS2 最小,为 234.48 cm;SS2 茎粗最大,为 13.80 mm,高于对照,其次是新苏 2 号和 Enorma,分别为 13.40 和 12.80 mm,Brasero 最小,为 12.30 mm;Brasero 分蘖数最多,为 15.77 个,显著高于对照($P <$ 0.05),其次是 Enorma 和新苏 2 号,分别为 14.87 和 10.23 个,SS2 最少,为 7.97 个;SS2 茎叶比最大,为 5.96,其次是 Brasero 和新苏 2 号,分别为 5.20 和 5.01,

Enorma 最小,为 4.59(表 1-11)。

各高丹草品种中,健宝株高最大,为 367.22 cm,其次是 22053,为 312.84 cm,22043 最小,为 253.90 cm;健宝茎粗最大,为 19.50 mm,其次是 22050,为 17.60 mm,F8423 最小,为 13.60 mm;22050 分蘖数最多,为 7.73 个,高于对照,其次是F8423,为 7.20 个,22053 最小,为 5.20 个;22043 茎叶比最大,为 5.59,显著高于对照($P<0.05$),其次是 F8423,为 5.56,22053 最小,为 3.66(表 1-11)。

1.2.2.4 小结

一次刈割利用条件下,其他高粱品种的产量均低于郑单 958 玉米和对照大力士,表现较好的品种有 Elite 高粱,F8421、F8423、22053、22050 高丹草,可以初步作为酒泉地区的优良品种一次刈割做青贮。

(本节试验完成人:韩云华　王显国　张　泉　王文虎　闫　敏)

1.3　江苏省南京地区引种评价试验结果

1.3.1　多次刈割组试验结果

1.3.1.1　试验地概况

试验设在江苏省农业科学院试验田进行,该试验田地处长江中下游,北纬 32°32′、东经 118°48′,属亚热带季风气候,年平均温度 15～17℃,年均降水量 1 100 mm 左右,全年无霜期 220～240 d,≥10℃年积温约 4 800℃。土壤为黏性马肝土,有机质含量 1.427%、全氮含量 0.089%、有效磷含量 6.618 g/kg、有效钾含量 79.400 g/kg,pH 为 6.7(数据由江苏省农业科学院畜牧研究所提供)。

1.3.1.2　材料与方法

1.试验材料

同 1.1.1.2 中试验材料。

2.试验方法

采用随机区组设计,18 份材料,每份材料 3 个重复,小区面积为 16 m²。于 2011 年 5 月播种,条播,保苗 20 000 株/亩,四周均设保护行。于各供试材料株高达到 1.2 m 以上时刈割,留茬高度 15 cm。适时进行田间杂草防除,定期观测、记录。试验过程不使用杀虫剂、除草剂、生长调节剂。

3.测定项目与方法

(1)鲜草产量测定 单位面积土地上所收获的地上部分的全部产量,以 kg/hm² 为单位。将每个小区的两边行和地头 0.5 m 去除,刈割剩下植株测量鲜重,晒干后称重,测得的小区鲜重和干重的比值为鲜干比。

(2)株高测定 随机抽取 5 株植株,测量由地面到植株顶部最高的叶子或者穗顶的长度,用卷尺测量,以 cm 为单位。

(3)茎粗测定 随机抽取 5 株植株,按植株地表起 1/3 处节间的大径为准,用游标卡尺测量,以 mm 为单位。

(4)叶长测定 随机抽取 5 株茎秆中部叶片,测量叶基部到叶尖的距离,以 cm 为单位。

(5)叶宽测定 随机抽取 5 株茎秆中部叶片,测量叶片中部宽度,以 cm 为单位。

(6)糖锤度测定 随机抽取 5 株植株,用糖锤度计测量茎秆基部糖锤度,以% 为单位。

4.数据统计和分析

采用 Excel 和 SPSS 13.0 进行数据处理和方差分析。

1.3.1.3 结果与分析

1.鲜草产量

第 1 次刈割时,大力士高粱鲜草产量最大,为 57 166.70 kg/hm²,其次是 26837,为 46 500.00 kg/hm²,Latte 最小,为 18 166.67 kg/hm²;SS2 苏丹草鲜草产量最大,为 42 125.00 kg/hm²,显著高于对照($P<0.05$),其次是 Enorma 和 Brasero,分别为 30 666.67 和 28 125.00 kg/hm²,新苏 2 号最小,为 17 625.00 kg/hm²;健宝高丹草鲜草产量最大,为 51 833.33 kg/hm²,其次是 F8423,为 48 875.00 kg/hm²,22053 最小,为 30 250.00 kg/hm²(表 1-12)。

第 2 次刈割时,Elite 高粱鲜草产量最大,为 24 333.33 kg/hm²,其次是 Latte,为 17 416.67 kg/hm²,26837 最小,为 10 416.67 kg/hm²;Enorma 苏丹草鲜草产量最大,为 27 333.33 kg/hm²,显著高于对照($P<0.05$),其次 Brasero 和 SS2,分别为 19 833.33 和 16 583.33 kg/hm²,新苏 2 号最小,为 13 666.67 kg/hm²;健宝高丹草的鲜草产量最大,为 49 375.00 kg/hm²,其次是 22050,为 26 750.00 kg/hm²,F8423 最小,为 11 625.00 kg/hm²(表 1-12)。

2 次刈割鲜草总产量，大力士高粱最大，为 71 416.67 kg/hm²，其次是 26837，为 56 916.67 kg/hm²，Latte 最小，为 35 583.33 kg/hm²；SS2 苏丹草产量最大，为 58 708.33 kg/hm²，显著高于对照（$P<0.05$），其次是 Enorma 和 Brasero，分别为 58 000.00 和 47 958.33 kg/hm²；健宝高丹草产量最大，为 101 208.33 kg/hm²，其次是 F8421，为 71 666.67 kg/hm²，22053 最小，为 52 208.33 kg/hm²（表 1-12）。

表 1-12　南京地区多次刈割组不同品种的鲜草产量　　　　　kg/hm²

组别	品种	第 1 茬产量	第 2 茬产量	总产量
高粱	大力士	57 166.67ᵃ	14 250.00ᶜᵈ	71 416.67ᵃ
	23402	27 375.00ᵉ	14 250.00ᶜᵈ	41 625.00ᵈ
	23419	32 000.00ᵈ	15 916.67ᵇᶜ	47 916.67ᶜ
	Latte	18 166.67ᶠ	17 416.67ᵇ	35 583.33ᵉ
	Big Kahuma	39 083.33ᶜ	12 875.00ᵈᵉ	51 958.33ᵇᶜ
	Elite	32 291.67ᵈ	24 333.33ᵃ	56 625.00ᵇ
	26837	46 500.00ᵇ	10 416.67ᵉ	56 916.67ᵇ
	Sweet Virginia	41 458.33ᶜ	11 625.00ᵉᶠ	53 083.33ᵇᶜ
苏丹草	新苏 2 号	17 625.00ᶜ	13 666.67ᵇ	31 291.67ᶜ
	Enorma	30 666.67ᵇ	27 333.33ᵃ	58 000.00ᵃ
	Brasero	28 125.00ᵇ	19 833.33ᵇ	47 958.33ᵇ
	SS2	42 125.00ᵃ	16 583.33ᵇ	58 708.33ᵃ
高丹草	健宝	51 833.33ᵃ	49 375.00ᵃ	101 208.33ᵃ
	22043	42 000.00ᶜ	15 458.33ᵈ	57 458.33ᶜ
	22053	30 250.00ᵈ	21 958.33ᶜ	52 208.33ᵈ
	22050	43 416.67ᶜ	26 750.00ᵇ	70 166.67ᵇ
	F8421	45 791.67ᵇᶜ	25 875.00ᵇ	71 666.67ᵇ
	F8423	48 875.00ᵃᵇ	11 625.00ᵉ	60 500.00ᶜ

2. 干草产量

第 1 次刈割时，大力士高粱干草产量最大，为 6 014.65 kg/hm²，其次是 26837，为 5 524.97 kg/hm²，Latte 最小，为 2 280.00 kg/hm²；SS2 苏丹草干草产量最大，为 5 245.83 kg/hm²，显著高于对照（$P<0.05$），其次是 Enorma 和 Brasero，

分别为 3 738.11 和 3 717.62 kg/hm²，新苏 2 号最小，为 2 370.11 kg/hm²；F8421 高丹草干草产量最大，为 6 163.34 kg/hm²，其次是 F8423，为 5 937.88 kg/hm²，22053 最小，为 3 147.07 kg/hm²（表 1-13）。

第 2 次刈割时，Elite 高粱干草产量最大，为 6 703.14 kg/hm²，显著高于对照（$P < 0.05$），其次是 Latte，为 5 110.46 kg/hm²，23402 最小，为 1 142.77 kg/hm²；Enorma 苏丹草干草产量最大，为 8 730.68 kg/hm²，显著高于对照（$P < 0.05$），其次是 Brasero 和 SS2，分别为 5 624.05 和 4 916.56 kg/hm²，新苏 2 号最小，为 3 466.57 kg/hm²；健宝高丹草的干草产量最大，为 15 429.00 kg/hm²，其次是 F8423，为 8 006.33 kg/hm²，22043 最小，为 3 843.83 kg/hm²（表 1-13）。

2 次刈割干草总产量，Elite 高粱最大，为 11 134.48 kg/hm²，显著高于对照（$P < 0.05$），其次是大力士，为 8 606.64 kg/hm²，23402 最小，为 4 918.63 kg/hm²；Enorma 苏丹草产量最大，为 12 468.79 kg/hm²，显著高于对照（$P < 0.05$），其次是 SS2 和 Brasero，分别为 10 162.40 和 9 341.68 kg/hm²，新苏 2 号最小，为 5 836.68 kg/hm²；健宝高丹草产量最大，为 21 218.72 kg/hm²，其次是 F8423，为 13 944.21 kg/hm²，22053 最小，为 7 475.50 kg/hm²（表 1-13）。

第 1 次刈割时，大力士高粱、Enorma 苏丹草和 22053 高丹草鲜干比最大，分别为 9.50、8.20 和 9.61，23402 高粱、新苏 2 号苏丹草和 F8421 高丹草鲜干比最小，分别为 7.25、7.44 和 7.45；第 2 次刈割时，23402 高粱、新苏 2 号苏丹草和 22053 高丹草鲜干比最大，分别为 12.48、3.94 和 5.07，23419 高粱、Enorma 苏丹草和 F8423 高丹草鲜干比最小，分别为 3.29、3.13 和 1.46（表 1-13）。

表 1-13　南京地区多次刈割组不同品种的干草产量与鲜干比

组别	品种	第 1 茬产量/(kg/hm²)	第 2 茬产量/(kg/hm²)	总产量/(kg/hm²)	第 1 茬鲜干比	第 2 茬鲜干比
高粱	大力士	6 014.65ª	2 591.99ᶜᵈ	8 606.64ᵇ	9.50	5.50ᵇᶜ
	23402	3 775.86ᶜ	1 142.77ᵉ	4 918.63ᵈ	7.25	12.48ª
	23419	3 740.64ᶜ	4 844.72ᵇ	8 585.35ᵇ	8.55	3.29ᵈ
	Latte	2 280.00ᵈ	5 110.46ᵇ	7 390.47ᶜ	7.97	3.41ᵈ
	Big Kahuma	4 953.53ᵇ	2 160.66ᵈ	7 114.19ᶜ	7.89	5.96ᵇ
	Elite	4 431.33ᵇ	6 703.14ª	11 134.48ª	7.29	3.63ᵈ
	26837	5 524.97ª	3 080.00ᶜ	8 604.98ᵇ	8.42	3.38ᵈ
	Sweet Virginia	4 798.51ᵇ	2 274.32ᵈ	7 072.83ᶜ	8.64	5.11ᶜ

续表 1-13

组别	品种	第1茬产量/(kg/hm²)	第2茬产量/(kg/hm²)	总产量/(kg/hm²)	第1茬鲜干比	第2茬鲜干比
苏丹草	新苏2号	2 370.11^c	3 466.57^c	5 836.68^c	7.44	3.94
	Enorma	3 738.11^b	8 730.68^a	12 468.79^a	8.20	3.13
	Brasero	3 717.62^b	5 624.05^b	9 341.68^b	7.57	3.53
	SS2	5 245.83^a	4 916.56^{bc}	10 162.40^b	8.03	3.37
高丹草	健宝	5 789.73^a	15 429.00^a	21 218.72^a	8.95	3.20^d
	22043	5 304.98^b	3 843.83^e	9 148.81^e	7.92	4.02^c
	22053	3 147.07^c	4 328.43^e	7 475.50^f	9.61	5.07^a
	22050	4 894.81^b	5 631.41^d	10 526.22^d	8.87	4.75^b
	F8421	6 143.34^a	6 327.25^c	12 470.58^c	7.45	4.10^c
	F8423	5 937.88^a	8 006.33^b	13 944.21^b	8.23	1.46^e

3. 生长性状

第1次刈割时,26837高粱的茎粗最大,为24.20 mm,其次是Big Kahuma,为22.90 mm,23402最小,为14.50 mm;SS2苏丹草茎粗最大,为13.10 mm,其次是新苏2号和Enorma,分别为10.10和9.60 mm,Brasero最小,为9.10 mm;22053高丹草茎粗最大,为18.80 mm,其次是F8421,为17.90 mm,F8423最小,为13.10 mm。第2次刈割时,26837茎粗最大,为18.10 mm,显著高于对照($P<0.05$),其次是Big Kahuma,为15.00 mm,大力士最小,为12.30 mm;SS2苏丹草茎粗最大,为10.20 mm,显著高于对照($P<0.05$),其次是Enorma和新苏2号,分别为8.50和8.00 mm,Brasero最小,为7.40 mm;F8421高丹草茎粗最大,为25.10 mm,其次是22053,为12.40 mm,健宝和F8423最小,均为9.50 mm(表1-14)。

第1次刈割时,Sweet Virginia高粱株高最大,其株高为278.00 cm,其次是大力士,为276.56 cm,26837最小,为158.90 cm;新苏2号苏丹草株高最大,为257.32 cm,其次是Brasero和SS2,分别为247.00和229.66 cm,Enorma最小,为223.50 cm;F8423高丹草株高最大,为275.82 cm,其次是健宝,为274.28 cm,22050最小,为247.50 cm。第2次刈割时,大力士高粱株高最大,为270.58 cm,其次是23419,为207.58 cm,26837最小,为121.90 cm;SS2苏丹草株高最大,为

235.32 cm,其次是 Enorma 和 Brasero,分别为 225.12 和 218.92 cm,新苏 2 号最小,为 207.62 cm;健宝高丹草株高最大,为 281.98 cm,其次是 22053,为 263.98 cm,22043 高丹草最小,为 190.32 cm(表 1-14)。

第 1 次刈割时,大力士高粱叶长最大,为 117.32 cm,其次是 Big Kahuma,为 116.28 cm,23402 和 23419 叶长最小,均为 83.16 cm;Enorma 苏丹草叶长最大,为 93.24 cm,其次是新苏 2 号和 SS2,分别为 92.66 和 90.14 cm,Brasero 最小,为 79.98 cm;健宝高丹草叶长最大,为 102.02 cm,其次是 22053,为 99.38 cm,22043 最小,为 43.80 cm。第 2 次刈割时,大力士高粱叶长最大,为 92.12 cm,其次是 Big Kahuma,为 81.08 cm,23419 最小,为 37.72 cm;Brasero 苏丹草叶长最大,为 65.30 cm,其次是 Enorm 和新苏 2 号,均为 56.16 cm,SS2 最小,为 55.14 cm;健宝叶长最大,为 67.80 cm,其次是 F8421,为 60.44 cm,22043 最小,为 43.80 cm(表 1-14)。

第 1 次刈割时,Sweet Virginia 高粱叶宽最大,为 10.48 cm,显著高于对照($P<0.05$),其次是 Elite,为 9.66 cm,Latte 最小,为 6.14 cm;SS2 苏丹草叶宽最大,为 4.80 cm,显著高于对照($P<0.05$),其次是 Enorma 和 Brasero,分别为 4.50 和 4.14 cm,新苏 2 号最小,为 3.58 cm;22053 高丹草叶宽最大,为 6.86 cm,其次是 F8423,为 6.68 cm,22043 最小,为 5.62 cm。第 2 次刈割时,Big Kahuma 高粱叶宽最大,为 7.34 cm,其次是 26837,为 7.12 cm,Elite 最小,为 5.52 cm;SS2 苏丹草叶宽最大,为 4.20 cm,显著高于对照($P<0.05$),其次是新苏 2 号和 Enroma,分别为 3.40 和 3.24 cm,Brasero 最小,为 3.00 cm;健宝高丹草叶宽最大,为 5.14 cm,其次是 22053,为 4.92 cm,22050 最小,为 3.80 cm(表 1-14)。

第 1 次刈割时,Elite 高粱糖锤度最大,为 2.33%,显著高于对照($P<0.05$),其次是 Big Kahuma,为 1.97%,23419 最小,为 1.05%;Brasero 苏丹草糖锤度最大,为 4.76%,显著高于对照($P<0.05$),其次是 Enorma 和新苏 2 号,分别为 3.70% 和 2.30%,SS2 最小,为 1.93%;F8423 高丹草糖锤度最大,为 3.05%,显著高于对照($P<0.05$),其次是 22043,为 2.34%,F8421 最小,为 0.98%。第 2 次刈割时,26837 高粱糖锤度最大,为 11.02%,显著高于对照($P<0.05$),其次是 23419,为 10.98%,23402 和大力士最小,均为 6.71%;Brasero 苏丹草糖锤度最大,为 12.55%,显著高于对照($P<0.05$),其次是新苏 2 号和 Enorma,分别为 9.70% 和 9.57%,SS2 最小,为 8.78%;22043 高丹草糖锤度最大,为 11.17%,显著高于对照($P<0.05$),其次是 22053,为 9.50%,健宝最小,为 7.77%(表 1-14)。

表 1-14　南京地区多次刈割组不同品种的生长性状

组别	品种	茎粗/mm		株高/cm		叶长/cm		叶宽/cm		糖锤度/%	
		第 1 茬	第 2 茬	第 1 茬	第 2 茬	第 1 茬	第 2 茬	第 1 茬	第 2 茬	第 1 茬	第 2 茬
高粱	大力士	21.60^{abc}	12.30^{cd}	276.56^{a}	270.58^{a}	117.32^{a}	92.12^{a}	8.72^{bc}	6.98^{ab}	1.06^{f}	6.71^{e}
	23402	14.50^{e}	13.00^{c}	222.68^{c}	178.56^{c}	83.16^{c}	49.96^{de}	7.30^{cd}	6.52^{abc}	1.32^{e}	6.71^{e}
	23419	19.30^{cd}	13.00^{c}	256.58^{ab}	207.58^{b}	83.16^{c}	37.72^{f}	8.58^{bc}	5.92^{cd}	1.05^{f}	10.98^{a}
	Latte	17.30^{de}	10.70^{d}	184.68^{d}	178.36^{c}	110.68^{a}	68.64^{c}	6.14^{d}	5.78^{cd}	1.69^{c}	9.87^{b}
	Big Kahuma	22.90^{ab}	15.00^{b}	262.18^{ab}	185.42^{bc}	116.28^{a}	81.08^{b}	9.20^{ab}	7.34^{a}	1.97^{b}	7.90^{d}
	Elite	19.40^{cd}	12.90^{c}	253.06^{ab}	126.12^{d}	115.28^{a}	55.50^{d}	9.66^{ab}	5.52^{d}	2.33^{a}	10.00^{a}
	26837	24.20^{a}	18.10^{a}	158.90^{e}	121.90^{d}	92.98^{b}	43.70^{ef}	8.60^{bc}	7.12^{ab}	1.45^{de}	11.02^{a}
	Sweet Virginia	19.60^{bcd}	13.90^{bc}	278.00^{a}	188.50^{bc}	111.74^{a}	53.64^{d}	10.48^{a}	6.24^{bcd}	1.56^{cd}	9.22^{c}
苏丹草	新苏 2 号	10.10^{ab}	8.00^{b}	257.32^{a}	207.62^{a}	92.66^{a}	56.16^{a}	3.58^{b}	3.40^{b}	2.30^{c}	9.70^{b}
	Enorma	9.60^{b}	8.50^{b}	223.50^{b}	225.12^{a}	93.24^{a}	56.16^{a}	4.50^{a}	3.24^{b}	3.70^{b}	9.57^{b}
	Brasero	9.10^{b}	7.40^{b}	247.00^{ab}	218.92^{a}	79.98^{b}	60.30^{a}	4.14^{ab}	3.00^{b}	4.76^{a}	12.55^{a}
	SS2	13.10^{a}	10.20^{a}	229.66^{ab}	235.32^{a}	90.14^{ab}	55.14^{a}	4.80^{a}	4.20^{a}	1.93^{d}	8.78^{c}
高丹草	健宝	17.80^{a}	9.50^{a}	274.28^{ab}	281.98^{a}	102.02^{a}	67.80^{a}	5.66^{a}	5.14^{a}	1.68^{e}	7.77^{e}
	22043	13.40^{b}	9.60^{a}	252.32^{ab}	190.32^{c}	77.34^{c}	43.80^{c}	5.62^{a}	4.16^{ab}	2.34^{b}	11.17^{a}
	22053	18.80^{a}	12.40^{a}	260.58^{ab}	263.98^{ab}	99.38^{ab}	58.74^{ab}	6.86^{a}	4.92^{a}	1.58^{c}	9.50^{bc}
	22050	17.00^{a}	10.70^{a}	247.50^{b}	244.92^{b}	90.38^{b}	52.22^{bc}	5.92^{a}	3.80^{b}	1.75^{c}	8.69^{d}
	F8421	17.90^{a}	25.10^{a}	253.66^{ab}	243.46^{b}	89.88^{b}	60.44^{ab}	6.28^{a}	4.70^{ab}	0.98^{d}	9.67^{b}
	F8423	13.10^{b}	9.50^{a}	275.82^{a}	257.60^{ab}	89.30^{b}	57.98^{a}	6.68^{a}	4.28^{ab}	3.05^{a}	9.22^{c}

1.3.1.4　小结

①试验结果表明,高粱组对照大力士鲜草产量最大,但鲜干比也大,产生的干物质量少,Elite 高粱,Enorma 苏丹草,F8421、F8423 高丹草 2 次刈割后的干草总产量较高。

②26837 高粱的茎粗最大,株高最小,糖锤度较大,Brasero 苏丹草和 22043 高丹草含糖量较大。

③多次刈割利用表现较好的品种为 Elite 高粱,Enorma 苏丹草,F8421、F8423 高丹草,可以初步作为南京地区的优良品种多次刈割做青饲或者干草。

1.3.2　青贮组试验结果[*]

1.3.2.1　试验地概况

试验地概况同 1.3.1.1。

1.3.2.2　材料与方法

1.试验材料

同 1.3.1.2 中试验材料。

2.试验方法

采用随机区组设计,18 份材料,每份材料 3 个重复,小区面积为 15 m²。于 2011 年 5 月播种,条播,保苗 6 000 株/亩,四周均设保护行。于各供试材料乳熟期到蜡熟期时一次性刈割。适时进行田间杂草防除,定期观测、记录。试验过程不使用杀虫、除草、生长调节剂。

3.测定项目与方法

(1)鲜草产量测定　单位面积土地上所收获的地上部分的全部产量,以 kg/hm² 为单位。将每个小区的两边行和地头 0.5 m 去除,刈割 1/2 小区植株测量鲜重,剩余 1/2 小区观测生育期和收种用。

(2)株高测定　随机抽取 5 株植株,测量由地面到植株顶部最高的叶子或者穗顶的长度,以 cm 为单位。

(3)茎粗测定　随机抽取 5 株植株,按植株地表起 1/3 处节间的大径为准,用游标卡尺测量,以 mm 为单位。

(4)茎节数测定　随机抽取 5 株植株,计数从植株基部至顶部茎节的数量,以

---

* 本部分已形成论文发表在《中国乳业》2012 年第 1 期。

个为单位。

（5）穗重测定　随机抽取 5 株植株,将植株成熟的穗子剪下称鲜重,以 g 为单位。

（6）穗长测定　随机抽取 5 株植株,将植株成熟的穗子剪下测量长度,以 cm 为单位。

（7）发病率测定　小区内褐斑病发病株数占总株数的百分比。

（8）生育期观测　播种期、出苗期、拔节期、抽穗期、开花期和成熟期(指全区 75％的植株出苗、抽穗、开花等的日期)。

4. 数据统计和分析

采用 Excel 和 SPSS 13.0 进行数据处理和方差分析。

1.3.2.3　结果与分析

1. 生育期

试验结果表明,在高粱组内,23419 拔节期、抽穗期、开花期和成熟期均最早,Elite 拔节期、抽穗期、开花期和成熟期最晚,Big Kahuma 和大力士没有抽穗;各苏丹草品种生育期相同;各高丹草中,22043 拔节期、抽穗期、开花期和成熟期均最早,F8421 和对照健宝没有抽穗(表 1-15)。

表 1-15　南京地区青贮组不同品种的生育期

组别	品种	播种期	出苗期	拔节期	抽穗期	开花期	成熟期
高	大力士	5 月 4 日	5 月 8 日	7 月 25 日	—	—	—
粱	23402	5 月 4 日	5 月 8 日	6 月 27 日	7 月 26 日	8 月 3 日	9 月 4 日
	23419	5 月 4 日	5 月 8 日	6 月 19 日	7 月 19 日	7 月 27 日	8 月 26 日
	26837	5 月 4 日	5 月 8 日	7 月 19 日	8 月 20 日	8 月 29 日	9 月 29 日
	Late	5 月 4 日	5 月 8 日	7 月 20 日	8 月 21 日	8 月 30 日	10 月 1 日
	Big Kahuma	5 月 4 日	5 月 8 日	7 月 18 日	—	—	—
	Elite	5 月 4 日	5 月 8 日	7 月 29 日	8 月 30 日	9 月 8 日	10 月 9 日
	Sweet Virginia	5 月 4 日	5 月 8 日	7 月 21 日	8 月 20 日	8 月 28 日	9 月 25 日
苏	新苏 2 号	5 月 4 日	5 月 8 日	6 月 18 日	7 月 16 日	7 月 25 日	8 月 24 日
丹	Enroma	5 月 4 日	5 月 8 日	6 月 18 日	7 月 16 日	7 月 25 日	8 月 24 日
草	Brasero	5 月 4 日	5 月 8 日	6 月 18 日	7 月 16 日	7 月 25 日	8 月 24 日
	SS2	5 月 4 日	5 月 8 日	6 月 19 日	7 月 18 日	7 月 27 日	8 月 27 日

续表 1-15

组别	品种	播种期	出苗期	拔节期	抽穗期	开花期	成熟期
高	健宝	5 月 4 日	5 月 8 日	7 月 25 日	—	—	—
丹	22043	5 月 4 日	5 月 8 日	6 月 18 日	7 月 17 日	7 月 24 日	8 月 25 日
草	22050	5 月 4 日	5 月 8 日	6 月 23 日	7 月 25 日	8 月 4 日	9 月 6 日
	22053	5 月 4 日	5 月 8 日	6 月 23 日	7 月 25 日	8 月 4 日	9 月 6 日
	F8421	5 月 4 日	5 月 8 日	7 月 23 日	—	—	—
	F8423	5 月 4 日	5 月 8 日	6 月 19 日	7 月 19 日	7 月 27 日	8 月 26 日

"—"表示没有数据,下表同。

2.产量与产量相关性状

高粱中 Big Kahuma 鲜草产量最大,为 67 022.22 kg/hm²,显著高于对照($P<$0.05),其次是大力士,为 55 288.89 kg/hm²,Sweet Virginia 最小,为 28 755.56 kg/hm²;苏丹草中 SS2 鲜草产量最大,为 30 266.67 kg/hm²,显著高于对照($P<$0.05),其次是新苏 2 号和 Enorma,分别为 20 977.78 和 18 222.22 kg/hm²,Brasero 最小,为 17 733.33 kg/hm²;高丹草中 F8421 鲜草产量最大,为 64 711.11 kg/hm²,显著高于对照($P<$0.05),其次是 F8423,为 43 333.33 kg/hm²,22053 最小,为 33 822.22 kg/hm²(表 1-16)。

高粱中 Big Kahuma 干草产量最大,为 15 670.28 kg/hm²,显著高于对照($P<$0.05),其次是 Elite,为 14 776.35 kg/hm²,23402 最小,为 7 209.07 kg/hm²;苏丹草中 SS2 干草产量最大,为 7 683.08 kg/hm²,其次是新苏 2 号和 Brasero,分别为 7 103.79 和 7 077.60 kg/hm²,Enorma 最小,为 6 848.87 kg/hm²;高丹草中 F8421 干草产量最大,为 14 363.50 kg/hm²,显著高于对照($P<$0.05),其次是 F8423,为 12 725.83 kg/hm²,22043 最小,为 8 141.61 kg/hm²(表 1-16)。

高粱中大力士鲜干比最大,为 4.90,其次是 26837,为 4.32,23419 最小,为 3.36;苏丹草中 SS2 鲜干比最大,为 3.94,其次是新苏 2 号和 Enorma,分别为 2.95 和 2.66,Brasero 最小,为 2.51;高丹草中 F8421 鲜干比最大,为 3.51,其次是健宝,为 3.72,22043 最小,为 3.19(表 1-16)。

高粱中 23402 糖锤度最大,为 9.93%,显著高于对照($P<$0.05),其次是 Sweet Virginia,为 8.98%,大力士最小,为 3.57%;苏丹草中 SS2 糖锤度最大,为 14.60%,其次是 Enorma 和新苏 2 号,分别为 12.50% 和 11.60%,Brasero 最小,为 11.12%;高丹草中 22050 糖锤度最大,为 11.73%,显著高于对照($P<$0.05),其次是 22043,为 11.12%,健宝最小,为 5.60%(表 1-16)。

表 1-16　南京地区青贮组不同品种的产量、鲜干比和糖锤度

组别	品种	鲜草产量 /(kg/hm²)	干草产量 /(kg/hm²)	鲜干比	糖锤度 /%
高粱	大力士	55 288.89ᵇ	11 283.26ᵇᶜ	4.90	3.57ᵍ
	23402	29 155.56ᵉ	7 209.07ᵉ	4.04	9.93ᵃ
	23419	35 066.67ᵈ	10 443.70ᶜ	3.36	6.35ᵉ
	Latte	49 066.66ᶜ	11 968.45ᵇ	4.10	7.57ᵈ
	Big Kahuma	67 022.22ᵃ	15 670.28ᵃ	4.28	5.42ᶠ
	Elite	55 244.44ᵇ	14 776.35ᵃ	3.74	8.23ᶜ
	26837	48 488.89ᶜ	11 237.00ᵇᶜ	4.32	6.62ᵉ
	Sweet Virginia	28 755.56ᵉ	8 343.92ᵈ	3.45	8.98ᵇ
苏丹草	新苏 2 号	20 977.78ᵇ	7 103.79ᵃ	2.95	11.60ᶜ
	Enorma	18 222.22ᵇᶜ	6 848.87ᵃ	2.66	12.50ᵇ
	Brasero	17 733.33ᶜ	7 077.60ᵃ	2.51	11.12ᶜ
	SS2	30 266.67ᵃ	7 683.08ᵃ	3.94	14.60ᵃ
高丹草	健宝	41 911.11ᵇ	11 253.03ᶜ	3.72	5.60ᵉ
	22043	26 000.00ᵈ	8 141.61ᵉ	3.19	11.12ᵇ
	22053	33 822.22ᶜ	9 592.09ᵈ	3.53	10.27ᶜ
	22050	34 533.33ᶜ	10 299.08ᵈ	3.35	11.73ᵃ
	F8421	64 711.11ᵃ	14 363.50ᵃ	4.51	7.05ᵈ
	F8423	43 333.33ᵇ	12 725.83ᵇ	3.41	10.15ᶜ

3. 生长性状

各高粱品种中,对照大力士株高最大,为 377.66 cm,其次是 Big Kahuma,为 321.66 cm,26837 最小,为 216.40 cm;大力士茎粗最大,为 26.00 mm,其次是 Big Kahuma,为 24.40 mm,23402 最小,为 17.70 mm;Elite 茎节数最多,为 15.40 个,其次是 Late,为 14.80 个,Sweet Virginia 最小,为 11.00 个;Sweet Virginia 穗长最大,为 29.88 cm,其次是 Late,为 29.14 cm,Elite 最小,为 24.14 cm;23419 穗重最大,为 45.18 g,其次是 Sweet Virginia,为 36.60 g,23402 最小,为 19.92 g;23402 发病率最高,为 64.33%,其次是 23419,为 63.44%,Big Kahuma 最小,为 10.67%(表 1-17)。

各苏丹草品种中,Brasero 株高最大,为 282.64 cm,其次是 Enorma 和新苏 2 号,分别为 281.34 和 256.52 cm,SS2 最小,为 233.58 cm;SS2 茎粗最大,为 13.80 mm,其次是新苏 2 号和 Enorma,分别为 12.10 和 11.80 mm,Brasero 最小,为11.30 mm;SS2 茎节数最多,为 11.80 个,其次是 Enorma 和 Brasero,分别为 10.20 和 10.00 个,新苏 2 号最少,为 9.80 个;对照新苏 2 号的穗长最大,为 44.62 cm,其次是 Enorma 和 SS2,分别为 31.84 和 30.44 cm,Brasero 最小,为 29.20 cm;SS2 穗重最大,为 29.50 g,其次是新苏 2 号和 Brasero,分别为 17.90 和 14.24 g,Enroma 穗重最小,为 7.34 g;Brasero 发病率最高,为 60.00%,其次是 SS2 和Enorma,分别为 48.00% 和 37.33%,新苏 2 号最小,为 17.33%(表 1-17)。

各高丹草品种中,F8421 株高最大,为 324.44 cm,其次是 22053,为 31.54 cm,22043 最小,为 234.38 cm;22050 茎粗最大,为 19.50 mm,其次是 22053,为 18.90 mm,F8423 茎粗最小,为 14.20 mm;F8421 茎节数最多,为 18.40 个,其次是 22053,为14.20 个,22043 最少,为 10.80 个;F8423 穗长最大,为 32.60 cm,其次是 22043,为 28.68 cm,22053 最小,为 26.58 cm;F8423 穗重最大,为 37.56 g,其次是22043,为 31.64g,22053 最小,为 15.30 g;F8423 发病率最高,为 64.00%,其次是22043,为 52%,22050 最小,为 6.67%(表 1-17)。

表 1-17　南京地区青贮组不同品种的生长性状

组别	品种	株高/cm	茎粗/mm	茎节数/个	穗长/cm	穗重/g	发病率/%
高粱	大力士	377.66	26.00	14.80	—	—	24.67
	23402	237.78	17.70	11.20	28.16	19.92	64.33
	23419	290.20	18.20	11.80	28.82	45.18	63.33
	26837	216.40	23.70	13.40	26.08	32.36	51.67
	Late	293.44	20.20	14.80	29.14	31.90	13.33
	Big Kahuma	321.66	24.40	13.60	—	—	10.67
	Elite	300.80	19.00	15.00	24.14	34.00	61.33
	Sweet Virginia	246.60	20.00	11.00	29.88	36.60	45.00
苏丹草	新苏 2 号	256.52	12.10	9.80	44.62	17.90	17.33
	Enroma	281.34	11.80	10.20	31.84	7.34	37.33
	Brasero	282.64	11.30	10.00	29.20	14.24	60.00
	SS2	233.58	13.80	11.80	30.44	29.50	48.00

续表 1-17

组别	品种	株高/cm	茎粗/mm	茎节数/个	穗长/cm	穗重/g	发病率/%
高	健宝	313.92	17.80	13.40	—	—	15.00
丹	22043	234.38	16.40	10.80	28.68	31.64	52.00
草	22050	316.64	19.50	14.00	28.48	28.66	6.67
	22053	314.54	18.90	14.20	26.58	15.30	35.00
	F8421	324.44	18.00	18.40	—	—	34.00
	F8423	249.42	14.20	11.80	32.60	37.56	64.33

1.3.2.4 小结

①多数品种在南京地区褐斑病发病率较高,22050 高丹草,Big Kahuma、Latte 高粱发病率较低,因此在做青贮时要掌握好刈割时间。

②一次刈割利用条件下表现较好的品种为 Big Kahuma、Elite、Latte 高粱,F8421 高丹草,可以初步作为南京地区的优良品种一次刈割做青贮。

(本节试验完成人:顾洪如　丁成龙)

1.4　黑龙江省绥化地区引种评价试验结果

1.4.1　多次刈割组试验结果

1.4.1.1　试验地概况

试验在黑龙江省农业科学院试验地进行。试验地位于北纬 44°04′、东经 125°41′,气候属中温带大陆性季风气候,冬长夏短,年平均气温 3.1 ℃,≥10 ℃年积温约 2 546.2 ℃,无霜期 150 d,土壤为黑土,土质肥沃,地力均匀。土壤速效氮含量 113.6 mg/kg,速效磷含量 84.3 mg/kg,速效钾含量 215 mg/kg,全氮含量 0.181%,全磷含量 0.114%,全钾含量 2.56%,有机质含量 41.38 g/kg,pH 为 7.5 (数据由黑龙江省农业科学院草地研究所提供)。

1.4.1.2　材料与方法

1.试验材料

除没有种植新苏 2 号苏丹草外,其他试验材料同 1.1.1.2 中试验材料。

2.试验方法

采用随机区组设计,17 份材料,每份材料 3 个重复,小区面积为 15 m²。于 2011 年 5 月播种,条播,保苗 20 000 株/亩,四周均设保护行。于各供试材料株高达到 1.2 m 以上时刈割,留茬高度 15 cm。适时进行田间杂草防除,定期观测、记录。试验过程不使用杀虫、除草、生长调节剂。

3.测定项目与方法

(1)鲜草产量测定   单位面积土地上所收获的地上部分的全部产量,以 kg/hm² 为单位。将每个小区的两边行和地头 0.5 m 去除,刈割其余植株测量鲜重,晒干后测干重,测得的小区鲜重和干重的比值为鲜干比。

(2)株高测定   随机选取 5 株植株,测量由地面到植株顶部最高的叶子或者穗顶的长度,用卷尺测量,以 cm 为单位。

(3)茎粗测定   随机选取 5 株植株,按植株地表起 1/3 处节间的大径为准,用游标卡尺测量,以 mm 为单位。

(4)分蘖数测定   随机选取 5 株植株,测量植株地下部缩生节位腋芽萌生的一次分蘖的数量,以个为单位。

(5)茎叶比测定   随机挑选 5 株植株,将茎叶分开,分别称干重后计算二者的比值。

4.数据统计和分析

采用 Excel 和 SPSS 13.0 进行数据处理和方差分析。

1.4.1.3   结果与分析

1.鲜草产量

第 1 次刈割时,Elite 高粱鲜草产量最大,为 59 123.21 kg/hm²,其次是 Sweet Virginia,为 57 074.10 kg/hm²,26837 最小,为 43 206.78 kg/hm²;SS2 苏丹草鲜草产量最大,为 48 229.23 kg/hm²,其次是 Enorma,为 36 137.72 kg/hm²,Brasero 最小,为 32 135.72 kg/hm²;F8421 高丹草鲜草产量最大,为 63 136.97 kg/hm²,其次是健宝,为 59 625.24 kg/hm²,22050 最小,为 48 095.26 kg/hm²(表 1-18)。

第 2 次刈割时,23419 高粱鲜草产量最大,为 30 160.37 kg/hm²,其次是大力士,为 23 704.15 kg/hm²,Elite 最小,为 14 048.76 kg/hm²;SS2 苏丹草鲜草产量最大,为 29 707.15 kg/hm²,其次是 Brasero,为 23 447.62 kg/hm²,Enorma 最小,为 23 345.00 kg/hm²;22043 高丹草鲜草产量最大,为 33 196.08 kg/hm²,其次是 F8423,为 30 057.76 kg/hm²,22050 最小,为 19 907.38 kg/hm²(表 1-18)。

2 次刈割鲜草总产量,23419 高粱最大,为 79 632.39 kg/hm²,其次是 Latte,为 79 010.99 kg/hm²,26837 最小,为 62 232.88 kg/hm²;SS2 苏丹草产量最大,为 77 936.38 kg/hm²,其次是 Enorma,为 59 482.72 kg/hm²,Brasero 最小,为 55 583.33 kg/hm²;F8421 高丹草产量最大,为 91 373.30 kg/hm²,其次是 22043,为 85 147.97 kg/hm²,22050 最小,为 68 002.65 kg/hm²(表 1-18)。

表 1-18　绥化地区多次刈割组不同品种的鲜草产量　　　　　kg/hm²

组别	品种	第 1 茬产量	第 2 茬产量	总产量
高粱	大力士	54 146.72[a]	23 704.15[ab]	77 850.87[a]
	23402	52 932.43[a]	20 585.96[ab]	73 518.40[a]
	23419	49 472.02[a]	30 160.37[a]	79 632.39[a]
	Latte	55 965.29[a]	23 045.71[ab]	79 010.99[a]
	Big Kahuma	54 773.81[a]	22 635.24[ab]	77 409.06[a]
	Elite	59 123.21[a]	14 048.76[b]	73 171.96[a]
	26837	43 206.78[a]	19 026.10[b]	62 232.88[a]
	Sweet Virginia	57 074.10[a]	19 719.25[ab]	76 793.37[a]
苏丹草	Enorma	36 137.72[b]	23 345.00[a]	59 482.72[b]
	Brasero	32 135.72[b]	23 447.62[a]	55 583.33[b]
	SS2	48 229.23[a]	29 707.15[a]	77 936.38[a]
高丹草	健宝	59 625.24[ab]	23 136.22[a]	82 761.46[ab]
	22043	51 951.89[ab]	33 196.08[a]	85 147.97[ab]
	22053	53 331.49[ab]	29 108.56[a]	82 440.06[ab]
	22050	48 095.26[b]	19 907.38[b]	68 002.65[b]
	F8421	63 136.97[a]	28 236.33[a]	91 373.30[a]
	F8423	49 717.16[b]	30 057.76[a]	79 774.91[ab]

表中同一列数据肩标不同小写英文字母表示差异显著($P<0.05$)。下表同。

2. 干草产量

第 1 次刈割时,Sweet Virginia 高粱干草产量最大,为 9 762.46 kg/hm²,其次是 23402,为 7 732.10 kg/hm²,Elite 最小,为 3 966.73 kg/hm²;Enorma 苏丹草干草产量最大,为 9 609.57 kg/hm²,其次是 SS2,为 7 831.75 kg/hm²,Brasero 最小,为 5 972.07 kg/hm²;健宝高丹草干草产量最大,为 8 107.85 kg/hm²,其次是 F8423,为 7 116.90 kg/hm²,22050 最小,为 3 282.49 kg/hm²(表 1-19)。

第 2 次刈割时，Latte 高粱干草产量最大，为 16 622.30 kg/hm²，显著高于对照（$P<0.05$），其次是 23402，为 12 082.59 kg/hm²，大力士最小，为 5 005.77 kg/hm²；SS2 苏丹草干草产量最大，为 12 819.48 kg/hm²，其次是 Enorma，为 10 366.98 kg/hm²，Brasero 最小，为 9 339.45 kg/hm²；F8423 高丹草干草产量最大，为 17 735.49 kg/hm²，其次是 22043，为 12 566.58 kg/hm²，22050 最小，为 4 861.53 kg/hm²（表 1-19）。

2 次刈割干草总产量，Latte 高粱最大，为 23 266.02 kg/hm²，显著高于对照（$P<0.05$），其次是 23402，为 19 814.69 kg/hm²，大力士最小，为 11 067.14 kg/hm²；SS2 苏丹草产量最大，为 20 651.23 kg/hm²，其次是 Enorma，为 19 976.55 kg/hm²，Brasero 最小，为 15 311.52 kg/hm²；F8423 高丹草产量最大，为 24 852.39 kg/hm²，其次是 F8421，为 18 068.34 kg/hm²，22050 最小，为 8 144.02 kg/hm²（表 1-19）。

第 1 次刈割时，Elite 高粱、SS2 苏丹草和 22050 高丹草鲜干比最大，分别为 13.94、5.98 和 13.90；Sweet Virginia 高粱、Enorma 苏丹草和 F8423 高丹草鲜干比最小，分别为 5.71、3.76 和 7.12。第 2 次刈割时，大力士高粱、Brasero 苏丹草和 22053 高丹草鲜干比最大，分别为 5.34、3.06 和 4.34；23402 高粱、SS2 和 Enorma 苏丹草、F8423 高丹草鲜干比最小，分别为 1.48、2.32 和 1.69。

表 1-19　绥化地区多次刈割组不同品种的干草产量与鲜干比

组别	品种	第 1 茬产量 /(kg/hm²)	第 2 茬产量 /(kg/hm²)	总产量 /(kg/hm²)	第 1 茬鲜干比	第 2 茬鲜干比
高粱	大力士	6 061.37^bc	5 005.77^b	11 067.14^c	8.97	5.34
	23402	7 732.10^ab	12 082.59^ab	19 814.69^ab	6.91	1.48
	23419	5 627.31^bc	9 417.48^ab	15 044.79^bc	8.60	3.20
	Latte	6 643.72^bc	16 622.30^a	23 266.02^a	8.26	1.64
	Big Kahuma	4 525.13^c	10 047.30^ab	14 572.42^bc	12.01	2.40
	Elite	3 966.73^c	8 291.65^b	12 258.38^bc	13.94	2.01
	26837	4 260.01^c	9 414.50^ab	13 674.50^bc	9.88	2.19
	Sweet Virginia	9 762.46^a	6 166.07^b	15 928.53^abc	5.71	3.32
苏丹草	Enorma	9 609.57^a	10 366.98^a	19 976.55^a	3.76	2.32
	Brasero	5 972.07^a	9 339.45^a	15 311.52^a	5.70	3.06
	SS2	7 831.75^a	12 819.48^a	20 651.23^a	5.98	2.32

续表 1-19

组别	品种	第1茬产量 /(kg/hm²)	第2茬产量 /(kg/hm²)	总产量 /(kg/hm²)	第1茬 鲜干比	第2茬 鲜干比
高丹草	健宝	8 107.85ᵃ	6 903.18ᶜ	15 011.03ᵇᶜ	7.37	3.49
	22043	4 276.47ᵃ	12 566.58ᵇ	16 843.05ᵇᶜ	12.55	2.72
	22053	3 715.11ᵃ	7 227.05ᶜ	10 942.16ᶜᵈ	16.20	4.34
	22050	3 282.49ᵃ	4 861.53ᶜ	8 144.02ᵈ	13.90	3.92
	F8421	6 335.98ᵃ	11 732.36ᵇ	18 068.34ᵇ	10.08	2.43
	F8423	7 116.90ᵃ	17 735.49ᵃ	24 852.39ᵃ	7.12	1.69

3. 生长性状

第 1 次刈割时，Latte 高粱分蘖数最多，为 8.78 个，其次是大力士，为 7.58 个，23419 最少，为 4.54 个；Enorma 苏丹草分蘖数最多，为 24.86 个，其次是 Brasero，为 20.72 个，SS2 最少，为 13.88 个；F8421 高丹草分蘖数最多，为 9.43 个，显著高于对照（$P<0.05$），其次是 F8423，为 7.92 个，22053 最小，为 6.65 个。第 2 次刈割时，大力士分蘖数最多，为 8.89 个，其次是 Sweet Virginia，为 7.00 个，Latte 最少，为 4.44 个；Brasero 苏丹草分蘖数最多，为 14.78 个，其次是 Enorma，为 12.89 个，SS2 最少，为 12.22 个；F8423 高丹草分蘖数最多，为 9.22 个，其次是 F8421，为 7.89 个，22050 最少，为 7.00 个（表 1-20）。

第 1 次刈割时，26837 高粱茎粗最大，为 21.32 mm，其次是 Big Kahuma，为 20.23 mm，Latte 最小，为 14.06 mm；SS2 苏丹草茎粗最大，为 10.56 mm，其次是 Brasero，为 9.80 mm，Enorma 最小，为 9.16 mm；22050 高丹草茎粗最大，为 16.73 mm，其次是健宝，为 16.09 mm，F8423 最小，为 12.26 mm。第 2 次刈割时，Sweet Virginia 茎粗最大，为 13.66 mm，其次是 Big Kahuma，为 13.13 mm，大力士最小，为 11.10 mm；Brasero 苏丹草茎粗最大，为 11.23 mm，其次是 SS2，为 10.56 mm，Enorma 最小，为 10.38 mm；22053 高丹草茎粗最大，为 12.13 mm，其次是健宝，为 11.58 mm，F8421 最小，为 10.43 mm（表 1-20）。

第 1 次刈割时，Sweet Virginia 高粱株高最大，为 259.07 cm，显著高于对照（$P<0.05$），其次是 23402，为 243.85 cm，26837 最小，为 123.00 cm；Brasero 苏丹草株高最大，为 257.80 cm，显著高于其他苏丹草（$P<0.05$），其次是 Enorma，为 238.53 cm，SS2 最小，为 234.60 cm；22050 高丹草株高最大，为 262.20 cm，其次是健宝，为 258.00 cm，F8421 最小，为 225.33 cm。第 2 次刈割时，大力士高粱株高最大，为 181.27 cm，其次是 23419，为 162.93 cm，26837 最小，为 95.13 cm；Brasero 苏丹草株高最大,为 165.87 cm,其次是 SS2,为 175.47 cm,Enorma 最小,为 147.80 cm;22050 高丹草株高最大,为 178.20 cm,显著高于对照($P<0.05$),其次是 F8423,为 177.47 cm,健宝最小,为 135.27 cm(表 1-20)。

第 1 次刈割时,Sweet Virginia 高粱茎叶比最大,为 4.30,其次是 23419,为 4.11,26837 最小,为 2.20;Brasero 苏丹草茎叶比最大,为 4.96,其次是 Enorma,为 4.64,SS2 最小,为 4.19;22043 高丹草茎叶比最大,为 5.05,其次是 F8423 和健宝,均为 4.56,22053 最小,为 3.05。第 2 次刈割时,23419 高粱的茎叶比最大,为 2.75,其次是 Big Kahuma,为 2.72,23402 最小,为 1.69;Brasero 苏丹草茎叶比最大,为 3.80,其次是 Enorma,为 3.38,SS2 最小,为 3.19;22053 高丹草茎叶比最大,为 3.68,其次是 F8423,为 2.88,22043 最小,为 2.38(表 1-20)。

表 1-20　绥化地区多次刈割组不同品种的生长性状

组别	品种	分蘖数/个		茎粗/mm		株高/cm		茎叶比	
		第 1 茬	第 2 茬	第 1 茬	第 2 茬	第 1 茬	第 2 茬	第 1 茬	第 2 茬
高粱	大力士	7.58a	8.89a	16.57ab	11.10a	216.93c	181.27a	3.54ab	2.18a
	23402	5.22b	4.56b	17.83ab	12.79a	224.80c	136.13abc	3.75ab	1.69a
	23419	4.54b	6.56ab	18.84ab	12.35a	243.85c	162.93ab	4.11ab	2.75a
	Latte	8.78a	4.44b	14.06b	11.68a	241.47b	134.73abc	3.88ab	2.48a
	Big Kahuma	4.81b	6.78ab	20.23a	13.43a	215.27c	157.00ab	3.41b	2.72a
	Elite	5.08b	5.44ab	17.00ab	12.43a	240.67b	120.93bc	3.86ab	1.91a
	26837	7.43a	6.22ab	21.32a	13.17a	123.00d	95.13c	2.20c	1.72a
	Sweet Virginia	4.89b	7.00ab	17.14ab	13.66a	259.07a	148.93ab	4.30a	2.28a
苏丹草	Enorma	24.86a	12.89a	9.16a	10.38a	238.53b	147.80a	4.64a	3.38a
	Brasero	20.72a	14.78a	9.80a	11.23a	257.80a	165.87a	4.96a	3.80a
	SS2	13.88b	12.22a	10.56a	10.56a	234.60b	175.47a	4.19a	3.19a
高丹草	健宝	7.87b	7.45a	16.09ab	11.58a	258.00ab	135.27b	4.56ab	3.22a
	22043	7.05b	7.22a	14.80ab	11.34a	234.07bc	142.27ab	5.05a	2.38a
	22053	6.65b	6.67a	14.71ab	12.13a	247.13abc	152.33ab	3.05b	3.68a
	22050	7.78b	7.00a	16.73a	11.06a	262.20a	178.20a	4.21ab	2.51a
	F8421	9.43a	7.89a	14.08ab	10.43a	225.33c	145.67ab	3.46ab	2.71a
	F8423	7.92b	9.22a	12.26b	11.29a	242.40abc	177.47a	4.56ab	2.88a

1.4.1.4 小结

①试验结果表明,2 次刈割鲜草总产量以 23419 高粱最大,但其鲜干比较大,产生的干物质量少,Latte 高粱产生的干物质较多;SS2 苏丹草的鲜草产量和干草产量都高于其他苏丹草品种;F8421 高丹草鲜草产量最高,但其鲜干比大,F8423 高丹草 2 次刈割后的干草总量较高。

②苏丹草分蘖数均多于高丹草和高粱,而茎粗低于高丹草和高粱。

③多次刈割利用条件下表现较好的品种为 Latte 高粱,SS2 苏丹草,F8421、F8423 高丹草,可以初步作为黑龙江地区的优良品种多次刈割做青饲或干草。

1.4.2 青贮组试验结果

1.4.2.1 试验地概况

试验地概况同 1.4.1.1。

1.4.2.2 材料与方法

1.试验材料

同 1.4.1.2 中试验材料,并增加龙育 1 号玉米作为对照。

2.试验方法

采用随机区组设计,18 份材料,3 个重复,小区面积为 15.6 m^2。于 2011 年 5 月播种,条播,保苗 6 000 株/亩,四周均设保护行。于各供试材料乳熟期到蜡熟期时一次性刈割。适时进行田间杂草防除,定期观测、记录。试验过程不使用杀虫剂、除草剂、生长调节剂。

3.测定项目与方法

(1)鲜草产量测定 单位面积土地上所收获的地上部分的全部产量,以 kg/hm^2 为单位。将每个小区的两边行和地头 0.5 m 去除,刈割 1/2 小区植株测量鲜重,剩余 1/2 小区观测生育期和收种用。

(2)株高测定 随机选取 5 株植株,测量由地面到植株顶部最高的叶子或者穗顶的长度,以 cm 为单位。

(3)茎粗测定 随机选取 5 株植株,按植株地表起 1/3 处节间的大径为准,用游标卡尺测量以 mm 为单位。

(4)茎节数测定 随机选取 5 株植株,计数从植株基部至顶部茎节的数量,以个为单位。

(5)穗重测定 随机选取 5 株植株,将植株成熟的穗子剪下称鲜重,以 g 为单位。

（6）穗长测定　随机选取5株植株，将植株成熟的穗子剪下测量长度，以cm为单位。

（7）茎叶比测定　随机挑选5株植株，将茎叶分开，分别称重后计算二者的比值。

（8）茎秆长测定　随机选取5株植株，刈割后的植株除去顶端叶片后茎的长度，以cm为单位。

（9）分蘖数测定　随机选取5株植株，计数植株地下部缩生节位腋芽萌生的一次分蘖的数量，以个为单位。

（10）生育期观测　播种期、出苗期、拔节期、抽穗期、开花期和成熟期（指全区75%的植株出苗、抽穗、开花等的日期）。

4.数据统计和分析

采用Excel和SPSS 13.0进行数据处理和方差分析。

1.4.2.3　结果与分析

1.生育期

除对照玉米外，高粱组各品种出苗期和分蘖期相差1～3 d，23419和Sweet Virginia抽穗期、开花期和成熟期均最早，Latte和大力士没有抽穗；各苏丹草品种生育期基本相同；各高丹草中，22043、22050抽穗期、开花期和成熟期均最早，F8421和对照健宝没有抽穗。苏丹草的生育期天数比高粱和高丹草的少，未抽穗的这4个品种是晚熟品种，不能在这个地区开花结实（表1-21）。

2.产量与生长性状

Big Kahuma高粱鲜草产量最大，为62 869.03 kg/hm²，对照玉米的产量低于大力士、Big Kahuma和Elite高粱，而高于其他高粱品种，其次是Elite，为56 793.34 kg/hm²，Latte最小，为36 975.74 kg/hm²；苏丹草中Brasero鲜草产量最大，为48 964.64 kg/hm²，其次是SS2，为42 953.09 kg/hm²，Enorma最小，为34 825.10 kg/hm²；F8421高丹草鲜草产量最大，为52 761.41 kg/hm²，其次是F8423，为42 859.02 kg/hm²，22043最小，为36 424.18 kg/hm²（表1-22）。

Elite高粱茎叶比最大，为2.95，其次是Big Kahuma，为2.72，26837最小，为1.74；SS2苏丹草茎叶比最大，为2.17，其次是Brasero，为1.35，Enorma最小，为1.24；健宝高丹草茎叶比最大，为3.68，其次是22053，为3.21，F8423最小，为1.61（表1-22）。

表 1-21　绥化地区青贮组不同品种的生育期

组别	品种	播种期	出苗期	分蘖期	抽穗期	开花期	成熟期	生育期天数/d
高粱	大力士	5月5日	5月16日	6月15日	—	—	—	—
	23402	5月5日	5月16日	6月15日	8月7日	8月13日	9月12日	115
	23419	5月5日	5月17日	6月15日	8月3日	8月9日	9月3日	106
	26837	5月5日	5月16日	6月15日	8月17日	8月25日	9月21日	125
	Late	5月5日	5月18日	6月15日	—	—	—	—
	Big Kahuma	5月5日	5月18日	6月15日	8月20日	8月29日	9月27日	129
	Elite	5月5日	5月18日	6月15日	8月18日	8月24日	9月30日	132
	Sweet Virginia	5月5日	5月16日	6月15日	8月3日	8月10日	9月8日	—
玉米	龙育1号	5月5日	5月11日	6月15日	7月28日	8月5日	10月2日	151
苏丹草	Enroma	5月5日	5月18日	6月15日	7月13日	7月25日	8月25日	97
	Brasero	5月5日	5月16日	6月15日	7月8日	7月19日	8月26日	98
	SS2	5月5日	5月16日	6月15日	7月3日	8月6日	9月2日	106
高丹草	健宝	5月5日	5月16日	6月15日	—	—	—	—
	22043 日	5月5日	5月16日	6月15日	8月3日	8月10日	9月6日	110
	22050	5月5日	5月16日	6月15日	8月4日	8月11日	9月12日	116
	22053	5月5日	5月16日	6月15日	8月13日	8月16日	9月24日	128
	F8421	5月5日	5月18日	6月15日	—	—	—	—
	F8423	5月5日	5月18日	6月15日	7月29日	8月5日	8月29日	101

"—"表示没有数据，下表同。

Latte 高粱分蘗数最多,为 7.67 个,其次是大力士,为 6.67 个,23402 和 23419 最少,均为 4.50 个;Enorma 苏丹草分蘗数最多,为 37.00 个,其次是 Brasero,为 31.50 个,SS2 最少,为 7.33 个;22050 高丹草分蘗数最多,为 12.50 个,其次是 22043,为 9.00 个,健宝最少,为 6 个(表 1-22)。

高粱组中对照玉米茎粗最大,为 26.82 mm,其次是 Elite,为 20.24 mm,大力士最小,为 13.73 mm;苏丹草中 SS2 茎粗最大,为 11.04 mm,其次是 Brasero,为 9.77 mm,Enorma 最小,为 8.33 mm;健宝高丹草茎粗最大,为 13.73 mm,其次是 22053,为 13.40 mm,F8423 最小,为 12.80 mm(表 1-22)。

Elite 高粱株高最大,为 324.33 cm,显著高于对照大力士($P<0.05$),其次是对照玉米,为 323.17 cm,26837 最小,为 191.33 cm;苏丹草中 Enorma 株高最大,为 308.00 cm,显著高于其他苏丹草($P<0.05$),其次是 Brasero,为 283.50 cm,SS2 最小,为 258.67 cm;22053 高丹草株高最大,为 303.00 cm,显著高于对照($P<0.05$),其次是 22050,为 296.50 cm,健宝最小,为 261.00 cm(表 1-22)。

23419 高粱穗长最大,为 40.00 cm,其次是对照玉米,为 30.72 cm,23402 最小,为 23.52 cm;苏丹草中 Brasero 穗长最大,为 38.73 cm,显著高于其他苏丹草($P<0.05$),其次是 SS2,为 30.63 cm,Enorma 最小,为 30.05 cm;22053 高丹草穗长最大,为 30.63 cm,其次是 22043,为 29.00 cm,F8423 最小,为 26.78 cm(表1-22)。

除对照玉米外,23419 高粱穗重最大,为 54.17 g,其次是 Sweet Virginia,为 42.50 g,Latte 最小,为 8.33 g;苏丹草中 SS2 穗重最大,为 22.50 g,显著高于其他苏丹草($P<0.05$),其次是 Enorma,为 10.83 g,Brasero 最小,为 6.67 g;F8423 高丹草穗重最大,为 45.83 g,其次是 22043,为 35.00 g,22053 最小,为 9.17 g(表1-22)。

高粱组中对照玉米茎节数最多,为 14.83 个,其次是 26837,为 14.67 个,Big Kahuma 最少,为 10.83 个;苏丹草中 SS2 茎节数最多,为 10.67 个,其次是 Enorma,为 9.00 个,Brasero 最少,为 8.00 个;22050 高丹草茎节数最多,为 13.67 个,其次是 22053,为 12.83 个,F8423 最少,为 9.67 个(表 1-22)。

Elite 高粱茎秆长最大,为 299.25 cm,其次是对照玉米,为 281.50 cm,26837 最小,为 167.00 cm;苏丹草中 SS2 茎秆长最大,为 22.50 cm,其次是 Enorma,为 10.83 cm,Brasero 最小,为 6.67 cm;F8423 高丹草茎秆长最大,为 45.83 cm,其次是 22043,为 35.00 cm,22053 最小,为 9.17 cm(表 1-22)。

表1-22 绥化地区青贮组不同品种的产量和生长性状

组别	品种	鲜重/(kg/hm²)	茎叶比	分蘖数/个	茎粗/mm	株高/cm	穗长/cm	节数/个	茎秆长/cm	穗重/g
高粱	大力士	53 543.85ᵃ	2.37ᵃᵇᶜᵈ	6.67	13.73ᵉ	276.67ᵇᶜᵈ	—	13.17ᶜᵈ	281.00ᵃᵇ	—
	23402	40 584.38ᵃ	1.88ᶜᵈ	4.50	18.01ᵇᶜ	284.17ᵇᶜ	23.52	13.83ᵃᵇᶜᵈ	260.75ᵇᶜ	36.67
	23419	40 528.80ᵃ	1.93ᵇᶜᵈ	4.50	18.36ᵇᶜ	297.00ᵇ	40.00	12.50ᵈᵉ	259.75ᵇᶜ	54.17
	Latte	36 975.74ᵃ	2.62ᵃᵇ	7.67	14.41ᵈᵉ	275.83ᵇᶜᵈ	26.75	13.33ᵇᶜᵈ	247.75ᶜ	8.33
	Big Kahuma	62 869.03ᵃ	2.72ᵃ	5.75	15.96ᶜᵈᵉ	270.17ᶜᵈ	—	10.83ᶠ	274.25ᵃᵇᶜ	—
	Elite	56 793.34ᵃ	2.95ᵃ	5.83	20.24ᵇ	324.33ᵃ	24.50	14.50ᵃᵇᶜ	299.25ᵃ	27.50
	26837	38 198.58ᵃ	1.74ᵈ	5.67	18.40ᵇᶜ	191.33ᵉ	31.50	14.67ᵃᵇ	167.00ᵈ	30.83
	Sweet Virginia	44 060.48ᵃ	2.52ᵃᵇᶜ	4.83	16.82ᶜᵈ	256.67ᵈ	28.58	11.33ᵉᶠ	255.50ᵇᶜ	42.50
玉米	龙育1号	47 831.60ᵃ	1.98ᵇᶜᵈ	—	26.82ᵃ	323.17ᵃ	31.72	14.83ᵃ	281.50ᵇᶜᵈ	235.00
苏丹草	Enorma	34 825.10ᵃ	1.24ᵇ	37.00ᵃ	8.33ᵇ	308.00ᵃ	30.05ᵇ	9.00ᵇ	278.50ᵃ	10.83ᵇ
	Brasero	48 964.64ᵃ	1.35ᵇ	31.50ᵃ	9.77ᵃᵇ	283.50ᵇ	38.73ᵃ	8.00ᵇ	251.50ᵇ	6.67ᵇ
	SS2	42 953.09ᵃ	2.17ᵃ	7.33ᵇ	11.04ᵃ	258.67ᶜ	30.63ᵇ	10.67ᵃ	227.75ᵇ	22.50ᵃ
高丹草	健宝	38 014.72ᵃ	3.68ᵃ	6.00ᵃ	13.74ᵃ	261.00ᵇ	—	12.17ᵇ	262.25ᵃᵇ	—
	22043	36 424.18ᵃ	2.01ᶜᵈ	9.00ᵃ	13.09ᵃ	264.17ᵇ	29.00	11.83ᵇ	233.50ᵇ	35.00
	22053	36 531.07ᵃ	3.21ᵃᵇ	8.83ᵃ	13.40ᵃ	303.00ᵃ	30.63	12.83ᵃᵇ	286.50ᵃ	9.17
	22050	37 322.07ᵃ	1.99ᶜᵈ	12.50ᵃ	13.08ᵃ	296.50ᵇ	28.00	13.67ᵃ	285.00ᵃ	25.83
	F8421	52 761.41ᵃ	2.74ᵇᶜ	7.00ᵃ	12.82ᵃ	278.50ᵃᵇ	27.00	12.33ᵇ	291.00ᵃ	—
	F8423	42 859.02ᵃ	1.61ᵈ	6.67ᵃ	12.80ᵃ	284.50ᵃᵇ	26.78	9.67ᶜ	243.00ᵇ	45.83

1.4.2.4　小结

一次刈割利用条件下,表现较好的品种为 Big Kahuma、Elite 高粱,Brasero 苏丹草,F8421 高丹草,可以初步作为黑龙江绥化地区的优良品种一次刈割做青贮。

(本节试验完成人:申忠宝　潘多锋)

1.5　河北省衡水地区引种评价试验结果

1.5.1　多次刈割组试验结果

1.5.1.1　试验地概况

试验地位于河北省深州市护迟镇河北省农林科学院旱作农业研究所试验站内。该试验地隶属海河低平原区,地处东经 $115°42'$,北纬 $37°44'$,海拔高度 20 m,全年平均降水 510 mm,其中 70% 的降水集中在 7、8 月份。年平均气温 12.6℃,无霜期 206 d。试验地土壤为黏质壤土,基础土壤含有机质 12.2 g/kg,碱解氮 67.2 mg/kg,速效磷 17.3 mg/kg 和速效钾 138 mg/kg。

1.5.1.2　材料与方法

1.试验材料

同 1.1.1.2 中试验材料。

2.试验方法

试验采用小区随机区组设计,18 份材料,每份材料 3 次重复,每小区共设 8 行区,行长 5.5 m,行距 40 cm,株距 8 cm,小区面积为 17.6 m²。于 2011 年 5 月 15 日播种,条播,播前造好底墒水,底施复合肥 750 kg/hm²,播种深度 2～3 cm,播后镇压,3 叶期间苗,5 叶期定苗,留苗密度 30.0 万株/hm²,生育期田间管理包括中耕锄草、病虫害防治、适时浇水。刈割时期以对照达到抽穗期为准,刈割时留茬高度 15 cm。每次刈割后追施尿素 22.5 kg/hm²,以利于再生。

3.测定项目与方法

(1)生育期观测　主要包括播种期、出苗期、拔节期、抽穗期、盛花期、乳熟期、蜡熟期、完熟期(指全区 75% 的植株出苗、分蘖、拔节等的日期)等。

(2)株高测定　测量从地面到植株新叶最高部位的绝对高度。测量时每小区随机选取 10 株,然后取其平均值作为该生长时期株高,以 cm 为单位。

(3)草产量测定　试验每次测产时去掉小区两侧边行及行头 50 cm,收中间行数以小区为单位称重,换算成全年鲜草产量;并通过鲜干比折算成全年干草产量,以 kg/hm² 为单位。

(4)茎叶比测定 刈割时每小区取代表性的植株 10 株,人工将其茎、叶(包括花序和穗)分开,待自然风干后各自称重,计算茎叶比(茎叶比＝风干后茎的重量/风干后叶的重量)。

(5)鲜干比测定 刈割时每小区取代表性的植株 10 株,称其鲜重,待自然风干后称量干重,计算鲜干比(鲜干比＝植株总鲜重/植株总干重)。

(6)茎粗测定 刈割时每小区取代表性的植株 10 株,按植株地表起 1/3 处节间的大径为准,用游标卡尺测量,以 mm 为单位。

(7)小区茎数测定 每次刈割测产前统计测产小区(8 m²)内所有单株有效的茎数。然后换算成单位面积下的小区茎数,以个/hm² 为单位。

(8)糖锤度测定 在刈割前用糖锤度仪测定植株从基部起 1/3 的茎节处的糖锤度,以％表示。

4.数据统计和分析

采用 Excel 和 SPSS 13.0 进行数据处理和方差分析。

1.5.1.3 结果与分析

1.鲜草产量

第 1 次刈割时,大力士高粱鲜草产量最大,为 86 770.84 kg/hm²,其次是 Big Kahuma,为 83 750.00 kg/hm²,23419 最小,为 64 444.44 kg/hm²;SS2 苏丹草鲜草产量最高,为 63 472.22 kg/hm²,显著高于对照($P<0.05$),其次是 Enorma 和 Brasero,分别为 47 986.11 和 46 666.67 kg/hm²,新苏 2 号最小,为 45 520.83 kg/hm²;健宝高丹草鲜草产量最大,为 91 319.44 kg/hm²,其次是 22053,为 78 611.11 kg/hm²,F8423 最小,为 59 375.00 kg/hm²(表 1-23)。

第 2 次刈割时,大力士高粱鲜草产量最大,为 59 062.50 kg/hm²,其次是 Latte,为 50 069.44 kg/hm²,Elite 最小,为 36 388.89 kg/hm²;SS2 苏丹草鲜草产量最大,为 51 215.28 kg/hm²,显著高于对照($P<0.05$),其次是新苏 2 号和 Brasero,分别为 45 347.22 和 43 472.22 kg/hm²,Enorma 最小,为 42 291.67 kg/hm²;健宝高丹草鲜草产量最大,为 62 326.39 kg/hm²,其次是 22050,为 52 395.83 kg/hm²,F8421 最小,为 39 756.94 kg/hm²(表 1-23)。

2 次刈割鲜草总产量,大力士高粱鲜草产量最大,为 145 833.33 kg/hm²,其次是 Big Kahuma,为 130 902.78 kg/hm²,23419 最小,为 104 270.83 kg/hm²;SS2 苏丹草鲜草产量最大,为 114 687.50 kg/hm²,显著高于对照($P<0.05$),其次是新

苏 2 号和 Enorma,分别为 90 868.06 和 90 277.78 kg/hm²,Brasero 最小,为 90 138.89 kg/hm²;健宝高丹草鲜草产量最大,为 153 645.84 kg/hm²,其次是 22053,为 127 187.50 kg/hm²,F8423 最小,为 105 972.22 kg/hm²(表 1-23)。

表 1-23　衡水地区多次刈割组不同品种的鲜草产量　　　　　　kg/hm²

组别	品种	第 1 茬产量	第 2 茬产量	总产量
高粱	大力士	86 770.84ᵃ	59 062.50ᵃ	145 833.33ᵃ
	23402	68 923.61ᵃᵇ	38 993.06ᵈᵉ	107 916.67ᶜ
	23419	64 444.44ᵇ	39 826.39ᵈᵉ	104 270.83ᶜ
	Latte	73 020.83ᵃᵇ	50 069.44ᵇ	123 090.28ᵇᶜ
	Big Kahuma	83 750.00ᵃ	47 152.78ᵇᶜ	130 902.78ᵃᵇ
	Elite	83 263.89ᵃ	36 388.89ᵉ	119 652.78ᵇᶜ
	26837	75 312.50ᵃᵇ	43 888.89ᶜᵈ	119 201.39ᵇᶜ
	Sweet Virginia	78 194.44ᵃᵇ	48 611.11ᵇᶜ	126 805.56ᵇ
苏丹草	新苏 2 号	45 520.83ᵇ	45 347.22ᵇ	90 868.06ᵇ
	Enorma	47 986.11ᵇ	42 291.67ᵇ	90 277.78ᵇ
	Brasero	46 666.67ᵇ	43 472.22ᵇ	90 138.89ᵇ
	SS2	63 472.22ᵃ	51 215.28ᵃ	114 687.50ᵃ
高丹草	健宝	91 319.44ᵃ	62 326.39ᵃ	153 645.84ᵃ
	22043	69 930.56ᵇ	46 944.45ᶜᵈ	116 875.00ᶜᵈ
	22053	78 611.11ᵇ	48 576.39ᶜ	127 187.50ᵇᶜ
	22050	72 951.39ᵇ	52 395.83ᵇᶜ	12 5347.22ᵇᶜ
	F8421	78 194.44ᵇ	39 756.94ᵈ	117 951.39ᶜᵈ
	F8423	59 375.00ᶜ	46 597.22ᶜᵈ	105 972.22ᵈ

2. 干草产量

第 1 次刈割时,23419 高粱干草产量最大,为 14 665.56 kg/hm²,其次是 Sweet Virginia,为 14 417.83 kg/hm²,26837 最小,为 11 863.59 kg/hm²;新苏 2 号苏丹草干草产量最大,为 15 468.61 kg/hm²,其次是 SS2 和 Enorma,分别为 13 981.70 和 13 844.69 kg/hm²,Brasero 最小,为 13 151.81 kg/hm²;22053 高丹草干草产量最大,为 17 031.67 kg/hm²,其次是健宝,为 15 171.71 kg/hm²,F8421 最小,为 12 932.18 kg/hm²(表 1-24)。

第 2 次刈割时，Latte 高粱干草产量最大，为 9 272.65 kg/hm²，其次是大力士，为 9 234.71 kg/hm²，Elite 最小，为 6 363.14 kg/hm²；新苏 2 号苏丹草干草产量最大，为 11 239.32 kg/hm²，其次是 Enorma 和 SS2，分别为 10 915.64 和 10 631.20 kg/hm²，Brasero 最小，为 10 226.10 kg/hm²；22050 高丹草干草产量最大，为 11 196.94 kg/hm²，其次是健宝，为 10 250.04 kg/hm²，F8421 最小，为 8 938.97 kg/hm²（表 1-24）。

2 次刈割干草总产量，大力士高粱最大，为 22 894.69 kg/hm²，其次是 Sweet Virginia，为 22 887.00 kg/hm²，23402 最小，为 19 647.75 kg/hm²；新苏 2 号苏丹草干草产量最大，为 26 707.93 kg/hm²，其次是 Enorma 和 SS2，分别为 24 760.33 和 24 612.90 kg/hm²，Brasero 最小，为 23 377.91 kg/hm²；22053 高丹草干草产量最大，为 27 202.54 kg/hm²，其次是健宝，为 25 421.75 kg/hm²，F8421 最小，为 21 871.15 kg/hm²（表 1-24）。

表 1-24　衡水地区多次刈割组不同品种的干草产量和鲜干比

组别	品种	第 1 茬产量 /(kg/hm²)	第 2 茬产量 /(kg/hm²)	总产量 /(kg/hm²)	第 1 茬鲜干比	第 2 茬鲜干比
高粱	大力士	13 659.98ᵃ	9 234.71ᵃ	22 894.69ᵃ	6.36ᵃ	6.41ᵃ
	23402	13 114.14ᵃ	6 533.62ᶜ	19 647.75ᵃ	5.26ᵃ	5.97ᵃᵇ
	23419	14 665.56ᵃ	8 076.22ᵃᵇ	22 741.79ᵃ	4.50ᵃ	4.95ᵈ
	Latte	11 916.33ᵃ	9 272.65ᵃ	21 188.98ᵃ	6.11ᵃ	5.40ᶜᵈ
	Big Kahuma	12 906.32ᵃ	7 859.80ᵇ	20 766.13ᵃ	6.54ᵃ	6.03ᵃᵇ
	Elite	14 048.71ᵃ	6 363.14ᶜ	20 411.84ᵃ	5.94ᵃ	5.72ᵇᶜ
	26837	11 863.59ᵃ	8 412.29ᵃᵇ	20 275.88ᵃ	4.38ᵃ	5.22ᶜᵈ
	Sweet Virginia	14 417.83ᵃ	8 469.16ᵃᵇ	22 887.00ᵃ	5.45ᵃ	5.75ᵇᶜ
苏丹草	新苏 2 号	15 468.61ᵃ	11 239.32ᵃ	26 707.93ᵃ	2.95ᶜ	4.06ᵇ
	Enorma	13 844.69ᵃᵇ	10 915.64ᵃ	24 760.33ᵃᵇ	3.46ᵇ	3.88ᵇ
	Brasero	13 151.81ᵇ	10 226.10ᵃ	23 377.91ᵇ	3.56ᵇ	4.26ᵇ
	SS2	13 981.70ᵃᵇ	10 631.20ᵃ	24 612.90ᵃᵇ	4.55ᵃ	4.82ᵇ
高丹草	健宝	15 171.71ᵃᵇᶜ	10 250.04ᵃ	25 421.75ᵃ	6.05ᵃᵇ	6.10ᵃ
	22043	14 664.66ᵃᵇᶜ	10 027.02ᵃ	24 691.68ᵃ	4.77ᶜᵈ	4.67ᵃ
	22053	17 031.67ᵃ	10 170.88ᵃ	27 202.54ᵃ	4.70ᶜᵈ	4.80ᵃ
	22050	13 471.42ᵇᶜ	11 196.94ᵃ	24 668.36ᵃ	5.46ᵇᶜ	4.68ᵃ
	F8421	12 932.18ᶜ	8 938.97ᵃ	21 871.15ᵃ	6.07ᵃᵇ	5.74ᵃ
	F8423	14 291.52ᵃᵇᶜ	10 066.67ᵃ	24 358.20ᵃ	4.16ᵈ	4.63ᵃ

第 1 次刈割时,Big Kahuma 高粱、SS2 苏丹草、F8421 高丹草鲜干比最大,分别为 6.54、4.55 和 6.07;26837 高粱、新苏 2 号苏丹草和 F8423 高丹草最小,分别为 4.38、2.95 和 4.16。第 2 次刈割时,大力士高粱、SS2 苏丹草、健宝高丹草鲜干比最大,分别为 6.41、4.82 和 6.10;23419 高粱、Enorma 苏丹草和 F8423 高丹草最小,分别为 4.95、3.88 和 4.63(表 1-24)。

3.生长性状

第 1 次刈割时,23419 高粱茎粗最大,为 17.70 cm,其次是 Big Kahuma,为 17.20 cm,Latte 最小,为 14.90 cm;SS2 苏丹草茎粗最大,为 11.30 cm,显著高于对照($P<0.05$),其次是新苏 2 号和 Brasero,分别为 10.20 和 9.60 cm,Enorma 最小,为 9.40 cm;22053 高丹草茎粗最大,为 15.20 mm,其次是健宝,为 15.00 mm,F8423 最小,为 12.00 mm。第 2 次刈割时,23419 高粱茎粗最大,为 16.30 mm,显著高于对照($P<0.05$),其次是 Big Kahuma,为 13.80 mm,Latte 最小,为 10.80 mm;新苏 2 号苏丹草茎粗最大,为 8.30 mm,其次是 SS2 和 Brasero,分别为 7.40 和 6.60 mm,Enorma 最小,为 6.40 mm;22053 高丹草茎粗最大,为 10.90 mm,显著高于对照健宝($P<0.05$),其次是 22050,为 10.50 mm,F8423 最小,为 8.70 mm(表 1-25)。

第 1 次刈割时,23419 高粱株高最大,为 259.07 cm,其次是 23402,为 212.47 cm,26837 最小,为 137.23 cm;新苏 2 号苏丹草株高最大,为 242.13 cm,其次是 Enorma 和 Brasero,分别为 137.10 和 233.40 cm,SS2 最小,为 217.50 cm;F8423 高丹草株高最大,为 226.33 cm,其次是 22053,为 225.90 cm,F8421 最小,为 179.30 cm。第 2 次刈割时,Latte 高粱株高最大,为 193.90 cm,其次是大力士,为 187.80 cm,26837 最小,为 121.37 cm;新苏 2 号苏丹草株高最大,为 245.27 cm,其次是 Enorma 和 Brasero,分别为 227.93 和 227.80 cm,SS2 最小,为 196.07 cm;健宝高丹草株高最大,为 224.87 cm,其次是 F8423,为 222.83 cm,F8421 最小,为 178.47 cm(表 1-25)。

第 1 次刈割时,Sweet Virginia 高粱茎叶比最大,为 1.68,其次是大力士,为 1.66,26837 最小,为 0.90;Enorma 苏丹草茎叶比最大,为 2.18,显著高于对照($P<0.05$),其次是 Brasero 和 SS2,分别为 2.09 和 1.90,新苏 2 号最小,为 1.68;22050 高丹草茎叶比最大,为 2.03,其次是 22053,为 1.86,F8421 最小,为 1.35。第 2 次刈割时,Latte 高粱茎叶比最大,为 1.75,其次是 Sweet Virginia,为 1.52,26837 最小,为 1.00;Brasero 苏丹草茎叶比最大,为 2.05,其次是 Enorma 和 SS2,分别为 1.96 和 1.93,新苏 2 号最小,为 1.61;22050 高丹草茎叶比最大,为 2.21,其次是 22043,为 1.89,F8421 最小,为 1.53(表 1-25)。

表 1-25　衡水地区多次刈割组不同品种的生长性状

组别	品种	茎粗/mm		株高/cm		茎数(8 m²)/个		茎叶比		糖锤度/%	
		第 1 茬	第 2 茬	第 1 茬	第 2 茬	第 1 茬	第 2 茬	第 1 茬	第 2 茬	第 1 茬	第 2 茬
高粱	大力士	17.00[a]	12.70[bc]	198.07[abcd]	187.80[a]	11.00[ab]	584.33[a]	1.66[a]	1.48[b]	3.40[b]	3.06[d]
	23402	15.10[b]	11.00[de]	212.47[ab]	181.23[ab]	5.33[ab]	534.67[a]	1.50[ab]	1.39[b]	5.04[a]	4.89[b]
	23419	17.70[a]	16.30[c]	220.17[a]	181.87[ab]	2.33[b]	538.00[b]	1.32[b]	1.39[b]	3.41[b]	6.51[a]
	Latte	14.90[b]	10.80[e]	186.47[cd]	193.90[a]	13.33[a]	680.67[a]	1.48[ab]	1.75[a]	4.00[b]	4.77[b]
	Big Kahuma	17.20[a]	13.80[d]	174.97[d]	166.00[b]	5.33[ab]	634.33[a]	1.37[ab]	1.38[b]	3.67[b]	3.73[cd]
	Elite	16.20[ab]	11.90[cd]	192.47[bcd]	165.73[b]	7.67[ab]	549.33[a]	1.60[ab]	1.36[b]	3.97[b]	4.47[bc]
	26837	16.10[ab]	12.40[cd]	137.23[e]	121.37[c]	4.33[ab]	622.00[a]	0.90[c]	1.00[c]	5.55[a]	5.97[a]
	Sweet Virginia	15.00[b]	11.50[de]	207.20[abc]	179.90[ab]	1.00[b]	624.67[a]	1.68[a]	1.52[b]	5.05[a]	4.47[bc]
苏丹草	新苏 2 号	10.20[ab]	8.30[b]	242.23[a]	245.27[a]	104.67[ab]	1 065.33[a]	1.68[b]	1.61[a]	5.67[ab]	5.67[b]
	Enorma	9.40[b]	6.40[c]	237.10[a]	227.93[a]	283.00[a]	1 426.00[a]	2.18[a]	1.96[a]	6.09[a]	5.51[b]
	Brasero	9.60[b]	6.60[c]	233.40[a]	227.80[ab]	152.00[b]	1 250.33[ab]	2.09[ab]	2.05[a]	5.24[b]	6.01[ab]
	SS2	11.30[a]	7.40[d]	217.50[a]	196.07[b]	34.67[b]	1 126.00[b]	1.90[ab]	1.93[a]	6.75[a]	7.52[a]
高丹草	健宝	15.00[ab]	9.10[cd]	206.47[a]	224.87[a]	14.67[ab]	991.33[a]	1.72[ab]	1.79[ab]	3.10[c]	2.97[a]
	22043	13.10[bc]	8.80[d]	220.20[a]	210.23[a]	6.67[ab]	862.67[ab]	1.69[ab]	1.89[ab]	5.89[ab]	7.88[a]
	22053	15.20[a]	10.90[de]	225.90[a]	213.43[ab]	7.33[ab]	881.00[ab]	1.86[ab]	1.84[ab]	3.89[de]	6.56[a]
	22050	14.10[ab]	10.50[ab]	220.00[a]	210.73[a]	20.00[a]	869.33[ab]	2.03[a]	2.21[a]	5.08[bc]	7.09[a]
	F8421	14.00[abc]	9.30[bcd]	179.30[b]	178.47[b]	4.67[ab]	953.00[ab]	1.35[b]	1.53[b]	3.42[c]	4.61[b]
	F8423	12.00[c]	8.70[e]	226.33[a]	222.83[a]	2.33[b]	906.00[ab]	1.81[a]	1.75[ab]	6.85[a]	6.76[a]

第 1 次刈割时,Latte 高粱茎数最多,为 13.33 个,其次是大力士,为 11.00 个,Sweet Virginia 最少,为 1.00 个;Enorma 苏丹草茎数最多,为 283.00 个,显著高于对照($P<0.05$),其次是 Brasero 和新苏 2 号,分别为 152.00 和 104.67 个,SS2 最少,为 34.67 个;22050 高丹草茎数最多,为 20.00 个,其次是健宝,为 14.67 个,F8423 最少,为 2.33 个。第 2 次刈割时,Latte 高粱茎数最多,为 680.67 个,其次是 Big Kahuma,为 634.33 个,23402 最少,为 534.67 个;Enorma 苏丹草茎数最多,为 1426.00 个,显著高于对照($P<0.05$),其次是 Brasero 和 SS2,分别为 1 250.33 和 1 126.00 个,新苏 2 号最少,为 1065.33 个;健宝高丹草茎数最多,为 991.33 个,其次是 F8421,为 953.00 个,22043 最少,为 862.67 个(表 1-25)。

第 1 次刈割时,26837 高粱糖锤度最大,为 5.55%,显著高于对照($P<0.05$),其次是 Sweet Virginia,为 5.05%,大力士最小,为 3.40%;SS2 苏丹草糖锤度最大,为 6.75%,其次是 Enorma 和新苏 2 号,分别为 6.09% 和 5.67%,Brasero 最小,为 5.24%;F8423 高丹草糖锤度最大,为 6.85%,显著高于对照($P<0.05$),其次是 22043,为 5.89%,健宝最小,为 3.10%。第 2 次刈割时,23419 高粱糖锤度最大,为 6.51%,显著高于对照($P<0.05$),其次是 26837,为 5.97%,大力士最小,为 3.06%;SS2 苏丹草糖锤度最大,为 7.52%,显著高于对照($P<0.05$),其次是 Brasero 和新苏 2 号,分别为 6.01% 和 5.67%,Enorma 最小,为 5.51%;22043 高丹草糖锤度最大,为 7.88%,其次是 22050,为 7.09%,健宝最小,为 2.97%(表 1-25)。

1.5.1.4　小结

①研究结果表明,2 次刈割后对照大力士的鲜草总产量和干草总产量均高于其他饲草高粱品种,其次为 Sweet Virginia 和 23419 的干草产量较大;SS2 苏丹草鲜重高于其他苏丹草,但其鲜干比大,产生的干物质少,对照新苏 2 号干草产量最高;对照健宝高丹草的鲜草产量最高,其鲜干比大,产生的干物质少,22053 高丹草的干草产量最高。

②总体来说,高粱的茎粗大于苏丹草和高丹草,苏丹草和高丹草的株高大于高粱,苏丹草的茎数远高于高粱和高丹草。

③多次刈割利用表现较好的品种为 Sweet Virginia 高粱,SS2、Enorma 和 Brasero 苏丹草,F8423、22050、22053 高丹草,可以初步作为衡水地区的优良品种多次刈割做青饲或干草。

1.5.2　青贮组试验结果

1.5.2.1　试验地概况

试验地概况同 1.5.1.1。

1.5.2.2 材料与方法

1.试验材料

同 1.1.1.2 中试验材料。

2.试验方法

试验采用随机区组设计,18 份材料,每份材料 3 次重复,每小区播种 6 行,行距 50 cm,株距 25 cm,小区面积为 16.5 m²,于 2011 年 5 月 15 日播种,条播,播前造好底墒水,底施复合肥 750 kg/hm²,播种深度 2～3 cm,播后镇压,3 叶期间苗,5 叶期定苗,留苗密度 9.0 万株/hm²,拔节及灌浆期干旱要及时追肥灌水,追施尿素 22.5 kg/hm²,中耕除草,供试材料接近蜡熟期时一次性刈割,刈割时留茬高度 15 cm,同时统计各相关性状指标。

3.测定项目与方法

(1)生育期观测 主要包括播种期、出苗期、拔节期、抽穗期、盛花期、乳熟期、蜡熟期、完熟期等(指全区 75% 的植株出苗、分蘖、拔节等的日期)。

(2)株高测定 测量从地面到植株新叶最高部位的绝对高度。测量时每小区随机选取 10 株,然后取其平均值作为该生长时期株高。

(3)草产量测定 试验每次测产时去掉小区两侧边行及行头 50 cm,收中间行数以小区为单位称重,换算成全年鲜草产量;并通过鲜干比折算成全年干草产量。

(4)茎叶比测定 刈割时每小区取代表性的植株 10 株,人工将其茎、叶(包括花序和穗)分开,待自然风干后各自称重,计算茎叶比(茎叶比=风干后茎的重量/风干后叶的重量)。

(5)鲜干比测定 刈割时每小区取代表性的植株 10 株,称其鲜重,待自然风干后称量干重,计算鲜干比(鲜干比=植株总鲜重/植株总干重)。

(6)茎粗测定 刈割时每小区取代表性的植株 10 株,按植株地表起 1/3 处节间的大径为准,用游标卡尺测量,以 mm 为单位。

(7)小区茎数测定 每次刈割测产前统计测产小区内所有单株有效的茎数,然后换算成单位面积下的小区茎数,以个/hm² 为单位。

(8)糖锤度测定 在刈割前用糖锤度仪测定植株从基部起 1/3 的茎节处的糖锤度,以% 表示。

(9)抗性调查

①倒伏:按植株倾斜角度,分 0、1、2、3 级。直立者为 0 级,倾斜不超过 15°者为 1 级,倾斜不超过 45°者为 2 级,倾斜达到 45°以上者为 3 级。

②叶部病害:根据发病盛期的叶部病害轻重,分无、轻、中、重 4 级。叶部无病斑的为无,病斑占叶面积 20% 以下的为轻,占叶面积 21%～40% 的为中,占叶面

40％以上的为重。

③虫害:根据虫害自然发生的轻重程度,分无、轻、中、重4级。

4.数据统计和分析

采用 Excel 和 SPSS 13.0 进行数据处理和方差分析。

1.5.2.3　结果与分析

1.生育期

所有品种均在播种后 5～6 d 开始出苗。生育期最短依次为新苏 2 号、Brasero 和 Enorma,都在 8 月 22 日至 23 日完熟,生育期为 94～95 d,26837 高粱直到 9 月 25 日才达到乳熟期,其次为 22053 高粱,生育期较长,约 120 d。Elite、Latte、Big Kahuma、F8421、大力士和健宝品种没有抽穗,这几个品种在衡水地区不能开花结实(表 1-26)。

2.产量与生长性状

高粱中大力士鲜草产量最大,为 87 000.00 kg/hm²,其次是 Big Kahuma,为 72 500.00 kg/hm²,23419 最小,为 47 666.67 kg/hm²;苏丹草中 Brasero 鲜草产量最大,为 56 708.33 kg/hm²,显著高于对照($P<0.05$),其次是 SS2 和 Enorma,分别为 53 416.67 和 52 250.00 kg/hm²,新苏 2 号最小,为 43 166.67 kg/hm²;高丹草中健宝鲜草产量最大,为 84 541.67 kg/hm²,其次是 22053,64 125.00 kg/hm²,F8423 最小,为 54 833.33 kg/hm²(表 1-27)。

高粱中 Big Kahuma 鲜干比最大,为 6.60,显著高于对照和其他高粱品种($P<0.05$),其次是 23402,为 4.96,Elite 最小,为 3.48;SS2 苏丹草鲜干比最大,为 4.29,显著高于对照和其他苏丹草品种($P<0.05$),其次是 Enorma 和 Brasero,分别为 3.65 和 3.58,新苏 2 号最小,为 3.10;22050 高丹草鲜干比最大,为 4.58,其次是 22043,为 4.50,F8421 最小,为 3.27(表 1-27)。

高粱中对照大力士茎叶比最大,为 3.49,其次是 Latte,为 3.02,Big Kahuma 最小,为 1.18;Enorma 苏丹草茎叶比最大,为 1.99,其次是 Brasero 和新苏 2 号,分别为 1.78 和 1.65,SS2 最小,为 1.41;对照健宝高丹草茎叶比最大,为 3.02,其次是 22053,为 2.72,F8423 最小,为 1.12(表 1-27)。

高粱中 Latte 糖锤度最大,为 11.18％,其次是 23419,为 11.10％,Big Kahuma 最小,为 4.12％;SS2 苏丹草糖锤度最大,为 10.09％,显著高于对照($P<0.05$),其次是 Brasero 和 Enorma,分别为 8.92％和 8.51％,新苏 2 号最小,为 6.73％;F8421 高丹草糖锤度最大,为 11.47％,显著高于对照($P<0.05$),其次是 22053,为 10.56％,22050 最小,为 8.41％(表 1-27)。

表1-26　衡水地区青贮组不同品种的生育期

组别	品种	播种期	出苗期	分蘖期	拔节期	孕穗期	抽穗期	盛花期	乳熟期	蜡熟期	完熟期
高粱	大力士	5月15日	5月20日	5月30日	6月26日	—	—	—	—	—	—
	23402	5月15日	5月20日	—	6月24日	7月26日	7月31日	8月6日	8月15日	8月25日	9月6日
	23419	5月15日	5月20日	—	6月25日	7月21日	7月26日	8月2日	8月13日	8月23日	9月3日
	Latte	5月15日	5月21日	6月2日	6月28日	—	—	—	—	—	—
	Big Kahuma	5月15日	5月21日	6月7日	6月27日	—	—	—	—	—	—
	Elite	5月15日	5月21日	—	6月27日	—	—	—	—	—	—
	26837	5月15日	5月20日	5月30日	6月28日	8月25日	9月2日	9月14日	9月25日	9月1日	—
	Sweet Virginia	5月15日	5月21日	—	6月25日	7月30日	8月4日	8月12日	8月21日	9月1日	9月11日
苏丹草	新苏2号	5月15日	5月21日	5月28日	6月23日	7月9日	7月13日	7月21日	8月2日	8月13日	8月22日
	Enorma	5月15日	5月20日	6月1日	6月22日	7月9日	7月13日	7月21日	8月2日	8月13日	8月23日
	Brasero	5月15日	5月20日	6月2日	6月22日	7月10日	7月14日	7月22日	8月3日	8月14日	8月23日
	SS2	5月15日	5月21日	5月29日	6月25日	7月20日	7月24日	7月31日	8月12日	8月22日	9月1日
高丹草	健宝	5月15日	5月20日	6月2日	6月24日	—	—	—	—	—	—
	22043	5月15日	5月20日	6月3日	6月25日	7月21日	7月26日	8月3日	8月14日	8月23日	9月4日
	22053	5月15日	5月21日	6月2日	6月25日	8月9日	8月14日	8月19日	9月1日	9月10日	9月20日
	22050	5月15日	5月20日	6月2日	6月25日	7月20日	7月27日	8月5日	8月16日	8月27日	9月3日
	F8421	5月15日	5月20日	6月1日	6月26日	—	—	—	—	—	—
	F8423	5月15日	5月20日	6月2日	6月24日	7月20日	7月24日	7月31日	8月10日	8月21日	9月2日

高粱中 26837 茎粗最大，为 33.10 mm，显著高于对照（$P<0.05$），其次是 Sweet Virginia，为 23.00 mm，Latte 最小，为 15.80 mm；苏丹草中新苏 2 号茎粗最大，为 17.40 mm，其次是 SS2 和 Brasero，分别为 13.30 和 10.30 mm，Enorma 最小，为 10.00 mm；22050 高丹草茎粗最大，为 17.00 mm，其次是 22053，为 16.50 mm，F8421 最小，为 12.40 mm（表 1-27）。

高粱中 Elite 株高最大，为 352.00 cm，显著高于对照（$P<0.05$），其次是 Latte，为 330.23 cm，26837 最小，为 210.83 cm；苏丹草中新苏 2 号株高最大，为 284.43 cm，其次是 Enorma 和 Brasero，分别为 267.00 和 266.43 cm，SS2 最小，为 244.33 cm；健宝高丹草株高最大，为 338.67 cm，其次是 22053，为 302.67 cm，22043 最小，为 251.90 cm（表 1-27）。

表 1-27　衡水地区青贮组不同品种的产量与生长性状

组别	品种	鲜草产量 /(kg/hm²)	鲜干比	茎叶比	糖锤度 /%	茎粗 /mm	株高 /cm
高粱	大力士	87 000.00[a]	3.78[d]	3.49[a]	9.41[a]	18.60[b]	326.70[b]
	23402	63 000.00[bc]	4.96[b]	1.75[c]	6.85[b]	20.60[ab]	251.27[d]
	23419	47 666.67[d]	4.27[c]	1.42[cd]	11.10[a]	21.80[ab]	250.50[d]
	Latte	68 750.00[bc]	3.56[d]	3.02[ab]	11.18[a]	15.80[b]	330.23[b]
	Big Kahuma	72 500.00[b]	6.60[a]	1.18[d]	4.12[c]	22.90[ab]	267.50[cd]
	Elite	70 625.00[b]	3.48[d]	2.93[b]	10.45[a]	20.70[ab]	352.00[a]
	26837	55 666.67[cd]	3.54[d]	1.45[cd]	9.84[a]	33.10[a]	210.83[e]
	Sweet Virginia	60 000.00[bcd]	5.15[b]	1.89[c]	4.26[c]	23.00[ab]	280.03[c]
苏丹草	新苏 2 号	43 166.67[b]	3.10[c]	1.65[ab]	6.73[c]	17.40[a]	284.43[a]
	Enorma	52 250.00[a]	3.65[b]	1.99[a]	8.51[b]	10.00[a]	267.00[b]
	Brasero	56 708.33[a]	3.58[bc]	1.78[ab]	8.92[b]	10.30[a]	266.43[b]
	SS2	53 416.67[a]	4.29[a]	1.41[b]	10.09[a]	13.30[a]	244.33[c]
高丹草	健宝	84 541.67[a]	3.51[c]	3.02[a]	7.13[c]	14.30[bcd]	338.67[a]
	22043	59 208.33[bc]	4.50[a]	1.51[bc]	10.01[ab]	15.80[abc]	251.90[d]
	22053	64 125.00[bc]	3.34[c]	2.72[a]	10.56[ab]	16.50[ab]	302.67[b]
	22050	62 833.33[bc]	4.58[a]	2.06[b]	8.41[bc]	17.00[a]	274.83[c]
	F8421	55 958.33[c]	3.27[c]	1.85[b]	11.47[a]	12.40[d]	275.13[c]
	F8423	54 833.33[c]	4.04[b]	1.12[c]	8.67[bc]	14.20[cd]	254.97[d]

3. 抗逆性

从表 1-28 可以看出，抗虫性最好的有 Enorma、Brasero，没有虫害发生，其次为 22053、Latte、新苏 2 号，植株出现一些轻微虫害，虫害最为严重的有 Big Kahu-ma、23402、23419、Elite、Sweet Virginia、F8421、22043 等品种，小区内出现严重虫害。抗病性方面 Latte、22053、22050 和健宝均没有病害发生，大力士、Elite、Sweet Virginia、22043、F8421 等品种有轻微病害发生，即部分植株下部叶片出现褐斑，病害严重的品种有 23419、Brasero 和新苏 2 号，大部分植株下部叶片出现干叶，上部叶片有褐斑。抗倒伏性方面 23402、26837、健宝、22053、22050 等几乎没有倒伏，抗倒伏能力较强，23419 和 Sweet Virginia 抗倒伏能力较差，整个小区几乎全部倒伏。

表 1-28　衡水地区青贮组不同品种的抗逆性

组别	品种	虫害	病害	倒伏
高粱	大力士	中	轻	1
	23402	重	中	0
	23419	重	重	3
	Latte	轻	无	1
	Big Kahuma	重	中	2
	Elite	重	轻	1
	26837	中	中	0
	Sweet Virginia	重	轻	3
苏丹草	新苏 2 号	轻	重	1
	Enorma	无	中	1
	Brasero	无	重	1
	SS2	中	中	1
高丹草	健宝	中	无	0
	22043	重	轻	1
	22053	轻	无	0
	22050	中	无	0
	F8421	重	轻	2
	F8423	中	中	1

1.5.2.4　小结

①新苏 2 号、Brasero 和 Enorma 苏丹草的生育期最短，都在 8 月 22 日至 23 日完熟，生育期为 94～95 d；26837 高粱直到 9 月 25 日才达到乳熟期，生育期较长。Elite、Latte、Big Kahuma、大力士高粱，F8421、健宝高丹草没有抽穗，这几个品种在衡水地区不能开花结实。

②抗虫性最好的有 Enorma、Brasero 苏丹草,22053 高丹草抗病性最好,26837 高粱,22053、健宝和 22050 高丹草抗倒伏能力最好。

③一次刈割表现较好的品种为 Big Kahuma、Elite 高粱、F8421 高丹草,可以初步作为衡水地区的优良品种一次刈割做青贮。

(本节试验完成人:李　源　刘贵波)

1.6　云南省昆明地区引种评价试验结果

1.6.1　多次刈割组试验结果

1.6.1.1　试验地概况

试验地设在昆明市小哨云南省草地动物科学研究院牧草资源圃内,位于东经 102°59′,北纬 25°11′,海拔 1995 m,年均温 14.26℃,年均降雨量 957.12 mm,年均蒸发量 2 655.33 mm,直接辐射≥120 W/m²,年日照时数 3 016.25 h,极端最低温-4.29℃(12 月份),极端最高温 29.55℃(5 月份),年均风速 1.524 m/s,地面 20 cm 深度的年均地温 16.58℃。该试验地土壤为石灰岩母质发育的山地红壤,其基础养分:全氮 2.38 g/kg、全磷 0.75 g/kg、全钾 14.15 g/kg、水解氮 185.30 mg/kg、速效磷 10.25 mg/kg、速效钾 272.80 mg/kg、有机质 50.60 g/kg、有效铜 4.25 mg/kg、有效锌 5.75 mg/kg、有效硼 0.20 mg/kg 和 pH 5.96~6.27(数据由云南草地动物科学院提供)。

1.6.1.2　材料与方法

1.试验材料

除 1.1.1.2 中试验材料外,增加青贮玉米曲晨 9 号作为对照,苏丹草组增加杂交苏丹草品种,高丹草组增加乐食高丹草品种。

2.试验方法

采用随机区组设计,21 份材料,每份材料 3 个重复,小区面积为 15 m²。于 2011 年 6 月初播种,条播,保苗 20 000 株/亩,四周均设保护行。于各供试材料株高达到 1.2 m 以上时刈割,留茬高度 15 cm。适时进行田间杂草防除,定期观测、记录。试验过程使用杀虫剂(在 5 叶时使用敌杀死 2 000∶1 液除虫 1 次,有效成分澳氰菊酯浓度为 25 g/L),没有使用除草剂、生长调节剂。

3．测定项目与方法

（1）鲜草产量测定　单位面积土地上所收获的地上部分的全部产量，以 kg/hm² 为单位。将每个小区全部刈割测量鲜重，65℃烤箱烘干后测干重，测得的小区鲜重和干重的比值为鲜干比。

（2）株高测定　随机选取 10 株植株，测量由地面到植株顶部最高的叶子或者穗顶的长度，用卷尺测量，以 cm 为单位。

（3）茎粗测定　随机选取 10 株植株，按植株地表起 1/3 处节间的大径为准，用游标卡尺测量，以 mm 为单位。

（4）糖锤度测定　随机选取 5 株植株，在刈割后用糖锤度仪测定植株从基部起 1/3 的茎节处的糖锤度，以 ‰ 表示。

4．数据统计和分析

采用 Excel 和 SPSS 13.0 进行数据处理和方差分析。

1.6.1.3　结果与分析

1．鲜草产量

第 1 次刈割时，对照青贮玉米鲜草产量最大，为 55 977.78 kg/hm²，其次是 Elite，为 40 777.78 kg/hm²，对照大力最小，为 24 022.22 kg/hm²；SS2 苏丹草鲜草产量最大，为 31 622.22 kg/hm²，其次是杂交苏丹草和新苏 2 号，分别为 30 933.33 和 28 511.11 kg/hm²，Brasero 最小，为 23 266.67 kg/hm²；F8421 高丹草鲜草产量最大，为 51 333.33 kg/hm²，其次是 22043，为 37 711.11 kg/hm²，22053 最小，为 19 688.89 kg/hm²（表 1-29）。

第 2 次刈割时，Latte 高粱鲜草产量最大，为 31 166.67 kg/hm²，其次是 Elite，为 27 877.78 kg/hm²，26837 最小，为 20 366.67 kg/hm²；杂交苏丹草鲜草产量最大，为 33 966.67 kg/hm²，其次是 SS2 和新苏 2 号，分别为 30 366.66 和 25 744.44 kg/hm²，Enorma 最小，为 21 288.89 kg/hm²；F8421 高丹草鲜草产量最大，为 44 477.78 kg/hm²，其次是 F8423，为 40 911.11 kg/hm²，22053 最小，为 25 655.56 kg/hm²（表 1-29）。

2 次刈割鲜草总产量，Elite 高粱最大，为 68 655.55 kg/hm²，其次是 Latte，为 61 988.89 kg/hm²，26837 最小，为 50 277.78 kg/hm²；杂交苏丹草最大，为 64 900.00 kg/hm²，其次是 SS2 和新苏 2 号，分别为 61 988.89 和 54 255.56 kg/hm²，Brasero 最小，为 45 177.78 kg/hm²；F8421 高丹草最大，为 95 811.11 kg/hm²，其次是 F8423，为 79 088.89 kg/hm²，22053 最小，为 45 344.44 kg/hm²（表1-29）。

表 1-29 昆明地区多次刈割组不同品种的鲜草产量

kg/hm²

组别	品种	第 1 茬产量	第 2 茬产量	总产量
高粱	大力士	24 022.22[b]	27 133.33[ab]	51 155.56[a]
	23402	29 400.00[b]	27 344.45[ab]	56 744.44[a]
	23419	35 400.00[ab]	26 433.33[ab]	61 833.33[a]
	Latte	30 822.22[b]	31 166.67[a]	61 988.89[a]
	Big Kahuma	31 244.44[b]	22 733.33[ab]	53 977.78[a]
	Elite	40 777.78[ab]	27 877.78[ab]	68 655.55[a]
	26837	29 911.11[b]	20 366.67[b]	50 277.78[a]
	Sweet Virginia	24 933.33[b]	22 951.11[ab]	47 884.44[a]
青贮玉米	曲晨 9 号	55 977.78[a]	—	55 977.78[a]
苏丹草	新苏 2 号	28 511.11[a]	25 744.44[ab]	54 255.56[a]
	杂交	30 933.33[a]	33 966.67[a]	64 900.00[a]
	Enorma	25 644.44[a]	21 288.89[b]	46 933.33[a]
	Brasero	23 266.67[a]	21 911.11[b]	45 177.78[a]
	SS2	31 622.22[a]	30 366.66[ab]	61 988.89[a]
高丹草	健宝	30 533.33[ab]	31 977.78[ab]	62 511.11[ab]
	乐食	27 555.56[ab]	33 011.11[ab]	60 566.66[b]
	22043	37 711.11[ab]	30 433.33[ab]	68 144.44[ab]
	22053	19 688.89[b]	25 655.56[b]	45 344.44[b]
	22050	24 777.78[b]	28 044.44[ab]	52 822.22[b]
	F8421	51 333.33[a]	44 477.78[a]	95 811.11[a]
	F8423	38 177.78[ab]	40 911.11[ab]	79 088.89[ab]

* 表中同一列数据肩标不同小写英文字母表示差异显著($P<0.05$)。"—"表示没有数据。下表同。

2. 干草产量

第 1 次刈割时,对照青贮玉米干草产量最大,为 74 811.11 kg/hm²,其次是 Elite,为 6 175.33 kg/hm²,对照大力士最小,为 4 329.10 kg/hm²;新苏 2 号苏丹草干草产量最大,为 6 857.39 kg/hm²,其次是 SS2 和 Enorma,分别为 5 919.64 和 5 536.09 kg/hm²,Brasero 最小,为 4 801.69 kg/hm²;健宝高丹草干草产量最大,为 8 395.88 kg/hm²,其次是 F8423,为 6 623.83 kg/hm²,22053 最小,为 3 293.77

kg/hm²(表 1-30)。

第 2 次刈割时,Latte 高粱干草产量最大,为 7 610.34 kg/hm²,其次是大力士,为 7 088.21 kg/hm²,26837 最小,为 4 631.50 kg/hm²;新苏 2 号苏丹草干草产量最大,为 7 689.81 kg/hm²,其次是 SS2 和 Enorma,分别为 6 439.49 和 5 963.22 kg/hm²,Brasero 最小,为 5 542.83 kg/hm²;F8423 高丹草干草产量最大,为 9 560.72 kg/hm²,其次是 F8421,为 9 061.62 kg/hm²,22053 最小,为 5 526.31 kg/hm²(表 1-30)。

2 次刈割干草总产量,Latte 高粱最大,为 12 381.65 kg/hm²,其次是 23419,为 12 224.77 kg/hm²,青贮玉米最小,为 7 841.11 kg/hm²;新苏 2 号苏丹草最大,为 14 547.19 kg/hm²,其次是 SS2 和 Enorma,分别为 12 359.12 和 11 499.31 kg/hm²,Brasero 最小,为 10 344.53 kg/hm²;健宝高丹草最大,为 16 727.23 kg/hm²,其次是 F8421,为 16 543.27 kg/hm²,22053 最小,为 8 820.08 kg/hm²(表 1-30)。

第 1 次刈割时,青贮玉米鲜干比最大,为 7.07,其次是 23402,为 6.64,大力士最小,为 5.59;SS2 苏丹草鲜干比最大,为 5.30,显著高于对照新苏 2 号($P<$0.05),其次是 Brasero 和 Enorma,分别为 4.86 和 4.71,新苏 2 号最小,为 4.17;F8421 高丹草鲜干比最大,为 6.90,显著高于对照健宝($P<$0.05),其次是 22050,为 6.11,健宝最小,为 4.24。第 2 次刈割时,Elite 高粱鲜干比最大,为 4.70,其次是 23402,为 4.58,大力士最小,为 3.85;SS2 苏丹草鲜干比最大,为 4.70,显著高于其他苏丹草($P<$0.05),其次是 Brasero 和 Enroma,分别为 3.97 和 3.58,新苏 2 号最小,为 3.32;F8421 高丹草鲜干比最大,为 4.90,其次是 22053,为 4.61,健宝最小,为 3.85(表 1-30)。

表 1-30 昆明地区多次刈割组不同品种的干草产量和鲜干比

组别	品种	第 1 茬产量 /(kg/hm²)	第 2 茬产量 /(kg/hm²)	总产量 /(kg/hm²)	第 1 茬鲜干比	第 2 茬鲜干比
高粱	大力士	4 329.10[b]	7 088.21[ab]	11 417.32[a]	5.59[b]	3.85[a]
	23402	4 419.48[b]	5 959.83[abc]	10 379.31[a]	6.64[ab]	4.58[a]
	23419	6 169.45[ab]	6 055.32[abc]	12 224.77[a]	5.64[b]	4.34[a]
	Latte	4 771.31[ab]	7 610.34[a]	12 381.65[a]	6.42[ab]	4.11[a]
	Big Kahuma	4 807.67[ab]	5 300.09[bc]	10 107.76[a]	6.18[ab]	4.27[a]
	Elite	6 175.33[ab]	5 893.96[abc]	12 069.30[a]	6.50[ab]	4.70[a]
	26837	4 624.72[ab]	4 631.50[c]	9 256.22[a]	6.25[ab]	4.39[a]
	Sweet Virginia	4 471.09[b]	5 322.77[bc]	9 793.87[a]	5.68[b]	4.30[a]
青贮玉米	曲晨 9 号	7 841.11[a]	—	7 841.11[a]	7.07[a]	—

续表 1-30

组别	品种	第 1 茬产量 /(kg/hm²)	第 2 茬产量 /(kg/hm²)	总产量 /(kg/hm²)	第 1 茬 鲜干比	第 2 茬 鲜干比
苏丹草	新苏 2 号	6 857.39ᵃ	7 689.81ᵃ	14 547.19ᵃ	4.15ᶜ	3.32ᶜ
	杂交	—	—	—	—	—
	Enorma	5 536.09ᵃ	5 963.22ᵃ	11 499.31ᵃ	4.71ᵇ	3.58ᵇᶜ
	Brasero	4 801.69ᵃ	5 542.83ᵃ	10 344.53ᵃ	4.86ᵃᵇ	3.97ᵇ
	SS2	5 919.64ᵃ	6 439.49ᵃ	12 359.12ᵃ	5.30ᵃ	4.70ᵃ
高丹草	健宝	8 395.88ᵃ	8 331.35ᵃᵇ	16 727.23ᵃ	4.24ᵇ	3.85ᵃ
	乐食					
	22043	6 299.54ᵃᵇᶜ	7 363.20ᵃᵇ	13 662.73ᵃᵇᶜ	5.82ᵃᵇ	4.13ᵃ
	22053	3 293.77ᶜ	5 526.31ᵇ	8 820.08ᶜ	6.00ᵃᵇ	4.61ᵃ
	22050	3 985.13ᵇᶜ	6 218.27ᵃᵇ	10 203.40ᵇᶜ	6.11ᵃᵇ	4.50ᵃ
	F8421	7 481.65ᵃᵇ	9 061.62ᵃ	16 543.27ᵃ	6.90ᵃ	4.90ᵃ
	F8423	6 623.83ᵃᵇᶜ	9 560.72ᵃ	16 184.55ᵃᵇ	5.63ᵃᵇ	4.32ᵃ

3. 生长性状

第 1 次刈割时，青贮玉米茎粗最大，为 26.50 mm，其次是 23402，为 20.40 mm，Elite 最小，为 17.90 mm；SS2 苏丹草茎粗最大，为 12.50 mm，其次是新苏 2 号，为 11.00 mm，Enorma 和 Brasero 最小，均为 10.50 mm；22053 高丹草茎粗最大，为 19.10 mm，显著高于对照健宝（$P < 0.05$），其次是 22050，为 19.40 mm，健宝最小，为 14.80 mm。第 2 次刈割时，23402 高粱茎粗最大，为 9.80 mm，其次是 23419，为 9.50 mm，26837 和 Latte 最小，均为 7.60 mm；Enorma 苏丹草茎粗最大，为 4.30，其次是 SS2 和新苏 2 号，分别为 4.20 和 4.00 mm，Brasero 茎粗最小，为 3.20 mm；22050 高丹草茎粗最大，为 7.60 mm，其次是 22053，为 7.30 mm，F8423 最小，为 6.00 mm（表 1-31）。

第 1 次刈割时，青贮玉米株高最大，为 183.67 cm，其次是 Elite，为 178.67 cm，26837 最小，为 108.67 cm；新苏 2 号苏丹草株高最大，为 196.67 cm，其次是 Brasero 和 SS2，分别为 165.67 和 162.33 cm，Enorma 最小，为 161.33 cm；F8421 高丹草株高最大，为 201.33 cm，其次是 22043，为 182.67 cm，22053 最小，为 143.33 cm。第 2 次刈割时，23419 高粱株高最大，为 136.87 cm，其次是大力士，为 130.57 cm，26837 株高最小，为 75.07 cm；新苏 2 号苏丹草株高最大，为 173.30 cm，其次是 Enorma 和 Brasero，分别为 139.93 和 128.80 cm，SS2 株高最小，为 122.47 cm；

F8423 高丹草株高最大,为 159.37 cm,其次是 F8421,为 159.27 cm,22043 最小,为 134.67 cm(表 1-31)。

表 1-31 昆明地区多次刈割组不同品种的生长性状

组别	品种	茎粗/mm		株高/cm		糖锤度/%	
		第1茬	第2茬	第1茬	第2茬	第1茬	第2茬
高粱	大力士	18.60^b	8.60^{ab}	138.67^{ab}	130.57^a	7.77^a	14.79^a
	23402	20.40^b	9.80^a	157.33^{ab}	121.00^a	6.23^{ab}	12.07^a
	23419	18.60^b	9.50^a	175.00^a	136.87^a	7.77^a	13.04^a
	Latte	18.30^b	7.60^b	161.00^{ab}	122.30^a	6.33^{ab}	14.45^a
	Big Kahuma	19.90^b	8.40^{ab}	157.33^{ab}	130.40^a	6.57^{ab}	15.40^a
	Elite	17.90^b	7.70^b	178.67^a	126.67^a	6.50^{ab}	13.28^a
	26837	18.70^b	7.60^b	108.67^b	75.07^b	8.73^a	14.53^a
	Sweet Virginia	19.70^b	8.60^{ab}	152.00^{ab}	110.10^a	8.27^a	13.80^a
青贮玉米	曲晨9号	26.50^a	—	183.67^a	—	4.10^b	—
苏丹草	新苏2号	11.40^{ab}	4.00^a	196.67^a	173.30^a	8.13^a	14.93^a
	杂交苏丹草	—	—	—	—	—	—
	Enorma	10.50^b	4.30^a	161.33^a	139.93^{ab}	10.10^a	14.76^a
	Brasero	10.50^b	3.20^a	165.67^a	128.80^{ab}	9.97^a	14.13^a
	SS2	12.50^a	4.20^a	162.33^a	122.47^b	9.97^a	14.61^a
高丹草	健宝	14.80^b	6.10^b	162.67^a	151.50^a	7.70^{ab}	12.33^{ab}
	乐食	—	—	—	—	—	—
	22043	15.20^b	6.60^{ab}	182.67^a	134.67^a	9.73^a	14.47^a
	22053	19.10^a	7.30^{ab}	143.33^a	151.67^a	7.57^{ab}	10.85^b
	22050	16.40^b	7.60^a	152.33^a	149.10^a	8.53^{ab}	10.97^b
	F8421	15.80^b	6.20^{ab}	201.33^a	159.27^a	6.70^b	9.92^b
	F8423	15.00^b	6.00^b	179.67^a	159.37^a	9.33^a	13.25^{ab}

第 1 次刈割时,26837 高粱糖锤度最大,为 8.73%,其次是 Sweet Virginia,为 8.27%,青贮玉米最小,为 4.10%;Enorma 苏丹草糖锤度最大,为 10.10%,其次是 Brasero 和 SS2,均为 9.97%,新苏 2 号最小,为 8.13%;22043 高丹草糖锤度最大,为 9.73%,其次是 F8423,为 9.33%,F8421 最小,为 6.60%。第 2 次刈割时,Big

Kahuma 高粱糖锤度最大,为 15.40%,其次是大力士,为 14.79%,23402 最小,为 12.07%;新苏 2 号苏丹草糖锤度最大,为 14.93%,其次是 Enorma 和 SS2,分别为 14.76%和 14.61%,Brasero 最小,为 14.13%;22043 高丹草糖锤度最大,为 14.47%,其次是 F8423,为 13.25%,F8421 最小,为 9.92%(表 1-31)。

1.6.1.4　小结

①2 次刈割后干草总产量以 Latte 高粱、新苏 2 号苏丹草、健宝高丹草最高,23419、Elite 高粱,SS2 苏丹草,22043、F8421 和 F8423 高丹草产量也较高。

②各饲草高粱第 2 次刈割后的鲜干比、茎粗和株高均低于第 1 次刈割后的鲜干比、茎粗和株高;第 2 次刈割后各饲草高粱的糖锤度均高于第 1 次刈割的糖锤度。

③多次刈割利用表现较好的品种为 Latte、23419 高粱,SS2 苏丹草,22043、F8421、F8423 高丹草,可以初步作为昆明地区的优良品种多次刈割做青饲或干草。

1.6.2　青贮组试验结果

1.6.2.1　试验地概况

试验地概况同 1.6.1.1。

1.6.2.2　材料与方法

1.试验材料

除 1.1.1.2 中试验材料外,增加青贮玉米曲晨 9 号作为对照。

2.试验方法

采用随机区组设计,19 份材料,每份材料 3 个重复,小区面积为 15 m²。于 2011 年 6 月初播种,条播,每小区播种 10 行,保苗 6 000 株/亩,四周均设保护行。于各供试材料乳熟期到蜡熟期时一次性刈割。适时进行田间杂草防除,定期观测、记录。试验过程使用杀虫剂(在 5 叶时使用敌杀死 2 000:1 液除虫 1 次,有效成分澳氰菊酯浓度为 25 g/L),没有使用除草剂、生长调节剂。

3.测定项目与方法

(1)鲜草产量测定　单位面积土地上所收获的地上部分的全部产量,以 kg/hm² 为单位。将每个小区全部刈割测鲜重。

（2）株高测定　随机选取 10 株植株，测量由地面到植株顶部最高的叶子或者穗顶的长度，用卷尺测量，以 cm 为单位。

（3）茎粗测定　随机选取 10 株植株，按植株地表起 1/3 处节间的大径为准，用游标卡尺测量，以 mm 为单位。

（4）分蘖数测定　随机选取 10 株植株，计数植株地下部缩生节位腋芽萌生的一次分蘖的数量，以个为单位。

（5）茎叶比测定　随机挑选 10 株植株，将茎叶分开，分别称重后计算二者的比值。

（6）秆长测定　随机选取 10 株植株，除去顶端叶片测量茎秆的长度，以 cm 为单位。

（7）茎节数测定　随机选取 10 株植株，计数从植株基部到顶部的茎节的个数，以个为单位。

（8）糖锤度测定　随机选取 5 株植株，在刈割后用糖锤度仪测定植株从基部起 1/3 的茎节处的糖锤度，以％表示。

（9）千粒重测定　测量 1 000 粒种子的重量，以 g 为单位。

（10）穗长测定　测量从穗基部到穗顶端的距离，以 cm 为单位。

（11）穗粒重测定　测量每个穗子上穗粒的重量，以 g 为单位。

（12）穗鲜重、穗干重测定　测量每个穗子鲜重和干重的重量，以 g 为单位。

（13）生育期观测　播种期、出苗期、分蘖期、拔节期、抽穗期、开花期、乳熟期、蜡熟期、成熟期和生育天数（指全区 75％的植株出苗、分蘖、拔节等的日期）。

4.数据统计和分析

采用 Excel 和 SPSS 13.0 进行数据处理和方差分析。

1.6.2.3　结果与分析

1.生育期

试验结果表明，大力士、Big Kahuma 高粱是晚熟品种，在昆明地区不能结实，其他品种能够正常生长。播期相同，大力士、23419、26837 高粱，健宝高丹草分蘖较早，其他品种分蘖相差 1～5 d，23419、26837 高粱，Enroma、Brasero 苏丹草、22043、F8423 高丹草开花较早，23402、Big Kahuma、大力士高粱，健宝高丹草开花较晚。23402、Latte、Elite 高粱生育期较长，23419、26837 高粱，新苏 2 号苏丹草、22043、22050、F8423 高丹草生育期较短，属晚熟品种（表 1-32）。

表 1-32　昆明地区青贮组不同品种的生育期

组别	品种	播种期	出苗期	分蘖期	拔节期	抽穗期	开花期	乳熟期	蜡熟期	成熟期	生育天数
高粱	大力士	6月8日	6月17日	7月10日	7月26日	9月30日	10月17日	—	—	—	163
	23402	6月8日	6月17日	7月8日	7月27日	9月5日	9月23日	10月17日	11月8日	11月18日	132
	23419	6月8日	6月17日	7月10日	8月2日	8月22日	8月31日	9月16日	10月8日	10月17日	155
	Latte	6月8日	6月17日	7月8日	7月27日	8月31日	9月10日	9月23日	10月14日	11月10日	155
	Big Kahuma	6月8日	6月17日	7月8日	7月27日	9月30日	10月17日	—	—	—	—
	Elite	6月8日	6月17日	7月6日	7月25日	8月25日	9月5日	9月22日	10月14日	11月10日	155
	26837	6月8日	6月17日	7月10日	8月2日	8月22日	8月29日	9月13日	10月8日	10月17日	132
	Sweet Virginia	6月8日	6月17日	7月8日	7月27日	8月31日	9月8日	9月21日	10月17日	10月27日	142
青贮玉米	曲晨9号	6月8日	6月17日	—	7月27日	8月30日	9月8日	9月16日	10月13日	10月27日	142
苏丹草	新苏2号	6月8日	6月17日	7月7日	7月24日	8月10日	9月15日	9月30日	10月8日	10月15日	130
	Enorma	6月8日	6月17日	7月6日	7月16日	8月10日	8月29日	9月16日	10月13日	10月25日	140
	Brasero	6月8日	6月17日	7月9日	7月24日	8月10日	8月27日	9月16日	10月8日	10月20日	135
	SS2	6月8日	6月17日	7月9日	7月25日	8月21日	9月2日	9月16日	9月3日	10月20日	135
高丹草	健宝	6月8日	6月17日	7月10日	7月26日	9月10日	9月15日	9月30日	10月17日	11月5日	150
	22043	6月8日	6月17日	7月6日	7月23日	8月20日	8月27日	9月13日	9月27日	10月8日	123
	22053	6月8日	6月17日	7月11日	7月28日	8月31日	9月8日	9月21日	10月17日	10月27日	142
	22050	6月8日	6月17日	7月6日	7月25日	8月27日	9月10日	9月20日	10月7日	10月16日	131
	F8421	6月8日	6月17日	7月6日	7月26日	8月25日	9月8日	9月21日	10月17日	10月29日	144
	F8423	6月8日	6月17日	7月8日	7月27日	8月22日	8月29日	9月13日	9月27日	10月8日	123

2.生长性状

青贮玉米鲜干比最大,为4.57,不同高粱品种中,大力士高粱鲜干比最大,为3.98,其次是23402,为3.84,23419最小,为2.92;Brasero苏丹草鲜干比最大,为2.94,其次是SS2和Enorma,分别为2.91和2.86,新苏2号最小,为2.66;22050高丹草鲜干比最大,为4.00,其次是22053,为3.91,22043最小,为3.31(表1-33)。

26837高粱茎叶比最大,为3.61,其次是Elite,为1.46,Big Kahuma最小,为0.67;新苏2号苏丹草茎叶比最大,为3.97,其次是SS2和Brasero,分别为1.60和1.10,Enorma最小,为1.00;F8423高丹草茎叶比最大,为3.90,其次是22043,为1.86,健宝最小,为0.66(表1-33)。

青贮玉米茎粗最大,为2.22 cm,不同高粱品种中,23402高粱茎粗最大,为1.64 cm,其次是Elite,为1.54 cm,Latte最小,为1.19 cm;SS2苏丹草茎粗最大,为0.84 cm,其次是新苏2号和Brasero,分别为0.79和0.67 cm,Enorma最小,为0.64 cm;22053高丹草茎粗最大,为1.31 cm,其次是22050,为1.13 cm,F8423最小,为0.98 cm(表1-33)。

大力士高粱株高最大,为272.27 cm,其次是Big Kahuma,为247.50 cm,26837最小,为140.30 cm;新苏2号苏丹草株高最大,为254.47 cm,其次是Enorma和Brasero,分别为235.83和227.23 cm,SS2最小,为192.27 cm;健宝高丹草株高最大,为282.23 cm,其次是22053,为264.63 cm,F8421最小,为211.43 cm(表1-33)。

大力士高粱秆长最大,为228.00 cm,其次是Big Kahuma,为219.70 cm,26837最小,为101.13 cm;新苏2号苏丹草秆长最大,为216.17 cm,其次是Enorma和Brasero,分别为206.57和196.90 cm,SS2最小,为157.10 cm;健宝高丹草秆长最大,为254.60 cm,其次是22053,为226.77 cm,F8421最小,为176.93 cm(表1-33)。

青贮玉米节数最多,为12.20个,不同高粱品种中,大力士高粱茎节数最多,为13.13个,其次是Big Kahuma,为12.30个,26837最少,为8.03个;SS2和新苏2号苏丹草茎节数最多,均为7.60个,其次是Enorma,为7.33个,Brasero最少,为6.90个;健宝高丹草茎节数最多,为11.33个,其次是22053,为11.03个,22043最少,为8.13个(表1-33)。

Latte高粱糖锤度最大,为16.07%,其次是23402,为15.76%,26837最小,为3.49%;SS2苏丹草糖锤度最大,为13.08%,其次是Enorma和Brasero,分别为12.24%和11.73%,新苏2号最小,为9.43%;健宝高丹草糖锤度最大,为12.29%,其次是22053,为12.12%,22043最小,为7.49%(表1-33)。

表1-33 昆明地区青贮组不同品种的产量与生长性状

组别	品种	鲜干比	茎叶比	茎粗/cm	株高/cm	秆长/cm	茎节数/个	糖锤度/%	千粒重/g	穗长/cm	穗粒重/g	穗干重/g	穗鲜重/g
高粱	大力士	3.98b	0.71d	1.52bc	272.27a	228.00a	13.13a	12.01c	—	24.85bc	—	13.10c	29.13c
	23402	3.84b	0.85d	1.64b	188.73d	146.33d	9.73b	15.76ab	23.17b	22.72cd	20.13bc	30.70c	48.53c
	23419	2.92c	1.43c	1.39c	222.83bcd	176.17bcd	8.20b	15.48ab	33.63b	29.48a	67.40b	85.00b	100.80b
	Latte	3.52ab	0.74d	1.19d	206.70bcd	179.40bcd	10.43b	16.07a	16.53b	25.05bc	5.97c	14.27c	21.17c
	Big Kahuma	3.67b	0.67d	1.51bc	247.50ab	219.70ab	12.30a	14.67abc	24.00a	26.55abc	—	11.60c	26.50c
	Elite	3.44ab	1.46c	1.54bc	202.43cd	149.33cd	8.10b	12.96bc	19.47b	26.22abc	56.03b	69.93b	88.07b
	26837	3.67b	3.61a	1.50bc	140.30e	101.13e	8.03b	3.49e	20.40b	25.40bc	52.13b	63.20b	80.73b
	Sweet Virginia	3.36ab	1.36c	1.49bc	208.27bcd	164.93cd	8.47b	13.15abc	20.40b	27.58ab	59.27b	71.77b	91.57b
青贮玉米	曲晨9号	4.57a	2.22b	2.22a	233.10abc	194.80abc	13.20a	7.41d	297.63a	19.92d	127.43a	153.83a	274.83a
苏丹草	新苏2号	2.66c	3.97a	0.79c	254.47a	216.17a	7.60b	9.43b	13.37b	33.88a	12.00c	14.07c	16.67c
	Enorma	2.86c	1.00d	0.64c	235.83a	206.57a	7.33b	12.24ab	11.33b	29.13a	9.30c	11.73c	14.33c
	Brasero	2.94a	1.10d	0.67c	227.23ab	196.90a	6.90b	11.73ab	12.37b	29.27a	10.77bc	12.93c	15.50b
	SS2	2.91a	1.60c	0.84c	192.27b	157.10b	7.60b	13.08a	16.77b	29.47ab	23.30a	28.27b	33.77a
高丹草	健宝	3.64ab	0.66d	1.11b	282.23a	254.60a	11.33a	12.29a	12.07b	29.53a	9.07b	16.83b	27.77c
	22043	3.31b	1.86b	1.08bc	227.80b	181.27c	8.13b	7.49c	22.23b	28.55b	37.07a	45.50a	55.37a
	22053	3.91ab	0.68d	1.31b	264.63a	226.77ab	11.03a	12.12a	12.63c	27.35bc	9.20b	18.27c	33.33c
	22050	4.00a	0.75d	1.12b	259.90a	220.90b	10.10ab	11.69ab	15.47b	25.30c	20.33b	27.93b	39.33bc
	F8421	3.75ab	1.45c	1.09bc	211.43b	176.93c	9.43bc	9.08bc	14.13b	28.00b	33.93a	42.77b	55.13a
	F8423	3.65ab	3.90a	0.98c	225.73b	187.00c	8.17c	7.81bc	16.43b	30.93a	40.47a	46.07a	54.10ab

青贮玉米千粒重最大,为 297.63 g,不同高粱品种中,23419 高粱千粒重最大,为 33.63 g,其次是 Elite,为 24.00 g,Latte 最小,为 16.07 g;SS2 苏丹草千粒重最大,为 16.77 g,其次是新苏 2 号和 Brasero,分别为 13.37 和 12.37 g,Enorma 最小,为 11.33 g;22043 高丹草千粒重最大,为 22.23 g,其次是 F8423,为 16.43 g,健宝最小,为 12.07 g(表 1-33)。

23419 高粱穗长最大,为 29.48 cm,其次是 Sweet Virginia,为 27.58 cm,23402 最小,为 22.72 cm;新苏 2 号苏丹草穗长最大,为 33.88 cm,其次是 SS2 和 Brasero,分别为 29.47 和 29.27 cm,Enorma 最小,为 29.13 cm;F8423 高丹草穗长最大,为 30.93 cm,其次是健宝,为 29.53 cm,22050 最小,为 25.30 cm(表 1-33)。

青贮玉米穗粒重最大,为 127.43 g,不同高粱品种中,23419 高粱穗粒重最大,为 67.40 g,其次是 Sweet Virginia,为 59.27 g,Latte 最小,为 5.97 g;SS2 苏丹草穗粒重最大,为 23.30 g,其次是新苏 2 号和 Brasero,分别为 12.00 和 10.77 g,Enorma 最小,为 9.30 g;F8423 高丹草穗粒重最大,为 40.47 g,其次是 22043,为 37.07 g,健宝最小,为 9.07 g(表 1-33)。

青贮玉米穗干重最大,为 153.83 g,不同高粱品种中,23419 高粱穗干重最大,为 85.00 g,其次是 Sweet Virginia,为 71.77 g,Big Kahuma 最小,为 11.60 g;SS2 苏丹草穗干重最大,为 28.27 g,其次是新苏 2 号和 Brasero,分别为 14.07 和 12.93 g,Enorma 最小,为 11.73 g;F8423 高丹草穗干重最大,为 46.07 g,其次是 22043,为 45.50 g,健宝最小,为 16.83 g(表 1-33)。

青贮玉米穗鲜重最大,为 274.83 g,不同高粱品种中,23419 高粱穗鲜重最大,为 100.80 g,其次是 Sweet Virginia,为 80.73 g,Big Kahuma 最小,为 26.50 g;SS2 苏丹草穗鲜重最大,为 33.77 g,其次是新苏 2 号和 Brasero,分别为 16.67 和 15.50 g,Enorma 最小,为 14.33 g;22043 高丹草穗鲜重最大,为 55.37 g,其次是 F8421,为 55.13 g,健宝最小,为 27.77 g(表 1-33)。

1.6.2.4 小结

①高粱的糖锤度和茎粗高于苏丹草和高丹草;苏丹草和高丹草的穗长高于高粱,高粱的穗粒重高于苏丹草和高丹草,说明高粱的穗比较紧实,籽粒大。

②一次刈割利用条件下,表现较好的品种为 Big Kahuma 高粱,F8421、22053 和 22050 高丹草,可以初步作为昆明地区的优良品种一次刈割做青贮。

（本节试验完成人:薛世明　廖祥龙）

1.7　内蒙古自治区通辽地区引种评价试验结果

1.7.1　多次刈割组试验结果

1.7.1.1　试验地概况

　　试验地设在内蒙古通辽农业科学研究院试验田进行,位于东经 122°22′,北纬 43°36′。该地区≥10℃有效积温 3 384.2℃,日照时数 1462.3 h,降水量 205.3 mm,无霜期 153 d。该试验地土质为五花土,前茬蓖麻,未施肥前取 0~20 cm 土层的土壤样品,化验分析结果,为土壤有机质碱解氮 67.67 mg/kg,速效磷 17.2 mg/kg,速效钾 95.01 mg/kg。底肥磷酸二铵 150 kg/hm²,追施尿素 150 kg/hm²(数据由内蒙古自治区通辽市农业科学院提供)。

1.7.1.2　材料与方法

1.试验材料

　　除没有种植大力士高粱外,其他试验材料同 1.1.1.2 中试验材料。

2.试验方法

　　采用随机区组设计,17 份材料,每份材料 3 个重复,小区面积为 18 m²。于 2011 年 5 月播种,条播,6 行,行距 60 cm,保苗 20 000 株/亩,四周均设保护行。饲草高粱每次刈割时,以国家饲草组对照皖草 2 号抽穗期为准,割后留茬高度 10~15 cm,适时进行田间杂草防除,定期观测、记录。

3.测定项目与方法

　　(1)鲜草产量测定　单位面积土地上所收获的地上部分的全部产量,以 kg/hm² 为单位。将每个小区的两边行去除,刈割其余 4 行植株测量鲜重。在刈割后的植株随机选取 10 kg 植株,晒干后测干重,测得的小区鲜重和干重的比值为鲜干比。

　　(2)株高测定　随机选取 10 株植株,测量由地面到植株顶部最高的叶子或者穗顶的长度,以 cm 为单位。

　　(3)茎粗测定　随机选取 10 株植株,按植株地表起 1/3 处节间的大径为准,用游标卡尺测量,以 mm 为单位。

4.数据统计和分析

　　采用 Excel 和 SPSS 13.0 进行数据处理和方差分析。

1.7.1.3 结果与分析

1. 鲜草产量

第 1 次刈割时,23402 高粱鲜草产量最大,为 89 444.44 kg/hm²,其次是 Sweet Virginia,为 89 166.67 kg/hm²,26837 最小,为 53 888.89 kg/hm²;SS2 苏丹草鲜草产量最大,为 68 888.89 kg/hm²,显著高于对照和其他品种($P<0.05$),其次是新苏 2 号和 Enorma,分别为 54 444.44 和 53 333.33 kg/hm²,Brasero 最小,为 52 777.78 kg/hm²;健宝高丹草鲜草产量最大,为 101 388.89 kg/hm²,其次是 22053,为 92 500.00 kg/hm²,22043 最小,为 76 111.11 kg/hm²(表 1-34)。

第 2 次刈割时,Latte 高粱鲜草产量最大,为 55 555.55 kg/hm²,其次是 26837,为 43 611.11 kg/hm²,Big Kahuma 最小,为 20 000.00 kg/hm²;SS2 苏丹草鲜草产量最大,为 65 277.78 kg/hm²,其次是新苏 2 号和 Brasero,分别为 51 666.67 和 47 222.22 kg/hm²,Enorma 最小,为 42 222.22 kg/hm²;健宝高丹草鲜草产量最大,为 87 222.22 kg/hm²,其次是 22050,为 75 000.00 kg/hm²,220432 最小,为 52 222.22 kg/hm²(表 1-34)。

2 次刈割鲜草总产量,Latte 高粱最大,为 13 3611.11 kg/hm²,其次是 23402,为 124 999.99 kg/hm²,26837 最小,为 97 500.00 kg/hm²;SS2 苏丹草产量最大,为 134 166.66 kg/hm²,其次是新苏 2 号和 Brasero,分别为 106 111.11 和 100 000.00 kg/hm²,Enorma 最小,为 95 555.56 kg/hm²;健宝高丹草产量最大,为 188 611.11 kg/hm²,其次是 22053,为 163 055.56 kg/hm²,22043 最小,为 128 333.33 kg/hm²(表 1-34)。

表 1-34 通辽地区多次刈割组不同品种的鲜草产量　　　　　　　　　kg/hm²

组别	品种	第 1 茬产量	第 2 茬产量	总产量
高粱	23402	89 444.44[a]	35 555.55[ab]	124 999.99[a]
	23419	76 944.44[a]	43 333.33[ab]	120 277.77[a]
	Latte	78 055.56[a]	55 555.55[a]	133 611.11[a]
	Big Kahuma	82 777.78[a]	20 000.00[b]	102 777.78[a]
	Elite	87 500.00[a]	35 555.55[ab]	123 055.56[a]
	26837	53 888.89[b]	43 611.11[ab]	97 500.00[a]
	Sweet Virginia	89 166.67[a]	28 333.33[b]	117 500.00[a]

续表 1-34

组别	品种	第 1 茬产量	第 2 茬产量	总产量
苏丹草	新苏 2 号	54 444.44[b]	51 666.67[ab]	106 111.11[ab]
	Enorma	53 333.33[b]	42 222.22[b]	95 555.56[b]
	Brasero	52 777.78[b]	47 222.22[ab]	100 000.00[b]
	SS2	68 888.89[a]	65 277.78[a]	134 166.66[a]
高丹草	健宝	101 388.89[a]	87 222.22[a]	188 611.11[a]
	22043	76 111.11[a]	52 222.22[b]	128 333.33[b]
	22053	92 500.00[a]	70 555.56[ab]	163 055.56[ab]
	22050	83 611.11[a]	75 000.00[ab]	158 611.11[ab]
	F8421	82 500.00[a]	636 11.11[b]	146 111.11[b]
	F8423	86 388.89[a]	60 277.78[b]	146 666.67[b]

表中同一列数据后的小写英文字母不同,表示差异显著($P<0.05$)。下表同。

2. 干草产量与鲜干比

第 1 次刈割时,Sweet Virginia 高粱干草产量最大,为 15 960.83 kg/hm²,其次是 Latte,为 10 615.56 kg/hm²,26837 最小,为 6 035.56 kg/hm²;SS2 苏丹草干草产量最大,为 9 782.22 kg/hm²,其次是新苏 2 号和 Enorma,分别为 8 112.222 和 6 826.672 kg/hm²,Brasero 最小,为 4 908.332 kg/hm²;22043 高丹草干草产量最大,为 17 353.33 kg/hm²,其次是 F8421,为 16 335.00 kg/hm²,健宝最小,为 8 111.11 kg/hm²(表 1-35)。

第 2 次刈割时,Latte 高粱干草产量最大,为 7 555.56 kg/hm²,其次是 Sweet Virginia,为 5 071.67 kg/hm²,Big Kahuma 最小,为 2 180.00 kg/hm²;SS2 苏丹草干草产量最大,为 9 269.44 kg/hm²,其次是新苏 2 号和 Enorma,分别为 7 698.33 和 5 404.44 kg/hm²,Brasero 最小,为 4 391.67 kg/hm²;F8421 高丹草干草产量最大,为 12 595.00 kg/hm²,其次是 22043,为 11 906.67 kg/hm²,健宝最小,为 6 977.78 kg/hm²(表 1-35)。

2 次刈割干草总产量,Sweet Virginia 高粱最大,为 21 032.50 kg/hm²,其次是 Latte,为 18 171.11 kg/hm²,26837 最小,为 10 920.00 kg/hm²;SS2 苏丹草产量最大,为 19 051.67 kg/hm²,其次是新苏 2 号和 Enorma,分别为 15 810.56 和 12 231.11 kg/hm²,Brasero 最小,为 9 300.00 kg/hm²;22043 高丹草产量最大,为 29 260.00 kg/hm²,其次是 F8421,为 28 930.00 kg/hm²,健宝最小,为 15 088.89 kg/hm²(表 1-35)。

23402 高粱鲜干比最大，为 11.24，其次是 23419，为 9.71，Sweet Virginia 最小，为 5.59；Brasero 苏丹草鲜干比最大，为 10.75，其次是 Enorma 和 SS2，分别为 7.81 和 7.04，新苏 2 号最小，为 6.71；健宝高丹草鲜干比最大，为 12.50，其次是 22053，为 8.40，22043 最小，为 4.39（表 1-35）。

表 1-35　通辽地区多次刈割组不同品种的干草产量和鲜干比

组别	品种	第 1 茬产量 /(kg/hm²)	第 2 茬产量 /(kg/hm²)	总产量 /(kg/hm²)	鲜干比
高粱	23402	7 960.56	3 164.44	11 125.00	11.24
	23419	7 925.28	4 463.33	12 388.61	9.71
	Latte	10 615.56	7 555.56	18 171.11	7.35
	Big Kahuma	9 022.78	2 180.00	11 202.78	9.17
	Elite	9 625.00	3 911.11	13 536.11	9.09
	26837	6 035.56	4 884.44	10 920.00	8.93
	Sweet Virginia	15 960.83	5 071.67	21 032.50	5.59
苏丹草	新苏 2 号	8 112.22	7 698.33	15 810.56	6.71
	Enorma	6 826.67	5 404.44	12 231.11	7.81
	Brasero	4 908.33	4 391.67	9 300.00	10.75
	SS2	9 782.22	9 269.44	19 051.67	7.04
高丹草	健宝	8 111.11	6 977.78	15 088.89	12.50
	22043	17 353.33	11 906.67	29 260.00	4.39
	22053	11 007.50	8 396.11	19 403.61	8.40
	22050	11 203.89	10 050.00	21 253.89	7.46
	F8421	16 335.00	12 595.00	28 930.00	5.05
	F8423	14 686.11	10 247.22	24 933.33	5.88

3. 生长性状

第 1 次刈割时，Elite 高粱茎粗最大，为 14.70 mm，其次是 Sweet Virginia，为 14.20 mm，Latte 最小，为 9.90 mm；SS2 苏丹草茎粗最大，为 8.40 mm，其次是新苏 2 号和 Brasero，分别为 6.80 和 5.10 mm，Enorma 最小，为 4.90 mm；22053 高丹草茎粗最大，为 11.40 mm，其次是健宝，为 10.90 mm，22050 最小，为 9.10 mm。第 2 次刈割时，Big Kahuma 高粱茎粗最大，为 14.00 mm，其次是 Latte，为 11.20 mm，23402 最小，为 8.40 mm；SS2 和新苏 2 号苏丹草茎粗最大，均为 7.60 mm，其次是

Enorma,为 6.00 mm,Brasero 最小,为 5.00 mm;22053 和健宝高丹草茎粗最大,均为 9.80 mm,其次是 22050,为 8.60 mm,F8423 最小,为 6.00 mm(表 1-36)。

　　第 1 次刈割时,Sweet Virginia 高粱株高最大,为 226.00 cm,其次是 23402,为 212.00 cm,26837 最小,为 108.00 cm;新苏 2 号苏丹草株高最大,为 242.00 cm,其次是 Enorma 和 Brasero,分别为 226.00 和 198.00 cm,SS2 最小,为 197.00 cm;F8423 高丹草株高最大,为 231.00 cm,其次是 22043,为 221.00 cm,F8421 最小,为 174.00 cm。第 2 次刈割时,Latte 高粱株高最大,为 209.00 cm,其次是 23419,为 168.00 cm,26837 最小,为 112.00 cm;新苏 2 号苏丹草株高最大,为 225.00 cm,其次是 Enroma 和 Brasero,分别为 209.00 和 206.00 cm,SS2 最小,为 170.00 cm;22053 高丹草株高最大,为 190.00 cm,其次是 F8423,为 182.00 cm,F8421 最小,为 136.00 cm(表 1-36)。

表 1-36　通辽地区多次刈割组不同品种的生长性状

组别	品种	株高/cm		茎粗/mm	
		第 1 茬	第 2 茬	第 1 茬	第 2 茬
高粱	23402	212.00	148.00	12.50	8.40
	23419	191.00	168.00	12.20	10.40
	Latte	183.00	209.00	9.90	11.20
	Big Kahuma	175.00	134.00	12.00	14.00
	Elite	183.00	127.00	14.70	10.80
	26837	108.00	112.00	10.00	10.00
	Sweet Virginia	226.00	159.00	14.20	8.60
苏丹草	新苏 2 号	242.00	225.00	6.80	7.60
	Enorma	226.00	209.00	4.90	6.00
	Brasero	198.00	206.00	5.10	5.00
	SS2	197.00	170.00	8.40	7.60
高丹草	健宝	181.00	177.00	10.90	9.80
	22043	221.00	173.00	10.20	7.80
	22053	195.00	190.00	11.40	9.80
	22050	191.00	174.00	9.10	8.60
	F8421	174.00	136.00	9.50	8.00
	F8423	231.00	182.00	9.60	6.00

1.7.1.4 小结

①试验结果表明,高粱组 Latte、23402、Elite 总鲜产最大,但鲜干比也大,产生的干物质产量低,Sweet Virginia 高粱,SS2 苏丹草,22043、F8421 和 F8423 高丹草两次刈割后的总干产较高。

②总体来说,高粱组的茎粗较苏丹草和高丹草大,高粱的株高低于苏丹草和高丹草。

③多次刈割利用表现较好的品种为 Sweet Virginia 高粱,SS2 苏丹草,22043、F8421 和 F8423 高丹草,可以作为通辽地区的优良品种多次刈割做青饲或干草。

1.7.2 青贮组试验结果

1.7.2.1 试验地概况

试验地概况同 1.7.1.1。

1.7.2.2 材料与方法

1.试验材料

同 1.7.1.2 中试验材料。同时增加青贮玉米通科 8 号作为对照,高粱组中增加大力士作为对照,高丹草组中无健宝高丹草。

2.试验方法

采用随机区组设计,18 份材料,每份材料 3 个重复,小区面积为 18 m^2。于 2011年 5 月播种,条播,每小区播种 6 行,保苗 6 000 株/亩,四周均设保护行。于各供试材料乳熟期到蜡熟期时一次性刈割。适时进行田间杂草防除,定期观测、记录。

3.测定项目与方法

①鲜草产量测定　单位面积土地上所收获的地上部分的全部产量,以 kg/hm^2 为单位。将每个小区的两边行去除,刈割中间 4 行的植株测鲜重。

②生育期观测　播种期、出苗期、抽穗期、开花期、成熟期和生育天数(指全区75%的植株出苗、抽穗、开花等的日期)。

4.数据统计和分析

采用 Excel 和 SPSS 13.0 进行数据处理和方差分析。

1.7.2.3 结果与分析

1.生育期

高粱、苏丹草和高丹草的播种期和出苗期都相同,在高粱组内 23419 抽穗期、开花期和成熟期均最早,23402、Late、Big Kahuma、Elite、Sweet Virginia 高粱,新苏 2 号苏丹草,F8421 高丹草没有成熟;新苏 2 号苏丹草品种抽穗期和开花期较晚;各高丹草中,F8421 抽穗期和开花期晚(表 1-37)。

表 1-37　通辽地区青贮组不同品种的生育期

组别	品种	播种期	出苗期	抽穗期	开花期	成熟期	生育天数/d
青贮玉米	通科 8 号	5 月 11 日	—	—	—	—	—
高粱	大力士	5 月 11 日	—	—	—	—	—
	23402	5 月 11 日	5 月 22 日	8 月 13 日	8 月 17 日	—	—
	23419	5 月 11 日	5 月 22 日	7 月 25 日	8 月 2 日	9 月 11 日	112
	26837	5 月 11 日	5 月 22 日	8 月 22 日	8 月 27 日	9 月 27 日	128
	Late	5 月 11 日	5 月 22 日	8 月 11 日	8 月 24 日	—	—
	Big Kahuma	5 月 11 日	5 月 22 日	9 月 4 日	9 月 10 日	—	—
	Elite	5 月 11 日	5 月 22 日	8 月 2 日	8 月 5 日	—	—
	Sweet Virginia	5 月 11 日	5 月 22 日	9 月 4 日	9 月 10 日	—	—
苏丹草	新苏 2 号	5 月 11 日	5 月 22 日	9 月 4 日	9 月 10 日	—	—
	Enroma	5 月 11 日	5 月 22 日	7 月 17 日	8 月 18 日	9 月 24 日	125
	Brasero	5 月 11 日	5 月 22 日	7 月 17 日	7 月 20 日	8 月 25 日	95
	SS2	5 月 11 日	5 月 22 日	7 月 25 日	8 月 2 日	9 月 11 日	112
高丹草	22043	5 月 11 日	5 月 22 日	8 月 16 日	8 月 20 日	9 月 22 日	123
	22050	5 月 11 日	5 月 22 日	7 月 20 日	7 月 25 日	8 月 28 日	98
	22053	5 月 11 日	5 月 22 日	7 月 20 日	7 月 24 日	8 月 28 日	98
	F8421	5 月 11 日	5 月 22 日	9 月 4 日	9 月 10 日	—	—
	F8423	5 月 11 日	5 月 22 日	7 月 20 日	7 月 25 日	8 月 29 日	99

2. 鲜草产量

不同高粱品种,大力士鲜草产量最大,为 170 416.66 kg/hm²,显著高于其他高粱品种(P<0.05),其次是 Big Kahuma,为 133 194.45 kg/hm²,Sweet Virginia 最小,为 62 777.78 kg/hm²,通科 8 号青贮玉米鲜草产量仅高于 23 419 和 Sweet Virginia;苏丹草中 Brasero 产量最大,为 73 750.00 kg/hm²,其次是 SS2 和新苏

2 号,分别为 70 555.56 kg/hm^2 和 61 666.67 kg/hm^2,Enorma 最小,为 52 916.67 kg/hm^2;22053 高丹草鲜草产量最大,为 103 750.00 kg/hm^2,其次是 F8421,为 97 222.22 kg/hm^2,22043 最小,为 73 333.34 kg/hm^2(表 1-38)。

表 1-38　通辽地区青贮组不同品种的鲜草产量　　　　　kg/hm^2

组别	品种	鲜草产量
青贮玉米	通科 8 号	68 888.89[c]
高粱	大力士	170 416.66[a]
	23402	74 583.33[c]
	23419	66 944.44[c]
	Latte	79 444.44[c]
	Big Kahuma	133 194.45[b]
	Elite	87 222.22[c]
	26837	88 055.56[c]
	Sweet Virginia	62 777.78[c]
苏丹草	新苏 2 号	61 666.67[a]
	Enorma	52 916.67[a]
	Brasero	73 750.00[a]
	SS2	70 555.56[a]
高丹草	22043	73 333.34[b]
	22053	103 750.00[a]
	22050	90 972.22[ab]
	F8421	97 222.22[b]
	F8423	85 277.78[ab]

1.7.2.4　小结

一次刈割利用条件下表现较好的品种为 Big Kahuma、Elite、26837 高粱、22053、22050、F8421 高丹草,可以初步作为通辽地区的优良品种一次刈割做青贮。

（本节试验完成人:王振国　李　岩　张永亮）

1.8　全国 7 个试验点综合分析试验结果

国外研究 BMR 饲草高粱较多,研究表明,BMR 饲草高粱产量可能比非 BMR 品种低,但其品质优于非 BMR 品种,BMR 品种主要是减少细胞壁的木质素含量从而提高消化率,而木质素的含量主要通过酸性洗涤纤维来反映。我国对 BMR 饲草高粱方面研究较少,本研究从国外引进 17 个 BMR 饲草高粱品种,在全国 7 个试验点进行试验,较系统的研究了适合不同地区 BMR 饲草高粱的饲用价值、栽培利用模式和经济效益。对全国 7 个试验点的产量综合分析结果如下。

1.8.1　多次刈割组结果与分析

1.8.1.1　第 1 次刈割鲜草产量

第 1 次刈割时,高粱组除大力士、Big Kahuma 和 26837 以衡水地区的鲜草产量最高外,其余高粱品种均以通辽地区的鲜草产量最高;苏丹草和高丹草组各品种均为通辽地区最高。从不同品种 7 个地区鲜草产量平均值来看,高粱组 Elite 产量最大,为 51 788.21 kg/hm²,其次是 Big Kahuma,为 51 132.45 kg/hm²,23419 最小,为 42 287.68 kg/hm²;苏丹草组 SS2 产量最大,为 41 382.43 kg/hm²,其次是 Enorma 和新苏 2 号,分别为 31 104.64 和 29 409.51 kg/hm²,Brasero 最小,为 29 378.75 kg/hm²;高丹草组 F8421 产量最大,为 53 725.91 kg/hm²,其次是对照健宝,为 53 377.45 kg/hm²,22050 最小,为 44 870.29 kg/hm²。从不同地区相同品种鲜草产量平均值看,通辽地区高粱鲜草产量高于其他地区,为 79 682.54 kg/hm²,其次是衡水地区,为 76 710.07 kg/hm²,黄骅地区产量最小,为 28 707.00 kg/hm²;通辽地区苏丹草鲜草产量高于其他地区,为 57 361.11 kg/hm²,其次是衡水地区,为 50 911.46 kg/hm²,黄骅地区产量最小,为 10 630.11 kg/hm²;通辽地区高丹草鲜草产量高于其他地区,为 87 087.33 kg/hm²,其次是衡水地区,为 75 063.66 kg/hm²,黄骅地区产量最小,为 17 745.40 kg/hm²(表 1-39)。

1.8.1.2　第 2 次刈割鲜草产量

第 2 次刈割时,高粱组除 23419 和 Latte 以通辽地区的鲜草产量最高外,其余高粱品种均以衡水地区最高;苏丹草组除 Enorma 以衡水地区鲜草产量最高外,其他品种均以通辽地区最高;高丹草组各品种均以通辽地区鲜草产量最高。从不同品种 7 个地区鲜草产量平均值来看,高粱组 Latte 产量最大,为 33 508.61 kg/hm²,其次是 23 419,为 30 780.77 kg/hm²,Big Kahuma 最小,为 24 151.02 kg/hm²;苏丹草组 SS2 产量最大,为 36 106.36 kg/hm²,其次是新苏 2 号和 Brasero,分别为

32 273.21 和 29 744.65 kg/hm²,Enorma 最小,为 29 691.12 kg/hm²;高丹草组对照健宝产量最大,为 47 060.22 kg/hm²,其次是 F8421,为 39 090.81 kg/hm²,22043 最小,为 33 480.80 kg/hm²。从相同地区不同品种鲜草产量平均值看,衡水地区高粱鲜草产量高于其他地区,为 43 561.51 kg/hm²,其次是通辽地区,为 37 420.63 kg/hm²,黄骅地区产量最小,为 10 349.13 kg/hm²;通辽地区苏丹草鲜草产量高于其他地区,为 51 597.22 kg/hm²,其次是衡水地区,为 45 581.60 kg/hm²,黄骅地区产量最小,为 15 698.37 kg/hm²;通辽地区高丹草鲜草产量高于其他地区,为 68 148.15 kg/hm²,其次是衡水地区,为 49 432.87 kg/hm²,黄骅地区产量最小,为 16 961.23 kg/hm²(表 1-40)。

1.8.1.3 2 次刈割鲜草总产量

2 次刈割鲜草总产量,高粱组大力士、Big Kahuma、26837 和 Sweet Virginia 品种以衡水地区产量最高,其余高粱品种均以通辽地区最高;苏丹草组和高丹草组均以通辽地区产量最高,其次为衡水地区。从不同品种 7 个地区鲜草产量平均值来看,高粱组大力士产量最大,为 75 503.4 kg/hm²,其次是 Elite,为 74 727.15 kg/hm²,26837 最小,为 66 103.92 kg/hm²;苏丹草组 SS2 产量最大,为 75 242.47 kg/hm²,其次是新苏 2 号和 Enorma,分别为 61 716.77 和 59 080.84 kg/hm²,Brasero 最小,为 57 197.27 kg/hm²;高丹草组对照健宝产量最大,为 95 835.42 kg/hm²,其次是 F8421,为 87 232.33 kg/hm²,22043 最小,为 76 254.40 kg/hm²。

从相同地区不同品种鲜草产量平均值看,衡水地区高粱鲜草产量高于其他地区,为 122 209.22 kg/hm²,其次是通辽地区,为 117 103.17 kg/hm²,黄骅地区产量最小,为 31 294.29 kg/hm²;通辽地区苏丹草鲜草产量高于其他地区,为 108 958.33 kg/hm²,其次是衡水地区,为 96 493.06 kg/hm²,黄骅地区产量最小,为 26 328.47 kg/hm²;通辽地区高丹草鲜草产量高于其他地区,为 155 231.48 kg/hm²,其次是衡水地区,为 124 496.53 kg/hm²,黄骅地区产量最小,为 31 879.75 kg/hm²(表 1-41)。

从 7 个地区 2 次刈割鲜草总产量的平均值看,高粱组 bmr-12(Latte、Big Kahuma、Sweet Virgnia 和 Elite)基因型的高粱均高于 bmr-6(23402、23419 和 26837)基因型的高粱,通辽地区和衡水地区鲜草总产量高于其他地区,通辽地区在高粱生长期间进行追肥,而且高粱种植地本身土壤肥力较好,因此产量较高;黄骅地区鲜草总产量最低,可能是因为黄骅地区土壤盐碱度比较大,该地区位于环渤海,高粱种植地含盐量较高,第 3 茬植株生长高度没有达到刈割高度,没有进行刈割也是总产量较低的原因之一,其他几个地区产量相差不大。7 个地区不同品种高粱的总平均鲜草产量最高的前 5 位依次为大力士、Elite、Latte、Big Kahuma、Sweet Virginia。

表 1-39　第 1 次刈割时不同地区褐色中脉饲草高粱鲜草产量

kg/hm²

组别	品种	黄骅	酒泉	南京	绥化	衡水	昆明	通辽	平均
高粱	大力士	37 908.11	40 448.78	57 166.67	54 146.72	86 770.84	24 022.22	—	50 077.22
	23402	16 441.13	32 301.86	27 375.00	52 932.43	68 923.61	29 400.00	89 444.44	45 259.78
	23419	13 745.62	24 007.24	32 000.00	49 472.02	64 444.44	35 400.00	76 944.44	42 287.68
	Latte	27 090.62	31 518.13	18 166.67	55 965.29	73 020.83	30 822.22	78 055.56	44 948.47
	Big Kahuma	36 925.95	29 371.82	39 083.33	54 773.81	83 750.00	31 244.44	82 777.78	51 132.45
	Elite	32 094.79	27 466.11	32 291.67	59 123.21	83 263.89	40 777.78	87 500.00	51 788.21
	26837	36 745.45	39 853.25	46 500.00	43 206.78	75 312.50	29 911.11	53 888.89	46 488.28
	Sweet Virginia	28 704.35	23 047.23	41 458.33	57 074.10	78 194.44	24 933.33	89 166.67	48 939.78
	平均	28 707.00	31 001.80	36 755.21	53 336.80	76 710.07	30 813.89	79 682.54	
苏丹草	新苏 2 号	12 406.20	17 949.45	17 625.00	—	45 520.83	28 511.11	54 444.44	29 409.51
	Enorma	9 726.11	14 238.07	30 666.67	36 137.72	47 986.11	25 644.44	53 333.33	31 104.64
	Brasero	9 108.31	13 571.07	28 125.00	32 135.72	46 666.67	23 266.67	52 777.78	29 378.75
	SS2	11 279.81	24 059.64	42 125.00	48 229.23	63 472.22	31 622.22	68 888.89	41 382.43
	平均	10 630.11	17 454.56	29 635.42	38 834.22	50 911.46	27 261.11	57 361.11	
高丹草	健宝	14 003.25	24 938.66	51 833.33	59 625.24	91 319.44	30 533.33	101 388.89	53 377.45
	22043	12 389.53	29 205.07	42 000.00	51 951.89	69 930.56	37 711.11	76 111.11	45 614.18
	22053	17 954.39	27 704.32	30 250.00	53 331.49	78 611.11	19 688.89	92 500.00	45 720.03
	22050	13 702.26	27 537.57	43 416.67	48 095.26	72 951.39	24 777.78	83 611.11	44 870.29
	F8421	33 137.81	21 987.18	45 791.67	63 136.97	78 194.44	51 333.33	82 500.00	53 725.91
	F8423	15 285.14	19 700.32	48 875.00	49 717.16	59 375.00	38 177.78	86 388.89	45 725.91
	平均	17 745.40	25 178.85	43 694.45	54 309.67	75 063.66	33 703.70	87 083.33	45 359.90

表 1-40　第 2 次刈割不同地区褐色中脉饲草高粱鲜草产量

kg/hm²

组别	品种	黄骅	酒泉	南京	绥化	衡水	昆明	通辽	平均
高粱	大力士	—	28 407.06	14 250.00	23 704.15	59 062.50	27 133.33	—	30 511.41
	23402	8 920.71	25 548.49	14 250.00	20 585.96	38 993.06	27 344.45	35 555.55	27 046.25
	23419	11 777.55	29 014.50	15 916.67	30 160.37	39 826.39	26 433.33	43 333.33	30 780.77
	Latte	—	23 797.61	17 416.67	23 045.71	50 069.44	31 166.67	55 555.55	33 508.61
	Big Kahuma	—	19 509.75	12 875.00	22 635.24	47 152.78	22 733.33	20 000.00	24 151.02
	Elite	—	22 368.33	24 333.33	14 048.76	36 388.89	27 877.78	35 555.55	26 762.11
	26837	—	—	10 416.67	19 026.10	43 888.89	20 366.67	43 611.11	27 461.89
	Sweet Virginia	—	25 977.27	11 625.00	19 719.25	48 611.11	22 951.11	28 333.33	26 202.85
	平均	10 349.13	24 369.33	15 261.91	21 317.34	43 561.51	25 553.33	37 420.63	—
苏丹草	新苏 2 号	15 572.78	24 941.04	13 666.67	—	45 347.22	25 744.44	51 666.67	32 273.21
	Enorma	17 686.76	21 665.59	27 333.33	23 345.00	42 291.67	21 288.89	42 222.22	29 691.12
	Brasero	16 081.79	22 761.38	19 833.33	23 447.62	43 472.22	21 911.11	47 222.22	29 774.65
	SS2	13 452.14	23 487.93	16 583.33	29 707.15	51 215.28	30 366.66	65 277.78	36 106.36
	平均	15 698.37	23 213.99	19 354.17	25 499.92	45 581.60	24 827.78	51 597.22	—
高丹草	健宝	14 844.50	28 323.68	49 375.00	23 136.22	62 326.39	31 977.78	87 222.22	47 060.22
	22043	13 596.80	22 630.36	15 458.33	33 196.08	46 944.45	30 433.33	52 222.22	33 480.80
	22053	20 272.63	30 157.93	21 958.33	29 108.56	48 576.39	25 655.56	70 555.56	37 668.72
	22050	15 330.99	27 513.75	26 750.00	19 907.38	52 395.83	28 044.44	75 000.00	38 268.57
	F8421	—	32 587.71	25 875.00	28 236.33	39 756.94	44 477.78	63 611.11	39 090.81
	F8423	20 761.21	26 739.55	11 625.00	30 057.76	46 597.22	40 911.11	60 277.78	36 034.74
	平均	16 961.23	27 992.16	25 173.61	27 273.72	49 432.87	33 583.33	68 148.15	—

表 1-41　不同地区褐色中脉饲草高粱鲜草总产量

kg/hm²

组别	品种	黄骅	酒泉	南京	绥化	衡水	昆明	通辽	平均
高粱	大力士	37 908.11	68 855.84	71 416.67	77 850.87	145 833.33	51 155.56	—	75 503.40
	23402	25 361.84	57 850.34	41 625.00	73 518.40	107 916.67	56 744.44	124 999.99	69 716.67
	23419	25 523.17	53 021.74	47 916.67	79 632.39	104 270.83	61 833.33	120 277.77	70 353.70
	Latte	27 090.62	55 315.74	35 583.33	79 010.99	123 090.28	61 988.89	133 611.11	73 670.14
	Big Kahuma	36 925.95	48 881.57	51 958.33	77 409.06	130 902.78	53 977.78	102 777.78	71 833.32
	Elite	32 094.79	49 834.43	56 625.00	73 171.96	119 652.78	68 655.55	123 055.56	74 727.15
	26837	36 745.45	39 853.25	56 916.67	62 232.88	119 201.39	50 277.78	97 500.00	66 103.92
	Sweet Virginia	28 704.35	49 024.50	53 083.33	76 793.37	126 805.56	47 884.44	117 500.00	71 399.36
	平均	31 294.29	52 829.68	51 890.63	74 952.49	122 209.20	56 564.72	117 103.17	
苏丹草	新苏 2 号	27 978.98	59 795.25	31 291.67	—	90 868.06	54 255.56	106 111.11	61 716.77
	Enorma	27 412.86	35 903.66	58 000.00	59 482.72	90 277.78	46 933.33	95 555.56	59 080.84
	Brasero	25 190.09	36 332.44	47 958.33	55 583.33	90 138.89	45 177.78	100 000.00	57 197.27
	SS2	24 731.94	47 547.57	58 708.33	77 936.38	114 687.50	61 988.89	134 166.66	74 252.47
	平均	26 328.47	44 894.73	48 989.58	64 334.14	96 493.06	52 088.89	108 958.33	
高丹草	健宝	28 847.75	53 262.34	101 208.33	82 761.46	153 645.84	62 511.11	188 611.11	95 835.42
	22043	25 986.32	51 835.43	57 458.33	85 147.97	116 875.00	68 144.44	128 333.33	76 254.40
	22053	38 227.02	57 862.25	52 208.33	82 440.06	127 187.50	45 344.44	163 055.56	80 903.59
	22050	29 033.26	55 051.33	70 166.67	68 002.65	125 347.22	52 822.22	158 611.11	79 862.07
	F8421	33 137.81	54 574.89	71 666.67	91 373.30	117 951.39	95 811.11	146 111.11	87 232.33
	F8423	36 046.35	46 439.87	60 500.00	79 774.91	105 972.22	79 088.89	146 666.67	79 212.70
	平均	31 879.75	53 171.02	68 868.06	81 583.39	124 496.53	67 287.04	155 231.48	

1.8.1.4　第 1 次刈割干草产量

第 1 次刈割时,高粱组除 Sweet Virginia 以通辽地区的干草产量最高外,其余高粱品种均以衡水地区最高;苏丹草组各品种均以衡水地区产量最高;高丹草组 22043、F8421 和 F8423 产量以衡水地区最高,其余品种均以通辽地区产量最高。从不同品种 7 个地区干草产量平均值来看,高粱组 Sweet Virginia 产量最大,为 8 943.32 kg/hm²,其次是大力士,为 8 252.48 kg/hm²,23419 最小,为 6 913.67 kg/hm²;苏丹草组 SS2 产量最大,为 7 354.39 kg/hm²,其次是新苏 2 号和 Enorma,分别为 6 797.55 和 6 411.08 kg/hm²,Brasero 最小,为 5 523.08 kg/hm²;高丹草组 F8421 产量最大,为 9 096.59 kg/hm²,其次是 22043,为 8 324.84 kg/hm²,22050 最小,为 6 628.86 kg/hm²。从相同地区不同品种干草产量平均值看,衡水地区高粱干草产量高于其他地区,为 13 324.06 kg/hm²,其次是黄骅地区,为 10 293.58 kg/hm²,南京地区产量最小,为 4 439.94 kg/hm²;衡水地区苏丹草干草产量高于其他地区,为 14 111.7 kg/hm²,其次是绥化地区,为 7 804.46 kg/hm²,酒泉地区产量最小,为 2 841.82 kg/hm²;衡水地区高丹草干草产量高于其他地区,为 14 593.86 kg/hm²,其次是通辽地区,为 13 116.16 kg/hm²,酒泉地区产量最小,为 3 570.40 kg/hm²(表 1-42)。

1.8.1.5　第 2 次刈割干草产量

第 2 次刈割时,高粱组大力士以酒泉地区的干草产量最高,Sweet Virginia 以衡水地区的干草产量最高,其余高粱品种均以绥化地区产量最高;苏丹草组 SS2 以绥化地区产量最高,其余地区均为衡水地区最高;高丹草组健宝以南京地区产量最高,22043 以酒泉地区产量最高,22053 和 22050 以衡水地区产量最高,F8421 以通辽地区产量最高,F8423 以绥化地区产量最高。从不同品种 7 个地区干草产量平均值来看,高粱组 Latte 产量最大,为 9 234.26 kg/hm²,其次是大力士,为 7 039.62 kg/hm²,Sweet Virginia 最小,为 5 460.80 kg/hm²;苏丹草组 SS2 产量最大,为 7 880.65 kg/hm²,其次是 Enorma 和新苏 2 号,分别为 7 500.03 和 6 652.27 kg/hm²,Brasero 最小,为 6 553.97 kg/hm²;高丹草组 22043 产量最大,为 9 904.22 kg/hm²,其次是 F8423,为 9 856.37 kg/hm²,22053 最小,为 7 129.76 kg/hm²。从相同地区不同品种干草产量平均值看,绥化地区高粱干草产量高于其他地区,为 1 0291.7 kg/hm²,其次是衡水地区,为 7 855.27 kg/hm²,黄骅地区产量最小,为 2 428.30 kg/hm²;绥化地区苏丹草干草产量高于其他地区,为 10 841.97 kg/hm²,其次是衡水地区,为 10 753.07 kg/hm²,酒泉地区产量最小,为 3 548.50 kg/hm²;绥化地区高丹草干草产量高于其他地区,为 10 171.03 kg/hm²,其次是衡水地区,为 10 108.42 kg/hm²,黄骅地区产量最小,为 4 007.09 kg/hm²(表 1-43)。

表 1-42　第 1 次刈割不同地区褐色中脉饲草高粱干草产量

kg/hm²

组别	品种	黄骅	酒泉	南京	绥化	衡水	昆明	通辽	平均
高粱	大力士	10 889.19	8 560.57	6 014.65	6 061.37	13 659.98	4 329.10	—	8 252.48
	23402	7 487.49	6 355.62	3 775.86	7 732.10	13 114.14	4 419.48	7 960.56	7 263.61
	23419	6 239.79	4 027.65	3 740.64	5 627.31	14 665.56	6 169.45	7 925.28	6 913.67
	Latte	9 053.28	6 177.81	2 280.00	6 643.72	11 916.33	4 771.31	10 615.56	7 351.14
	Big Kahuma	11 056.36	4 490.54	4 953.53	4 525.13	12 906.32	4 807.67	9 022.78	7 394.62
	Elite	13 730.61	4 122.37	4 431.33	3 966.73	14 048.71	6 175.33	9 625.00	8 014.30
	26837	13 608.05	7 047.94	5 524.97	4 260.01	11 863.59	4 624.72	6 035.56	7 566.41
	Sweet Virginia	10 283.89	2 908.64	4 798.51	9 762.46	14 417.83	4 471.09	15 960.83	8 943.32
	平均	10 293.58	5 461.39	4 439.94	6 072.35	13 324.06	4 971.02	9 592.22	
苏丹草	新苏 2 号	5 313.07	2 663.92	2 370.11	—	15 468.61	6 857.39	8 112.22	6 797.55
	Enorma	3 224.11	2 098.29	3 738.11	9 609.57	13 844.69	5 536.09	6 826.67	6 411.08
	Brasero	3 803.15	2 306.86	3 717.62	5 972.07	13 151.81	4 801.69	4 908.33	5 523.08
	SS2	4 421.38	4 298.22	5 245.83	7 831.75	13 981.70	5 919.64	9 782.22	7 354.39
	平均	4 190.43	2 841.82	3 767.92	7 804.46	14 111.70	5 778.70	7 407.36	
高丹草	健宝	4 202.10	2 818.05	5 789.73	8 107.85	15 171.71	8 395.88	8 111.11	7 513.78
	22043	5 262.63	5 112.30	5 304.98	4 276.47	14 664.66	6 299.54	17 353.33	8 324.84
	22053	6 072.20	3 354.63	3 147.07	3 715.11	17 031.67	3 293.77	11 007.50	6 803.14
	22050	5 718.28	3 845.98	4 894.81	3 282.49	13 471.42	3 985.13	11 203.89	6 628.86
	F8421	11 294.39	3 153.38	6 143.34	6 335.98	12 932.18	7 481.65	16 335.00	9 096.56
	F8423	6 014.26	3 138.03	5 937.88	7 116.90	14 291.52	6 623.83	14 686.11	8 258.36
	平均	6 427.31	3 570.40	5 202.97	5 472.47	14 593.86	6 013.30	13 116.16	

表1-43　第2次刈割不同地区褐色中脉饲草高粱干草产量

kg/hm²

组别	品种	黄骅	酒泉	南京	绥化	衡水	昆明	通辽	平均
高粱	大力士	—	11 277.44	2 591.99	5 005.77	9 234.71	7 088.21	—	7 039.62
	23402	2 328.25	5 444.42	1 142.77	12 082.59	6 533.62	5 959.83	3 164.44	5 721.28
	23419	2 528.35	5 531.04	4 844.72	9 417.48	8 076.22	6 055.32	4 463.33	6 398.02
	Latte	—	—	5 110.46	16 622.30	9 272.65	7 610.34	7 555.56	9 234.26
	Big Kahuma	—	5 848.92	2 160.66	10 047.30	7 859.80	5 300.09	2 180.00	5 566.13
	Elite	—	—	6 703.14	8 291.65	6 363.14	5 893.96	3 911.11	6 232.60
	26837	—	—	3 080.00	9 414.50	8 412.29	4 631.50	4 884.44	6 084.55
	Sweet Virginia	—	—	2 274.32	6 166.07	8 469.16	5 322.77	5 071.67	5 460.80
	平均	2 428.30	5 608.13	3 616.58	10 291.70	7 855.27	5 824.83	4 461.51	
苏丹草	新苏2号	3 909.87	3 167.34	3 466.57	—	11 239.32	7 689.81	7 698.33	6 652.27
	Enorma	4 607.30	3 619.20	8 730.68	10 366.98	10 915.64	5 963.22	5 404.44	7 500.03
	Brasero	3 535.52	4 199.74	5 624.05	9 339.45	10 226.10	5 542.83	4 391.67	6 553.97
	SS2	3 282.89	3 207.73	4 916.56	12 819.48	10 631.20	6 439.49	9 269.44	7 880.65
	平均	3 833.90	3 548.50	5 684.47	10 841.97	10 753.07	6 408.84	6 690.97	
高丹草	健宝	3 071.12	—	15 429.00	6 903.18	10 250.04	8 331.35	6 977.78	9 578.27
	22043	4 308.82	13 718.04	3 843.83	12 566.58	10 027.02	7 363.20	11 906.67	9 904.22
	22053	4 870.77	—	4 328.43	7 227.05	10 170.88	5 526.31	8 396.11	7 129.76
	22050	3 590.96	—	5 631.41	4 861.53	11 196.94	6 218.27	10 050.00	7 591.63
	F8421	—	5 750.61	6 327.25	11 732.36	8 938.97	9 061.62	12 595.00	9 067.64
	F8423	4 193.76	3 521.79	8 006.33	17 735.49	10 066.67	9 560.72	10 247.22	9 856.37
	平均	4 007.09	7 663.48	7 261.04	10 171.03	10 108.42	7 676.91	10 028.80	

1.8.1.6　2 次刈割干草总产量

　　2 次刈割干草总产量,高粱组大力士以酒泉地区产量最高,23402 和 Latte 以绥化地区产量最高,其余高粱品种均以衡水地区产量最高;苏丹草组各品种均以衡水地区产量最高;高丹草组 22043、F8421 和 F8323 以通辽地区产量最高,其余品种以衡水地区产量最高。从不同品种 7 个地区干草产量平均值来看,高粱组大力士产量最大,为 14 118.83 kg/hm²,其次是 Latte,为 13 947.05 kg/hm²,26837 最小,为 11 912.51 kg/hm²;苏丹草组 SS2 产量最大,为 14 578.22 kg/hm²,其次是 Enorma 和新苏 2 号,分别为 13 497.86 和 13 352.89 kg/hm²,Brasero 最小,为 11 645.84 kg/hm²;高丹草组 22043 产量最大,为 17 429.72 kg/hm²,其次是 F8423,为 17 305.79 kg/hm²,22050 最小,为 12 564.44 kg/hm²。从相同地区不同品种干草产量平均值看,衡水地区高粱干草产量高于其他地区,为 21 351.76 kg/hm²,其次是绥化地区,为 15 703.31 kg/hm²,南京地区产量最小,为 7 928.45 kg/hm²;衡水地区苏丹草干草产量高于其他地区,为 24 864.77 kg/hm²,其次是绥化地区,为 18 646.43 kg/hm²,酒泉地区产量最小,为 6 930.52 kg/hm²;衡水地区高丹草干草产量高于其他地区,为 24 702.28 kg/hm²,其次是通辽地区,为 23 144.95 kg/hm²,酒泉地区产量最小,为 7 402.14 kg/hm²(表 1-44)。

　　从 7 个地区 2 次刈割干草总产量的平均值看,高粱组 *bmr*-12 基因型的高粱(Latte、Sweet Virginia)均高于 *bmr*-6 基因型的高粱(23402、23419 和 26837);衡水地区、绥化和通辽地区干草总产量高于其他地区,这与它们的刈割时间有关,衡水地区刈割时没有按照植株高度刈割,是按照总的生育期刈割 2 次来刈割的,鲜草产量较高,其干草产量也较高,绥化地区鲜草产量仅次于衡水和通辽地区,但其植株产生的干物质多,其干草产量较高,绥化地区地力条件较高,产量较高;南京和酒泉地区干草产量最低,有人为原因,由于管理措施问题,第 2 次刈割时有些干草被风吹走,有些被其他农民混在一起,这部分干草无法记入总产量,导致其干草产量较低。7 个地区不同品种高粱总的平均鲜草产量最高的前 5 位依次为大力士、Latte、Sweet Virginia、23419、23402。苏丹草组,7 个地区总的平均干草产量 SS2 最高,Brasero 最低,它们的产量由高到低的顺序依次为 SS2、Enorma、新苏 2 号、Berasero;7 个地区苏丹草总的平均干草产量以衡水、绥化和通辽地区较高,酒泉地区最低。高丹草组,7 个地区总的平均鲜草产量以 22043 最高,22050 最低,产量最高的前 3 位依次为 22043、F8421、F8423;7 个地区苏丹草总的鲜草产量衡水和通辽地区最高,酒泉地区最低。

表1-44 不同地区褐色中脉饲草高粱干草总产量

kg/hm²

组别	品种	黄骅	酒泉	南京	绥化	衡水	昆明	通辽	平均
高粱	大力士	10 889.19	19 838.01	8 606.64	11 067.14	22 894.69	11 417.32	—	14 118.83
	23402	9 815.74	11 800.04	4 918.63	19 814.69	19 647.75	10 379.31	11 125.00	12 500.17
	23419	8 768.13	9 558.69	8 585.35	15 044.79	22 741.79	12 224.77	12 388.61	12 758.88
	Latte	9 053.28	6 177.81	7 390.47	23 266.02	21 188.98	12 381.65	18 171.11	13 947.05
	Big Kahuma	11 056.36	10 339.46	7 114.19	14 572.42	20 766.13	10 107.76	11 202.78	12 165.59
	Elite	13 730.61	4 122.37	11 134.48	12 258.38	20 411.84	12 069.30	13 536.11	12 466.16
	26837	13 608.05	7 047.94	8 604.98	13 674.50	20 275.88	9 256.22	10 920.00	11 912.51
	Sweet Virginia	10 283.89	2 908.64	7 072.83	15 928.53	22 887.00	9 793.87	21 032.50	12 843.89
	平均	10 900.66	8 974.12	7 928.45	15 703.31	21 351.76	10 953.78	14 053.73	
苏丹草	新苏 2 号	9 222.95	7 992.02	5 836.68	—	26 707.93	14 547.19	15 810.56	13 352.89
	Enorma	7 831.42	5 717.49	12 468.79	19 976.55	24 760.33	11 499.31	12 231.11	13 497.86
	Brasero	7 338.67	6 506.60	9 341.68	15 311.52	23 377.91	10 344.53	9 300.00	11 645.84
	SS2	7 704.27	7 505.95	10 162.40	20 651.23	24 612.90	12 359.12	19 051.67	14 578.22
	平均	8 024.33	6 930.52	9 452.39	18 646.43	24 864.77	12 187.54	14 098.34	
高丹草	健宝	7 273.22	2 818.05	21 218.72	15 011.03	25 421.75	16 727.23	15 088.89	14 794.13
	22043	9 571.45	18 830.34	9 148.81	16 843.05	24 691.68	13 662.73	29 260.00	17 429.72
	22053	10 942.97	3 354.63	7 475.50	10 942.16	27 202.54	8 820.08	19 403.61	12 591.64
	22050	9 309.24	3 845.98	10 526.22	8 144.02	24 668.36	10 203.40	21 253.89	12 564.44
	F8421	11 294.39	8 903.99	12 470.58	18 068.34	21 871.15	16 543.27	28 930.00	16 868.82
	F8423	10 208.02	6 659.82	13 944.21	24 852.39	24 358.20	16 184.55	24 933.33	17 305.79
	平均	9 766.55	7 402.14	12 464.01	15 643.50	24 702.28	13 690.21	23 144.95	

1.8.2　青贮组鲜草产量

青贮组鲜草产量,高粱组 Sweet Virginia 以酒泉地区最高,其余高粱品种均以通辽地区最高;苏丹草组 Eornma 以酒泉地区最高,其余品种以通辽地区最高;高丹草组 22043、F8323、健宝以酒泉地区最高,其余品种以通辽地区最高(表 1-45)。

从不同品种 6 个地区鲜草产量平均值来看,高粱组大力士产量最大,为 88 595.14 kg/hm²,其次是 Big Kahuma,为 79 815.40 kg/hm²,23419 最小,为 46 768.60 kg/hm²;苏丹草组 SS2 产量最大,为 49 185.90 kg/hm²,其次是 Brasero 和 Enorma,分别为 45 853.28 和 40 635.41 kg/hm²,新苏 2 号最小,为 40 059.00 kg/hm²;高丹草组健宝产量最大,为 70 465.91 kg/hm²,其次是 F8421,为 69 557.54 kg/hm²,22043 最小,为 50 871.43 kg/hm²(表 1-45)。

从相同地区不同品种鲜草产量平均值看,通辽地区高粱鲜草产量高于其他地区,为 95 329.86 kg/hm²,其次是酒泉地区,为 69 341.25 kg/hm²,南京地区产量最小,为 46 011.11 kg/hm²;通辽地区苏丹草鲜草产量最大,为 64 722.23 kg/hm²,其次是酒泉地区,为 58 283.10 kg/hm²,南京地区产量最小,为 21 800.00 kg/hm²;酒泉地区高丹草鲜草产量最大,为 91 410.76 kg/hm²,其次是通辽地区,为 90 111.11 kg/hm²,黑龙江地区产量最小,为 42 859.02 kg/hm²(表 1-45)。

7 个地区青贮组平均鲜草产量,除 Sweet Virginia 外,高粱组 bmr-12 基因型的高粱(Latte、Big Kahuma 和 Elite)均高于 bmr-6 基因型的高粱(23402、23419);通辽和酒泉地区鲜草产量高于其他地区,南京地区鲜草产量最低;7 个地区不同品种高粱总的平均鲜草产量最高的前 5 位依次为大力士、Big Kahuma、Elite、Latte、26837。

各个地区产量高低与 BMR 饲草高粱的基因型、种植地土壤状况,气候条件等有关,bmr-12 基因型的高粱产量比 bmr-6 基因型高。青贮组以通辽地区鲜草产量最高,甚至是一些地区产量的 2~3 倍,其原因可能是由于高粱种植地土壤肥力较好,管理措施得当,南京地区产量较低,可能是因为病害、倒伏情况严重。这表明 bmr-12 基因型高粱更适合通辽、酒泉、衡水和黄骅地区一次刈割做青贮,而在南京等地不适合做青贮。

在本书中所有试验当初设计时在全国 7 个地区都统一实施,由于各个地区的实际情况不同,导致各地小区面积、测定项目、标准有区别,不完全统一,给汇总数据带来一定难度,这也是造成有些数据差别比较大的一个原因。项目经费有限,设置的试验点较少,且不同地区不同品种的品质没有全部测定,对各品种的比较有些欠缺。本数据仅为 1 年的试验结果,因此本试验对品种的评价比较结论只是初步的,有待进一步完善,推广应用时需在进一步试验示范的基础上进行。

表 1-45　不同地区褐色中脉饲草高粱合计鲜草产量

kg/hm²

组别	品种	黄骅	酒泉	南京	绥化	衡水	通辽	平均
高粱	大力士	82 850.74	91 982.48	55 288.89	53 543.85	87 000.00	170 416.66	88 595.14
	23402	49 301.97	68 510.43	29 155.56	40 584.38	63 000.00	74 583.33	53 475.73
	23419	29 992.32	61 014.62	35 066.67	40 528.80	47 666.67	66 944.44	46 768.60
	Latte	69 842.90	58 767.86	49 066.66	36 975.74	68 750.00	79 444.44	58 837.36
	Big Kahuma	99 513.73	65 969.48	67 022.22	62 869.03	72 500.00	133 194.45	79 815.40
	Elite	76 130.05	77 530.81	55 244.44	56 793.34	70 625.00	87 222.22	66 595.84
	26837	79 622.46	60 347.62	48 488.89	38 198.58	55 666.67	88 055.56	58 982.83
	Sweet Virginia	27 020.17	70 606.71	28 755.56	44 060.48	60 000.00	62 777.78	48 144.62
	平均	64 284.29	69 341.25	46 011.11	46 694.28	65 651.04	95 329.86	
苏丹草	新苏 2 号	27 468.39	53 741.14	20 977.78	—	43 166.67	61 666.67	40 059.00
	Enorma	29 778.88	56 885.57	18 222.22	34 825.10	52 250.00	52 916.67	40 635.41
	Brasero	29 778.88	55 773.91	17 733.33	48 964.64	56 708.33	73 750.00	45 853.28
	SS2	38 655.32	66 731.76	30 266.67	42 953.09	53 416.67	70 555.56	49 185.90
	平均	31 420.36	58 283.10	21 800.00	42 247.61	51 385.42	64 722.23	
高丹草	健宝	70 766.03	119 964.72	41 911.11	38 014.72	84 541.67	—	70 465.91
	22043	30 524.59	77 848.43	26 000.00	36 424.18	59 208.33	73 333.34	50 871.43
	22053	51 941.96	87 345.24	33 822.22	36 531.07	64 125.00	103 750.00	63 158.96
	22050	48 492.23	86 773.52	34 533.33	37 322.07	62 833.33	90 972.22	61 130.40
	F8421	70 983.47	88 044.00	64 711.11	52 761.41	55 958.33	97 222.22	69 557.54
	F8423	48 933.79	88 488.67	43 333.33	42 859.02	54 833.33	85 277.78	58 823.94
	平均	53 607.01	91 410.76	40 718.52	40 652.08	63 583.33	90 111.11	

参考文献

[1] 孙吉雄.美国九种饲草在甘肃河西走廊东段的引种试验.甘肃农业大学学报,1995,30(4):312-315.

[2] 金华,夏雪岩,张丽,等.高粱抗蚜基因的遗传分析和 SSR 标记定位.草业学报,2006,15(2):113-118.

[3] 程序.能源牧草堪当未来生物能源之大任.草业学报,2008,17(3):1-5.

[4] 韩天文,张建全.5 个苏丹草品种酯酶同工酶比较研究.草业科学,2009,26(10):97-102.

[5] 李杰勤,王丽华,詹秋文,范军成.高粱棕色中脉基因 *bmr*-6 的遗传分析和 SSR 标记定位.草业学报,2010,19(5):273-277.

[6] Cherney J H,Cherney D J R,Akin D E,et al. Potential of brown-midrib,low-lignin mutants for improving forage quality . Advances in Agronomy,1991,46:157-198.

[7] Barriere Y,Ralph J,Mechin V,et al. Genetic and molecular basis of grass cell wall biosynthesis and degradability Ⅱ. Lessons from brown-midrib mutants . Comptes Rendus Biologies,2004,327:847-860.

[8] 马凤娇,谭莉梅,刘慧涛,等.黄骅冬枣果实生长期主要气象灾害及其防御对策.中国农业生态学报,2011,19(2):409-414.

[9] 刘金玉,崔万里,孙爱良.黄骅冬枣果实生长期主要气象灾害及其防御对策.中国农业气象,2011,32(增刊 1):192-195.

[10] 陆平.高粱种质资源描述规范和数据标准.北京:中国农业出版社,2006.

第2章 褐色中脉饲草高粱农艺性状与饲用价值

2.1 国外褐色中脉饲草高粱相关研究进展

褐色中脉(bmr)突变体最早出现在玉米(Zea mays)中,可引起叶片中脉和茎髓褐色色素沉着,除此之外其茎秆和根还会逐渐呈现红褐色至黄色,普遍认为这种突变品系与木质素含量降低相关。高粱(Sorghum bicolor)中 bmr 突变体人工诱导成功于 1978 年,现已鉴定出 bmr-2、bmr-6、bmr-12 和 bmr-19 四个独立基因位点,由于 bmr-19 基因位点在 2008 年才得到鉴定,故现有研究大多集中于 bmr-6、bmr-12 两个基因位点中,其中 bmr-12 基因位点包括两个等位基因,即 bmr-12 和 bmr-18。

BMR 饲草高粱的出现为畜牧业开辟了新的饲料资源,但其在拥有较高的饲用价值的同时牺牲了优良的农艺性状。近年来,科技工作者一直着力于研究和改良 BMR 饲草高粱农艺性状,新的 BMR 饲草高粱杂交品种相继出现。同时,BMR 饲草高粱与其他饲料作物如苜蓿(Medicago sativa)、青贮玉米的饲喂性能比较研究也有所进展,这些研究为 BMR 饲草高粱在畜牧业中应用提供了可靠的理论支持。

2.1.1 牧草品质和植株反应

bmr-6 和 bmr-12 基因分别降低肉桂醇脱氢酶(CAD)和咖啡-O-甲基转移酶(COMT)活性,这 2 种酶作用于木质素生物合成最后两步,导致木质素合成量减少。这种情况的直接结果就是农艺性状的下降。

2.1.1.1 木质素和总纤维含量

bmr 突变品系出现后,以其较低的木质素含量得到广泛重视。bmr-6、bmr-12、bmr-18 均能显著降低木质素含量。bmr-12 对木质素含量的降低效果大于 bmr-6,降幅可达 14 g/kg(表 2-1),bmr-18 对木质素含量的降低效果变化较大,有报道称 bmr-18 效果小于 bmr-6,也有报道称 bmr-18 效果大于 bmr-6。

　　bmr 基因对木质素的影响为基因效果，与遗传背景无关，在粒用高粱和高丹草2 种遗传背景下，bmr-6 基因均能发挥作用，木质素含量从野生型的 10.3 g/kg 降至 8.5 g/kg，其中茎秆中木质素含量从 8.3％降至 6.1％。

　　2 个位点 bmr 基因对木质素降低的作用有累加效应，双 bmr 突变品种，即 bmr-6与 bmr-12 均发生突变的植株中木质素含量比单一 bmr-6 或 bmr-12 突变低。

表 2-1　高粱 bmr 突变品系中酸性洗涤木质素和中性洗涤纤维差异

指标	野生型	bmr-6	bmr-12	bmr-18	bmr-6＋bmr-12
中性洗涤纤维	399(377)	379	392	482	386
酸性洗涤木质素	41(28.9)	31	27	25.2	21

　　由于品系与基因的互作效应显著，BMR 饲草高粱中中性洗涤纤维（NDF）变化受遗传背景影响较大，有报道称，bmr-12 突变品系中中性洗涤纤维含量与野生型相当，还有研究表明，由于 bmr-6 突变品系中纤维素和酸性洗涤木质素（ADL）含量降低，导致其中性洗涤纤维含量下降，其中 BMR 饲草高粱与苏丹草杂交后中性洗涤纤维含量降幅可达 24 g/kg。

2.1.1.2　植株反应

　　bmr 基因对植株农艺性状有负效应（表 2-2），这些负效应包括降低株高、增加倒伏、生育期延长、整株干物质含量降低等。通过对使用具有优良性状的粒用高粱作轮回亲本，与 BMR 杂交体回交可有效改良这些基因缺陷。

表 2-2　bmr-6、bmr-12 和 bmr-18 突变品系木质素降低的负效应

变异来源	植株效果	变异来源	植株效果
bmr-6	降低干物质产量	bmr-12	花期提前
	收获后再生性降低	bmr-18	未改变花期出现时间
	降低高度		未改变抗病性
	减少分蘖	未鉴定的 bmr 突变	增加倒伏
	对环境变化敏感		

1.株高、分蘖数和收获后再生速率

　　目前普遍认为 bmr-6 基因能降低植株株高，而 bmr-12 对株高的影响不大。bmr-6 突变品系比 bmr-12 及野生型矮 9％。bmr-6 与 bmr-12 双突变品系株高与野

生型相似,这可能是 *bmr-12* 对 *bmr-6* 的补偿结果(表 2-3)。甚至有研究表明,*bmr-12* 杂交体株高高于野生型。

Casler 等发现 *bmr-6* 品种 Piper 对环境变化敏感,与 Arlington 相比,在 Wisconsin 州和 Nebraska 州两地分蘖数均下降 67%,导致地面覆盖率降低,并推测分蘖和株高下降可能是导致产量和干物质降低的原因之一。

bmr-6 对收获后植株的二次生长影响显著,Casler 等对比了 3 个 *bmr-6* 突变品系及其野生型收获后的生长情况,发现 3 个 *bmr-* 突变品系二次生长株高均低于野生型,其中 Greenleaf 突变品系收获后二次生长株高下降 5.3%~19.7%。

2. 生育期

bmr 突变品系一般比野生型生育期长,与野生型相比具有开花晚、成熟晚等特征。Oliver 等通过对 7 个遗传背景的突变品系研究,得出在试验的所有遗传背景中,*bmr-12* 比野生型品种晚熟,*bmr-12* 突变品系成熟期比野生型平均晚 4 d,比 *bmr-6* 突变品系晚 3 d。

与单突变品系相比,*bmr-6* + *bmr-12* 双突变品系对生育期影响与 *bmr-12* 相当,50% 开花时间与 *bmr-12* 相近,但都比野生型晚 3~4 d(表 2-3)。

3. 种子产量及生物量

种子产量是衡量作物品质优劣的重要指标,*bmr* 基因降低了木质素含量,同时也导致产量下降。研究表明,*bmr-6* 突变品系比野生型品系籽粒产量降低 20%,*bmr-12* 突变品系比野生型品系降低 24%;用一个粒用高粱与 *bmr-6* 突变品种再次杂交的 F₂ 代与野生型比较,发现杂交体种子产量与野生型相比降低 11%,比 *bmr-6* 突变品系产量下降幅度(24%)有所减小,而 *bmr-12* 突变品系与粒用高粱再次杂交 F₂ 代种子产量已接近野生型。这说明,通过利用适当的粒用高粱品种与 *bmr* 突变品系回交,使粒用高粱优秀农艺性状在后代杂交体中体现,可能克服 *bmr* 基因导致的种子产量下降缺陷。

由于株高降低,分蘖减少,与野生型高粱相比,*bmr* 突变品系显著降低生物量(表 2-3)。Casler 等发现,*bmr-6* 高粱苏丹草突变品种 Greenleaf、FG 和 Piper 三个品种的产量均出现不同程度下降,而 Piper 草产量降低幅度约为 30%。也有报道称 *bmr-12* 突变高粱秸秆产量高于野生型,Oliver 等报道,种子收获后,*bmr-12* 突变品系秸秆产量(6 503 kg/hm²)显著高于野生型(5 883 kg/hm²),也显著高于 *bmr-6* 突变品系(5 284 kg/hm²),*bmr* 双突变后生物量显著低于 *bmr-6* 或 *bmr-12* 突变品系,可能是 *bmr* 双突变中 2 个基因累加效应所致(表 2-3)。

表 2-3　*bmr* 基因对高粱植株性状的影响

指标	野生型	*bmr*-6	*bmr*-12	*bmr*-6＋*bmr*-12
50％开花时间/d	67	68	71	71
株高/cm	133	126	148	136
种子产量/(t/hm^2)	8.1	7.7	8.0	7.7
草产量/(t/hm^2)	17.7	15.7	14.8	10.5
干物质体外消化率/(g/kg)	566	596	642	639
秸秆产量/(t/hm^2)	6.6	5.4	7.0	7.1

4. 抗倒伏性能

　　木质素降低直接导致植株机械维持性能下降,可能会导致植株抗倒伏性能下降。玉米中 *bmr* 基因导致茎秆抗碎强度降低 17％～26％,但茎秆抗碎强度与倒伏之间的关系还未见报道。BMR 饲草高粱中关于倒伏的研究较少,目前仅有 Miron 等发现 BMR-101 高粱比商品高粱 FS-5 易倒伏,但两者都不是野生型。另一个比较多个品种 BMR 饲草高粱与野生型高粱的试验发现,野生型各品种间以及 BMR 饲草高粱各品种间抗倒伏性能各不相同,BMR 饲草高粱倒伏率均值为 10.8％,低于野生型倒伏率均值 18.7％。若选择 10％倒伏率为可接受限度,有 6 个 BMR 品种和 12 个野生型品种符合要求,但是 6 个 BMR 品种中的 3 个遗传背景相同,某些 BMR 品种虽然木质素含量比野生型高,但仍然出现了倒伏情况。BMR 突变品系与其野生型抗倒伏性能的对比结果显示,遗传背景与倒伏性能显著相关,而 *bmr* 基因的影响不显著(表 2-4)。

表 2-4　高粱中遗传背景与 *bmr* 基因对倒伏的影响　　　　　　　　％

遗传背景	倒伏率		
	野生型	*bmr*-6	*bmr*-12
Atlas	36	36	36
Early Hegari-Sart	7	7	7
Kansas Collier	18	19	18
Rox Orange	30	29	29

5. 抗病性

　　木质素构成了植物抵御疾病入侵的第一道物理防线,在生物和非生物胁迫下细胞壁迅速积累大量木质素或木质素酚醛聚合物,由此可抵御病原体侵入或阻滞其生长。木质素含量降低,导致植株容易受到病虫害的侵袭。但事实并非如此,培养基接种和花序梗接种镰刀菌(*Fusarium*)和链格孢菌(*Alternaria spp.*)试验表明,BMR杂交高粱对镰刀菌属和链格孢属病菌的抗性并未下降,有些甚至高于野生种。在此基础上,Funnel和Pedersen研究了不同愈伤反应颜色和不同种皮颜色的20个BMR饲草高粱品种,结果表明,白色种皮品种与红色种皮品种对链格孢属和镰刀属病菌抗性相同,但是在适当环境条件下,愈伤反应颜色为褐色的品种可能比愈伤反应颜色为紫色的品种更容易感染镰刀菌。

据推断,由于bmr-6降低肉桂醇脱氢酶(CAD)活性,bmr-12降低咖啡-O-甲基转移酶(COMT)活性,这两种酶均作用于木质素合成的最后两步,酶活性改变后,迫使木质素合成前体积累,进而通过其他途径转化成水杨酸和其他芳香族植保素,从而增加植株对病原体的抗性。随着对bmr基因的进一步了解以及木质素合成生化途径的完善,bmr基因对于抵御病虫害的作用及病原反应特性将逐渐清晰。

2.1.1.3 干物质含量和体外消化速率

bmr突变品系干物质产量低于玉米,Oliver等研究表明,bmr基因对干物质含量影响效果不同,bmr-6普遍降低干物质含量,而bmr-12和bmr-18的效果可能随着遗传背景改变而有所变化;种子收获后,bmr-12突变品系秸秆中干物质含量最高,比野生型高11%,bmr-6突变品系最低,比野生型低10%。残茬中干物质含量与遗传背景有关,不同品种表现不一样,RTx430品系不管是bmr-6还是bmr-12突变,秸秆中干物质含量均比野生型低,而在Wheatland、Tx623和Tx631中,bmr-12突变品系中干物质含量与野生型相当,而bmr-6突变品系干物质含量低于野生型。bmr-18突变对干物质含量影响不大,每公顷比野生型高粱低900 kg,而bmr-6突变品系每公顷比野生型低4 900 kg。

木质素是阻止植物体中中性洗涤纤维消化的主要成分,bmr基因降低木质素含量,可显著提高中性洗涤纤维体外消化率(IVNDFD),且不受遗传背景和生长环境影响。种子收获后,bmr-6突变品系秸秆中中性洗涤纤维体外消化率比野生型提高4%,bmr-12突变品系比野生型提高10%,bmr-12突变品系的茎叶消化率可分别提高7.2%和5.6%。bmr双突变品系与bmr-12单突变品系对中性洗涤纤维体外消化率的提高幅度相当,比bmr-6单突变品系提高7%。

2.1.2 饲用价值评价

褐色中脉(BMR)饲草高粱饲喂研究主要集中在采食量、活体消化率、奶牛活动、产奶量及奶品质方面,现普遍认为,BMR饲草高粱能增加奶牛的干物质摄取量,提高产奶量,具有较高饲用价值。同时,也有研究涉及 BMR 饲草高粱在羊的养殖中的饲用价值评价。

2.1.2.1　采食量

BMR 饲草高粱能显著增加奶牛采食量和干物质摄入量。Lusk 等报道,小乳牛和产奶乳牛对 *bmr*-12 突变品系高粱的采食量均大于传统高粱。饲喂 BMR 饲草高粱的奶牛干物质摄入量(DMI)为 25.3 kg/d,显著高于传统高粱的 20.4 kg/d,甚至高于青贮玉米(19.6 kg/d)和苜蓿(23.1 kg/d)。也有研究表明,以代谢体质量百分比表示时,饲喂青贮玉米干物质摄入量最大,饲喂 BMR 饲草高粱和苜蓿次之,饲喂传统高粱最低。上述研究中,BMR 饲草高粱和青贮玉米、苜蓿的干物质摄入量变化规律不一样,这可能与选择的 BMR 饲草高粱品种遗传背景有关,但均证实,BMR 饲草高粱干物质摄入量均大于传统高粱。

关于中性洗涤纤维采食量的研究表明,奶牛对中性洗涤纤维的采食量在 BMR 饲草高粱上与传统高粱相近。通过进一步比较奶牛对 *bmr*-6 与 *bmr*-18 两个突变品系的中性洗涤纤维摄入量,Oliver 等发现,奶牛中性洗涤纤维采食量 *bmr*-18 突变品系与野生型相当,均比 *bmr*-6 突变品系大。但饲喂 BMR 饲草高粱奶牛对木质素的摄入量比传统高粱低 15%。

2.1.2.2　活体消化率

与传统高粱相比,BMR 饲草高粱中含有大量可消化中性洗涤纤维,这些中性洗涤纤维可在瘤胃中分解,被动物消化,进而显著提高中性洗涤纤维消化率。*bmr*-6 突变品系的中性洗涤纤维消化率为 54.4%,*bmr*-18 突变品系为 47.9%,传统高粱最低,为 40.8%。羊的饲喂试验也证实,BMR 饲草高粱品种 BMR-101 的中性洗涤纤维消化率明显高于商用高粱品种 FS-5。

奶牛对 *bmr*-12 突变品系高粱干物质消化率比传统高粱高 12.9%。*bmr*-6 与 *bmr*-18 突变品系高粱的干物质消化率分别为 62.9% 和 69.1%,均高于传统高粱的 52.5%。BMR 饲草高粱品种 BMR-101 和商用高粱品种 FS-5 青贮料饲喂羊后,干物质表观消化率相差不大,但是该试验中 BMR-101 与 FS-5 均不是野生型。

2.1.2.3　对奶牛进食活动的影响

青贮玉米与 BMR 饲草高粱对奶牛采食时间无明显差异,这说明奶牛对 BMR 饲草高粱青贮料喜食程度与野生高粱无区别。虽然 *bmr* 基因导致饲料品质有所变化,采食 BMR 饲草高粱对奶牛进食和瘤胃活动无影响,这可能与日粮中饲草比例有关。有报道称,日粮中饲草含量大于 50% 时,其中性洗涤纤维含量对奶牛进食活动影响不大。

在 bmr-6、bmr-18 突变品系和野生型高粱青贮料饲喂奶牛的对比试验中发现,采食野生型高粱青贮料和 bmr-18 突变品系高粱青贮料的奶牛采食时间最长,采食 bmr-6 突变品系高粱青贮料的奶牛反刍时间最长,但是饲料种类未对奶牛总的进食活动产生影响。

2.1.2.4 产奶量及奶品质

传统高粱中木质素含量较高,且难以被消化,动物摄取大量高粱后,木质素增加了消化道填充率,降低了干物质摄入量,导致产奶量下降。BMR 饲草高粱中木质素含量低于传统高粱,饲喂 BMR 饲草高粱使奶牛对木质素摄入减少 15%,产奶量比传统高粱高 23%。

bmr-6 突变品系较低的木质素含量使其产奶性能优于 bmr-18 突变品系,bmr-6 突变品系与青贮玉米产奶量相当,二者分别为 33.7 和 33.3 kg/d;bmr-18 居中,为 31.2 kg/d,传统高粱最低,为 29.1 kg/d(表 2-5)。

表 2-5 bmr 基因对高粱青贮料营养价值和产奶性能的影响

项目	野生型	bmr-6	bmr-18
高粱青贮料			
中性洗涤纤维/(g/kg)	581	502	482
酸性洗涤纤维/(g/kg)	377	336	285
酸性洗涤木质素/(g/kg)	29	23	25
全消化道消化率			
干物质/(g/kg)	525	629	691
中性洗涤纤维/(g/kg)	408	544	479
哺乳期表现			
产奶量/(kg/d)	31.0	34.1	32.2
乳脂率/%	3.57	3.89	3.77
4%标准乳产量/(kg/d)	29.1	33.7	31.2

饲喂 BMR 饲草高粱的奶牛产奶量和 4%标准乳产量比饲喂普通高粱的奶牛高 13%。在一些木质素含量低至与青贮玉米相当的 BMR 饲草高粱品种中,饲喂 BMR 饲草高粱的奶牛产奶量和 4% 标准乳产量与青贮玉米和苜蓿相当。长期饲喂 BMR 饲草高粱后,奶牛产奶量与青贮玉米相当,且 BMR 饲草高粱抗旱性优于玉米,在干旱半干旱地区高粱有望取代青贮玉米加入奶牛饲料中。

早期饲喂试验可能是因为选择了 *bmr*-12 或 *bmr*-18 突变品系高粱的原因,饲喂 BMR 饲草高粱后,牛奶中乳脂含量与饲喂普通高粱无区别,但由于产奶量提高,乳脂总量高。后经进一步对比试验得出,饲喂 *bmr*-18 或 *bmr*-12 突变品系高粱对牛奶中乳脂含量影响不大,而 *bmr*-6 突变能将乳脂率从 3.57％提高到 3.89％,已接近青贮玉米(表 2-5)。

饲喂 BMR 饲草高粱、传统高粱和青贮玉米三者相比,牛奶中乳蛋白含量相当。进一步对比试验表明,*bmr*-6 和 *bmr*-18 突变品系高粱饲喂奶牛后,乳蛋白含量相差不大。BMR 饲草高粱对牛奶中乳糖含量影响不大,也有研究发现 BMR 饲草高粱饲喂奶牛后,乳糖含量较高(4.86％),且显著高于传统高粱(4.72％)。

2.1.3　结论与展望

综合研究,*bmr*-12 和 *bmr*-18 突变品系高粱在农艺性状方面优于 *bmr*-6 突变品系高粱,某些性状已接近甚至超过野生型,而 *bmr*-6 突变品系高粱在饲喂效果方面优于 *bmr*-12 和 *bmr*-18 突变品系高粱,某些 *bmr*-6 突变品系高粱产奶量与奶品质已与青贮玉米相当。近年来,*bmr*-6 与 *bmr*-12 双突变品系的出现可能会在农艺性状与饲用价值之间找到一个平衡点。

目前,国外的研究重点已经由 *bmr* 基因导致木质素降低的表观效应研究转移至一系列多样化功能基因的鉴定工作中,而国内对于 *bmr* 突变品系的相关研究还未见报道。未来 BMR 饲草高粱的研究可以集中在抗倒伏性能、抗病虫害机理的研究。BMR 饲草高粱应用方面,国外已出现 BMR 饲草高粱在生物能源中的应用,并表现出良好的前景。有报道称,与野生型相比,稀酸处理后的 *bmr*-6、*bmr*-12 和 *bmr*-6＋*bmr*-12 双突变品系葡萄糖产量分别提高 27％、23％和 34％,乙醇产量分别增加 22％、21％和 43％。

近年来,我国畜牧业迅速发展,而优质饲草资源短缺,据预测,国内优质草产品市场容量约为 1 000 万 t,而每年我国供应苜蓿能力约为 20 万 t,供需矛盾严重。高粱具有高生物量、水肥利用效率高、耐贫瘠、对生物和非生物胁迫抗性强等特性,种植高粱可有效利用盐碱地和滩涂等土地,增加饲草种植面积。合理利用 *bmr* 突变品系特性与传统粒用高粱杂交培育农艺性状和饲用价值优良的品种,将使 BMR 饲草高粱在饲料资源开发中发挥巨大的作用。

2.2　引进褐色中脉饲草高粱品种的营养价值评价

BMR 饲草高粱的出现为畜牧业开辟了新的饲料资源,在我国畜牧业迅速发展、优质饲草资源短缺的背景下,引进 BMR 饲草高粱就显得尤为必要,笔者依托农业部 948 项目的支持,从美国和澳大利亚引进了 16 个 BMR 品种,其中 BMR 饲草高粱品种 6 个,高丹草品种 6 个,苏丹草品种 3 个,狼尾草品种 1 个。在国内进行引种试验后,评估了各品种的营养价值和饲喂价值,本节主要介绍有关品质分析试验结果。

2.2.1　材料与方法

1.试验材料

从美国和澳大利亚引进的 BMR 饲草高粱品种 6 个,高丹草品种 6 个,苏丹草品种 3 个,狼尾草品种 1 个,对整体选取郑单 958 玉米为对照,高粱组对照为大力士,高丹草组对照为健宝,苏丹草组对照为新苏 2 号。

2.采样方法

所有样品均来自黄骅试验点,抽穗的品种于乳熟期至完熟期收获青贮,未抽穗品种在 9 月份枯黄前收获,全株青贮,采集青贮样品。田间收获时,Big Kahuma、健宝、大力士和 F8421 4 个品种未抽穗,其余各品种均已抽穗,为带穗青贮。茎叶样品采集与多次刈割试验均在第 2 次刈割完成再生后取样。

3.测定方法

所有测定指标均由北京市草业与环境研究发展中心测定。中性洗涤纤维、酸性洗涤纤维和木质素采用 Van Soest 法测定,粗蛋白质采用凯氏定氮法测定,可溶性糖采用蒽酮法测定,淀粉采用高氯酸水解-蒽酮比色法测定。

2.2.2　试验结果与讨论

国外研究结果发现,与野生型相比,BMR 品种高粱可显著降低植株木质素含量。该研究中品质测定包含两个内容,即青贮料品质测定和多次刈割样品品质测定。

2.2.2.1　木质素含量

1.青贮料中木质素含量(青贮组结果)

青贮料中各品种木质素含量不一,高粱组中大力士木质素含量最高,Elite 含量最低,降幅达 52.2%,与对照大力士相比,所有 BMR 饲草高粱品种木质素含量均降低(表 2-6)。Fritz 等报道称在高粱和高丹草两个遗传背景下,*bmr* 基因均能降低木质素含量,木质素含量从野生型的 10.3 g/kg 降低至 8.5 g/kg,其中茎秆中木质素含量从 8.3% 降低至 6.1%,本试验中高粱组的结果与 Fritz 等报道的一致。

表 2-6　不同品种青贮料中性洗涤纤维、酸性洗涤纤维和木质素含量差异　　%

组别	品种	木质素	中性洗涤纤维	酸性洗涤纤维
玉米	郑单 958	9.86[a]	51.35[ab]	32.36[bc]
高粱	23419	6.02[bc]	57.27[ab]	32.53[bc]
	23402	4.90[cde]	56.25[ab]	34.47[ab]
	Latte	3.92[de]	55.38[ab]	29.41[c]
	26837	4.12[cde]	54.53[ab]	29.46[c]
	Elite	3.50[e]	52.8[ab]	28.05[c]
	Big Kahuma	3.71[e]	60.20[a]	36.02[ab]
	大力士	7.32[b]	60.94[a]	39.01[a]
	Sweet Virginia	6.30[bc]	59.55[b]	32.57[bc]
高丹草	22050	7.15[ab]	56.42[ab]	34.98[b]
	F8423	6.60[ab]	58.42[ab]	32.55[b]
	22053	7.66[ab]	59.83[a]	39.96[a]
	22043	8.01[a]	52.34[b]	32.70[b]
	健宝	6.45[ab]	61.91[a]	36.15[ab]
	F8421	5.78[b]	60.84[a]	36.68[ab]
苏丹草	Brasero	8.02[ab]	58.72[a]	36.04[ab]
	SS2	7.08[ab]	56.85[a]	34.67[bc]
	Enroma	8.52[a]	62.17[a]	39.04[ab]
	新苏 2 号	5.67[b]	62.75[a]	39.94[a]
狼尾草	Graze King	6.14	54.90	31.02

表中同一列数据肩标不同小写英文字母表示差异显著($P<0.05$)。下表同。

　　高丹草组中 *bmr* 基因对木质素含量的影响效果不显著,只有 F8421 比对照健宝木质素含量低,其余品种均高于对照,但差异不显著。苏丹草和狼尾草组中,*bmr* 基因对木质素含量的影响同样不明显,所有 BMR 苏丹草品种木质素含量均高于对照新苏 2 号。与对照郑单 958 青贮玉米相比,所有 BMR 品种木质素含量均有所降低(表 2-6),高丹草组和苏丹草组中可能是品种本身特性抵消了 *bmr* 基因的作用,导致结果与已知结果不同。

　　田间收获时,Big Kahuma、健宝、大力士和 F8421 4 个品种未抽穗,其余各品种均已抽穗,青贮是带穗的。高粱组中 Big Kahuma 未抽穗,木质素含量在 BMR品种中较低,同样是未抽穗的大力士木质素含量要远高于 Big Kahuma,说明在相同生育期青贮,BMR 品种的木质素含量低于普通高粱。Big Kahuma 和 F8421 与其同组的其他 BMR 品种相比,木质素含量较低。一般认为木质素在植株发育后期合成较多,在进入生殖生长前进行青贮,可有效降低青贮料中木质素含量(表 2-6)。

2. 茎叶中木质素含量(多次刈割组结果)

bmr 基因对多次刈割再生植株茎秆中木质素含量影响效果不明显,3 个组中只有高粱组有 2 个品种比对照大力士木质素含量低,其中 Latte 木质素含量最低,比大力士下降 30.9%。高丹草组中只有 F8423 木质素含量比对照健宝低,其余品种均高于对照。苏丹草和狼尾草组中,只有 SS2 木质素含量低于对照新苏 2 号(表 2-7)。这可能与刈割时期有关,在营养生长前期刈割,木质素不论品种其本身含量较低,因此效果不明显。

表 2-7　不同品种茎中中性洗涤纤维、酸性洗涤纤维和木质素含量差异　　　　%

组别	品种	木质素	中性洗涤纤维	酸性洗涤纤维
高粱	Latte	3.08	52.67	27.37
	Big Kahuma	3.92	50.81	30.46
	大力士	4.45	57.67	32.71
	Sweet Virginia	4.64	54.04	33.13
	23419	4.62	42.50	30.38
高丹草	22050	5.79	52.82	32.03
	F8421	4.87	60.57	36.14
	健宝	4.39	58.51	32.26
	F8423	3.80	58.59	32.55
	22053	4.90	58.79	30.00
苏丹草	Brasero	5.99	60.19	31.95
	SS2	3.86	50.48	28.47
	Enorma	5.81	59.48	35.31
	新苏 2 号	4.77	43.42	36.28
狼尾草	Graze King	5.81	59.67	32.34

注:由于重复数不足,未进行方差分析。

bmr 基因对叶中木质素含量影响效果显著(表 2-8),除高粱组中的 Big Kahuma 和 Sweet Virginia 木质素含量高于对照大力士外,其余 BMR 品种均低于各组中对照。3 组中木质素含量最低的分别为 23419、22050 和 Brasero,与对照相比木质素含量降幅分别达 30.9%、46.9%和 42.1%。

2.2.2.2　中性洗涤纤维含量

1. 青贮料中中性洗涤纤维含量(青贮组结果)

各组中与对照相比,所有 BMR 品种中性洗涤纤维含量均有所下降,但大部分差异不显著(表 2-8)。高粱组中,只有 Sweet 显著低于对照大力士,比对照降低 2.3%。高丹草组中,只有 22043 显著低于对照健宝,比对照降低 15.5%。苏丹草和狼尾草组中,只有狼尾草和 SS2 显著比对照新苏 2 号低,比对照分别降低 12.5%和 9.4%。郑单 958 青贮玉米的中性洗涤纤维含量低于所有 BMR 饲草高粱品种,但差异不显著。

表 2-8　不同品种叶中中性洗涤纤维、酸性洗涤纤维和木质素含量差异　　　　%

组别	品种	木质素	中性洗涤纤维	酸性洗涤纤维
高粱	Latte	3.00	56.98	29.10
	Big Kahuma	5.15	58.43	28.59
	大力士	4.17	62.17	28.61
	Sweet Virginia	4.91	51.63	31.43
	23419	2.88	56.20	18.67
高丹草	22050	3.26	60.58	24.06
	F8421	4.21	59.41	31.45
	健宝	6.14	60.86	48.82
	F8423	6.12	55.76	29.40
	22053	5.46	59.06	28.35
苏丹草	Brasero	3.31	53.48	23.21
	SS2	5.55	53.01	53.37
	Enorma	4.34	56.76	25.37
	新苏 2 号	5.72	61.21	26.91
狼尾草	Graze King	3.89	55.02	24.25

注:由于重复数不足,未进行方差分析。

高粱组中大力士和 Big Kahuma 收获时未抽穗,但中性洗涤纤维含量高于其他品种,高丹草组中健宝和 F8421 也有类似的情况,这可能与品种本身特性有关,虽然 BMR 品种可降低木质素含量,但其植株内的酸性洗涤纤维含量依然很高,这可能是导致中性洗涤纤维含量高的原因之一。试验结果表明,带穗青贮可有效降低青贮料中中性洗涤纤维含量,有利于提高青贮料品质。

2. 茎叶中中性洗涤纤维含量（多次刈割组结果）

bmr 基因对茎秆中性洗涤纤维含量的影响变化很大（表 2-7）。高粱组中 4 个 BMR 品种均比对照大力士中性洗涤纤维含量低，其中最低的 23419 中性洗涤纤维含量比对照低 26.3％。高丹草、苏丹草和狼尾草组中 BMR 品种的优势不明显，高丹草组中 4 个 BMR 品种只有 22050 中性洗涤纤维含量比对照健宝低。苏丹草中 3 个 BMR 品种中性洗涤纤维含量均比对照新苏 2 号高，BMR 狼尾草中性洗涤纤维含量与大力士和健宝含量相当，高于新苏 2 号。

bmr 基因对叶中性洗涤纤维含量影响效果明显（表 2-8）。各组中所有 BMR 品种的中性洗涤纤维含量均低于对照，高粱组中 Sweet Virginia 中性洗涤纤维含量最低，比对照大力士降低 17.0％；高丹草组中 F8423 含量最低，比对照健宝降低 8.4％；苏丹草和狼尾草组中 SS2 最低，比对照新苏 2 号降低 13.4％，狼尾草比新苏 2 号降低 10.1％。

2.2.2.3 酸性洗涤纤维含量

1. 青贮料中酸性洗涤纤维含量（青贮组结果）

各组中 BMR 品种总体酸性洗涤纤维含量要低于对照，只是高丹草组中有 2 个品种 22053 和 F8421 中性洗涤纤维含量高于对照健宝（表 2-6）。高粱组中，对照大力士酸性洗涤纤维含量最高，Elite 含量最低，比对照降低 28.1％。高丹草中，22053 含量最高，F8423 含量最低，比对照降低 16.2％。苏丹草中 SS2 含量最低，比对照新苏 2 号降低 13.2％；狼尾草比新苏 2 号降低 22.3％。

试验结果表明，不带穗的 Big Kahuma、大力士、健宝和 F8421 酸性洗涤纤维含量均较高，带穗青贮的品种酸性洗涤纤维含量低于不带穗青贮品种，由于带穗的植株中高粱籽实带有大量淀粉（表 2-9），能给厌氧发酵的乳酸菌提供自身繁殖所需的能量，使得青贮过程中厌氧发酵充分，导致酸性洗涤纤维分解率高。

2. 茎叶中酸性洗涤纤维含量（多次刈割组结果）

高粱组以及苏丹草和狼尾草组中 BMR 品种对茎中酸性洗涤纤维含量影响效果明显，高粱组中 3 个 BMR 品种酸性洗涤纤维含量低于对照大力士，Sweet Virginia 中酸性洗涤纤维含量高于大力士；苏丹草和狼尾草组中，所有 4 个 BMR 品种均低于对照新苏 2 号。高丹草中 BMR 品种的优势不明显，4 个 BMR 品种中有 2 个高于对照健宝，2 个低于对照，数值差别不大（表 2-7）。

叶中酸性洗涤纤维含量受 *bmr* 基因影响效果明显，高粱组中 23419 和 Big Kahuma 比对照大力士低，23419 降幅达 34.7％。高丹草组中，所有 BMR 品种降幅均较大，最低为 22050，与对照相比降幅达 50.7％。苏丹草中 Brasero 最低，但与对照新苏 2 号相比降幅不大,该组中 SS2 酸性洗涤纤维含量明显高于对照及其余 2 个 BMR 品种,这可能与品种本身特性有关。狼尾草叶中酸性洗涤纤维含量与 22050 高丹草相当(表 2-8)。

2.2.2.4 饲料相对值(RFV)

饲料相对值整体表现为 BMR 品种优于对照品种,但高粱整体的饲料相对值要低于郑单 958 青贮玉米。高粱组中所有 BMR 品种均高于对照大力士,其中 Elite、26837 和 Latte 显著高于对照。高丹草组中只有 22053 和 F8421 低于对照健宝,但差异不显著,22043 显著高于健宝。苏丹草和狼尾草组中,BMR 品种均高于对照新苏 2 号,其中 SS2 和狼尾草均显著高于对照(表 2-9)。

表 2-9 不同品种青贮料饲料相对值、可溶性糖、淀粉和粗蛋白质含量差异   %

组别	品种	饲料相对值	可溶性糖	淀粉	粗蛋白质
玉米	郑单 958	118.42[a]	1.19[b]	12.25[a]	5.86[ab]
高粱	23419	104.09[abc]	1.18[b]	12.49[a]	4.82[bc]
	23402	102.69[abc]	1.16[b]	10.28[ab]	6.21[a]
	Latte	110.91[ab]	1.66[b]	6.31[d]	3.91[cd]
	26837	112.71[ab]	3.53[a]	6.05[d]	3.83[cd]
	Elite	118.45[a]	4.06[a]	9.81[abc]	3.10[de]
	Big Kahuma	94.02[bc]	1.51[b]	7.85[bcd]	3.00[de]
	大力士	89.47[c]	1.07[b]	8.15[bcd]	2.20[e]
	Sweet Virginia	99.26[abc]	0.92[b]	6.76[cd]	5.34[ab]
高丹草	22050	101.85[ab]	0.89[c]	6.40[b]	5.84[a]
	F8423	101.54[ab]	0.81[c]	6.51[b]	5.30[a]
	22053	89.88[b]	0.86[c]	7.16[ab]	5.53[a]
	22043	113.53[a]	1.09[c]	9.43[ab]	5.23[a]
	健宝	91.62[b]	1.51[b]	7.60[ab]	3.04[b]
	F8421	92.43[b]	2.20[b]	9.97[a]	3.70[ab]
苏丹草	Brasero	96.59[abc]	0.70[c]	7.83[a]	6.60[a]
	SS2	101.28[ab]	1.02[b]	7.56[a]	4.94[ab]
	Enroma	88.25[bc]	0.88[ab]	9.75[a]	5.38[ab]
	新苏 2 号	85.99[c]	0.78[bc]	9.35[a]	4.23[b]
狼尾草	Graze King	109.94[a]	0.96[ab]	7.45[a]	4.74[b]

数据表明,带穗青贮品种的饲料相对值高于不带穗青贮品种。高粱组中 Big Kahuma 和大力士的饲料相对值最低,高丹草组中 F8421 和健宝只比 22053 高,说明高粱带穗青贮与不带穗青贮效果品质差异较大,带穗青贮饲料品质明显优于不带穗青贮(表 2-9)。

2.2.2.5　可溶性糖含量

高粱组中除 Sweet Virginia 外所有 BMR 品种可溶性糖含量均高于对照,其中 Elite 和 26837 显著高于对照及其他 BMR 品种。高丹草组中 BMR 品种的优势不明显,只有 F8421 可溶性糖含量显著高于对照健宝,其余品种均低于对照。苏丹草和狼尾草组中,SS2、Enroma 和狼尾草高于对照新苏 2 号,但提高幅度不大,只有 SS2 显著高于对照。大部分 BMR 品种与郑单 958 玉米可溶性糖含量相当(表 2-9)。

高粱组中可溶性糖含量受品种特性影响比较大,Elite、26837 青贮时已进入乳熟期,但可溶性糖含量依然高于未抽穗的 Big Kahuma 和大力士。高丹草组中由于 F8421 和健宝青贮时仍处于营养生长阶段,故植株体内可溶性糖含量高于已进入生殖生长阶段的其他品种(表 2-9)。

2.2.2.6　淀粉含量

淀粉含量受品种影响程度较大,各组 BMR 品种与对照相比变化不一,高粱组中有 3 个 BMR 品种高于对照大力士,3 个低于对照。高丹草组中有 2 个 BMR 品种高于对照健宝,3 个品种低于对照。苏丹草和狼尾草组中,只有 Enroma 高于对照新苏 2 号,其余均低于对照。郑单 958 玉米淀粉含量明显高于高粱,说明青贮玉米饲喂动物提供能量的能力大于高粱(表 2-9)。

一般认为植株进入生殖生长阶段后种子中淀粉含量会增加,可溶性糖含量有所降低,该试验数据也支持这一观点,高粱组中未抽穗的大力士和 Big Kahuma 淀粉含量低于抽穗品种。高丹草组中未抽穗的 F8421 和健宝淀粉含量较高,可能是品种本身特性所致(表 2-9)。

2.2.2.7　粗蛋白质含量

3 个组中 BMR 品种粗蛋白质含量均明显高于对照(表 2-9)。高粱组中 23402 含量最高,比对照大力士高 64.6%。高丹草组中 22050 含量最高,对照健宝最低,二者相差 47.9%。苏丹草和狼尾草组中,Brasero 含量最高,对照新苏 2 号最低,二者相差 35.9%。狼尾草粗蛋白质含量比 3 个对照均低。品种对粗蛋白质含量

影响明显,各 BMR 品种间含量差异很大,大部分品种粗蛋白质含量均低于郑单
958 玉米。收获时期对青贮料中粗蛋白质含量影响效果明显(表 2-9)。高粱组与
高丹草组中未抽穗品种青贮后粗蛋白质含量均低于带穗青贮品种。

2.2.3　小结

①与普通品种相比,BMR 饲草高粱能显著降低植株中木质素含量,甚至低于
青贮玉米。BMR 高丹草和 BMR 苏丹草对木质素的降低效果不明显。

②BMR 品种对中性洗涤纤维、酸性洗涤纤维和木质素含量的降低效果明显,
可提高高粱的饲料相对值。

③BMR 品种对叶片中木质素、中性洗涤纤维和酸性洗涤纤维含量的影响效果
明显,对茎秆中的影响效果不明显。

④BMR 品种对可溶性糖和淀粉含量的影响效果不显著,品种之间差异较大。

2.3　引进褐色中脉饲草高粱品种的饲喂效果评价

近年来,我国奶业发展迅速,但是优质饲草资源的短缺,在很大程度上限制了
奶产量和奶品质的提高,BMR 饲草高粱是一种适应性强、耐贫瘠、抗旱性强、生物
量高的优质饲草,其特征是可以显著降低植株中木质素含量,为了促进 BMR 饲草
高粱在我国畜牧业中的应用推广,特设计本试验,以明确引进的 BMR 品种对奶牛
产奶性能方面的影响效果。

2.3.1　材料与方法

2.3.1.1　试验材料及管理措施

玉米青贮料:选择当地的玉米金岭青贮 10 号;高粱青贮料:选择国外进口的
Big Kahuma 高粱和 22050 高丹草。

试验田于 2011 年 6 月 15 日播种,行距 42 cm,播量 15 kg/hm²,间苗后株距
25 cm,9 月 11 日至 12 日测产,全株收获,收获后立即青贮。

2.3.1.2　供试奶牛选择和分组

选取年龄、体况、产奶量和泌乳周期相近的健康中国荷斯坦奶牛 12 头,随机分
成 3 组,第 1 组 5 头奶牛,饲喂青贮玉米;第 2 组 5 头奶牛,饲喂青贮高粱;第 3 组
2 头奶牛,饲喂青贮高粱做采食率试验。

2.3.1.3　试验日粮及饲养管理

本试验采用动物饲养对比试验,整个试验期 62 d,预试期 7 d,试验期 55 d,每天测定产奶量,每周测定牛奶乳蛋白、乳脂、乳糖、干物质和游离脂肪酸含量。奶牛全部饲喂全混合日粮,每天饲喂等量的青贮玉米和青贮高粱,其他日粮饲喂量均相同,日粮配方见表 2-10。精料(808 奶牛精料补充料)成分:粗蛋白质≥20%,粗纤维≤9%,粗灰分≤12%,赖氨酸 0.6%,水分≤14%,钙 0.5%～1.5%,总磷 0.4%～1.2%,食盐 0.5%～2.0%;维生素 A 5 000～14 000 IU,维生素 D 32 500～6 000 IU,维生素 E≥30 IU,铜 3～30 mg,锌 48～148 mg,硒 0.2～0.48 mg。试验动物自由采食全混合日粮,自由饮水,舍饲。

表 2-10　供试牛日粮组成　　　　　　　　　　　　　　　　kg

项目	饲料种类	第 1 组	第 2 组	第 3 组
精料	808 奶牛精料补充料	11	11	11
粗料	干草	4	4	4
	干玉米秸秆	4	4	4
	金岭青贮 10 号	11	—	—
	青贮高粱	—	11	11

2.3.1.4　统计分析

用 Excel 和 SPSS 17 对数据进行统计分析。

2.3.2　结果和分析

2.3.2.1　青贮料品质差异

试验用青贮料分析结果见表 2-11。BMR 饲草高粱青贮料木质素、酸性洗涤纤维和中性洗涤纤维含量均显著高于青贮玉米($P \leqslant 0.05$),3 个指标青贮高粱分别比青贮玉米高 15.6%、7.2%和 27.6%;与青贮玉米相比,BMR 饲草高粱对木质素的降低效应不明显,这与国外的试验结果一致。青贮玉米可溶性糖含量显著高于青贮高粱($P \leqslant 0.05$)。粗蛋白质含量青贮高粱比青贮玉米提高 29.4%。饲料相对值青贮玉米显著高于青贮高粱($P \leqslant 0.05$)。

表 2-11　青贮料品质分析结果 %

项目	木质素	中性洗涤纤维	酸性洗涤纤维	可溶性糖	淀粉	粗蛋白质
青贮玉米	4.41[b]	53.88[b]	29.42[b]	1.80[a]	9.10[a]	4.90[b]
青贮高粱	5.10[a]	57.76[a]	37.54[a]	1.07[b]	10.01[a]	6.34[a]

注:同列中数据肩标不同小写字母表示差异在 0.05 水平显著。下表同。

2.3.2.2　饲喂青贮高粱和青贮玉米对产奶量的影响

饲喂青贮玉米和青贮高粱对产奶量的影响如表 2-12 所示。饲喂青贮高粱奶牛日产奶量和试验期总产奶量均高于青贮玉米,但差异不显著。国外有人做了为期 10 周的奶牛的长期饲喂试验,结果发现饲喂 BMR 饲草高粱的奶牛产奶量与青贮玉米相当,本试验的试验期为 8 周,结果与国外的研究结果类似。

表 2-12　试验牛产奶量的测定结果 kg

组别	头数	试验期的头均日产奶量	试验期的总产奶量
青贮玉米	5	17.36±4.36[a]	954.53[a]
青贮高粱	5	18.02±4.74[a]	991.03[a]

2.3.2.3　饲喂青贮高粱和青贮玉米对乳成分的影响

由表 2-13 结果可知,饲喂青贮高粱后,奶品质与饲喂青贮玉米相当。在整个试验期内,青贮玉米组乳糖含量虽高于高粱青贮组,但差异已经不显著。在乳蛋白、乳脂、干物质、游离脂肪酸含量方面,青贮高粱组略高于玉米青贮组。有报道称饲喂 BMR 饲草高粱所产奶的乳脂含量低于青贮玉米,本试验结果未发现这一点。

表 2-13　饲喂不同饲料的奶牛的乳成分分析结果 %

组别	乳蛋白	乳脂	干物质	乳糖	游离脂肪酸
青贮玉米	3.32[a]	2.96[a]	11.63[a]	4.86[a]	4.31[a]
青贮高粱	3.48[a]	3.59[a]	12.65[a]	4.79[a]	4.32[a]

2.3.2.4　饲喂青贮高粱和青贮玉米对采食率的影响

由表 2-14 结果可知,除第 4 天饲喂青贮高粱组奶牛的采食率高于饲喂青贮玉米组奶牛的采食率外,其他 8 d 青贮玉米组的奶牛采食率均高于青贮高粱组。整个试验期内,青贮玉米组奶牛日均采食率显著高于青贮高粱组。对青贮料营养成分的测定结果也表明,青贮玉米中可溶性糖含量显著高于青贮高粱,青贮玉米的适口性更好,奶牛更喜食青贮玉米。

表 2-14　饲喂不同饲料对奶牛采食率的影响　　　　　　　　　　%

组别	第1天	第2天	第3天	第4天	第5天	第6天	第7天	第8天	第9天	平均
青贮玉米	85.71	91.43	87.62	88.00	89.00	87.27	90.00	92.00	86.00	88.56[a]
青贮高粱	85.56	86.32	87.37	90.00	82.22	84.44	83.33	86.67	80.00	85.10[b]

2.3.3　小结

①饲喂相同量的青贮高粱可以提高奶牛的产奶量,饲喂青贮玉米的奶牛产奶量低于饲喂青贮高粱的奶牛的产奶量。

②饲喂相同量的青贮高粱可以提高奶品质,饲喂青贮高粱的奶牛的奶品质高于饲喂青贮玉米的奶牛的奶品质。

③青贮高粱组奶牛的日均采食率低于青贮玉米组奶牛的日均采食率。

参考文献

[1] Jorgenson L R. Brown midrib in maize and its linkage relations. Journal of the American Society of Agronomy,1931,23(7):549-557.

[2] Porter K S,Axtell J D,Lechtenberg V L,et al. Phenotype,fiber composition, and *in vitro* dry matter disappearance of chemically induced brown midrib (*bmr*) mutants of sorghum. Crop Science,1978,18(2):205-208.

[3] Saballos A,Vermerris W,Rivera L,et al. Allelic association,chemical characterization and saccharification properties of brown midrib mutants of sorghum (*Sorghum bicolor* (L.) Moench). BioEnergy Research,2008,1:193-204.

[4] Bittinger T S,Cantrell R P,Axtell J D. Allelism tests of the brown-midrib mutants of sorghum. Journal of Heredity,1981,72(2):147-148.

[5] Pedersen J F,Funnell D L,Toy J J,et al. Registration of 'Atlas *bmr*-12' forage sorghum. Crop Science,2006,46(1):478.

[6] Pedersen J F,Toy J J,Funnell D L,et al. Registration of BN611,AN612, BN612,and RN613 sorghum genetic stocks with stacked *bmr*-6 and *bmr*-12 genes. Journal of Plant Registrations,2008,2(3):258-262.

[7] Pedersen J F,Toy J J. Registration of N316-N320 sorghum nuclear male-ste-

rility genetic stocks. Crop Science,2001,41(2):607.

[8] Pedersen J F,Funnell D L,Toy J J,et al. Registration of seven forage sorghum genetic stocks near-isogenic for the brown midrib genes *bmr*-6 and *bmr*-12. Crop Science,2006,46(1):490-491.

[9] Pedersen J F,Funnell D L,Toy J J,et al. Registration of twelve grain sorghum genetic stocks near-isogenic for the brown midrib genes *bmr*-6 and *bmr*-12. Crop Science,2006,46(1):491-492.

[10] Saballos A,Ejeta G,Sanchez E,et al. A genomewide analysis of the cinnamyl alcohol dehydrogenase family in sorghum [*Sorghum bicolor* (L.) Moench] identifies SbCAD2 as the brown midrib 6 gene. Genetics,2009,181(2):783-795.

[11] Sattler S E,Saathoff A J,Haas E J,et al. A nonsense mutation in a cinnamyl alcohol dehydrogenase gene is responsible for the sorghum brown midrib6 phenotype. Plant Physiology,2009,150(2):584-595.

[12] Pillonel C,Mulder M M,Boon J J,et al. Involvement of cinnamyl-alcohol dehydrogenase in the control of lignin formation in *Sorghum bicolor* L. Moench. Planta,1991,185(4):538-544.

[13] Bout S,Vermerris W. A candidate-gene approach to clone the sorghum brown midrib gene encoding caffeic acid O-methyltransferase . Molecular Genetics and Genomics,2003,269(2):205-214.

[14] Akin D E,Hanna W W,Snook M E,et al. Normal-12 and brown midrib-12 sorghum. Ⅱ. Chemical variations and digestibility. Agronomy Journal,1985,78(5):832-837.

[15] Oliver A L,Pedersen J F,Grant R J,et al. Comparative effects of the sorghum *bmr*-6 and *bmr*-12 genes:Ⅰ. Forage sorghum yield and quality. Crop Science,2005,45(6):2234-2239.

[16] Bucholtz D L,Cantrell R P,Axtell J D,et al. Lignin biochemistry of normal and brown midrib mutant sorghum. Journal of Agricultural and Food Chemistry,1980,28(6):1239-1241.

[17] Oliver A L,Grant R J,Pedersen J F,et al. Comparison of brown midrib-6 and-18 forage sorghum with conventional sorghum and silage in diets of lactating dairy cows. Journal of Dairy Science,2004,87(3):637-644.

[18] Oliver A L, Pedersen J F, Grant R J, et al. Comparative effects of the sorghum *bmr*-6 and *bmr*-12 genes：Ⅱ. Grain yield, stover yield, and stover quality in grain sorghum. Crop Science, 2005, 45(6): 2240-2245.

[19] Fritz J O, Cantrell R P, Lechtenberg V L, et al. Brown midrib mutants in sudangrass and grain sorghum. Crop Science, 1980, 21(5): 706-709.

[20] Sattler S E, Funnell-Harris D L, Pedersen J F. Efficacy of singular and stacked brown midrib 6 and 12 in the modification of lignocellulose and grain chemistry. Journal of Agricultural and Food Chemistry, 2010, 58(6): 3611-3616.

[21] Aydin G, Grant R J, O'Rear J. Brown midrib sorghum in diets for lactating dairy cows. Journal of Dairy Science, 1999, 82(10): 2127-2135.

[22] Grant R J, Haddad S G, Moore K J, et al. Brown midrib sorghum silage for midlactation dairy cows. Journal of Dairy Science, 1995, 78(9): 1970-1980.

[23] Gerhardt R L, Fritz J O, Moore K J, et al. Digestion kinetics and composition of normal and brown midrib sorghum morphological components. Crop Science, 1994, 34(5): 1353-1361.

[24] Thorstensson E M G, Buxton D R, Cherney J H. Apparent inhibition to digestion by lignin in normal and brown midrib stems. Journal of the Science of Food and Agriculture, 1992, 59(2): 183-188.

[25] Fritz J O, Moore K J, Jaster E H. *In situ* digestion kinetics and ruminalturnover rates of normal and brown midrib mutant sorghum × sudangrass hays fed to nonlactating holstein cows. Journal of Dairy Science, 1988, 71(12): 3345-3351.

[26] Casler M D, Pedersen J F, Undersander D J. Forage yield and economic losses associated with the brown-midrib trait in sudangrass. Crop Science, 2003, 43(3): 782-789.

[27] Pedersen J F, Vogel K P, Funnell D L. Impact of reduced lignin on plant fitness. Crop Science, 2005, 45: 812-819.

[28] Zuber M S, Colbert T R, Bauman L F. Effect of brown-midrib-3 mutant in maize (*Zea mays* L.) on stalk strength. Zeitschrift fur Pflanzenzuchtung, 1977, 79: 310-314.

[29] Miron J, Zuckerman E, Adin G, et al. Comparison of two forage sorghum va-

rieties with corn and the effect of feeding their silages on eating behavior and lactation performance of dairy cows. Animal Feed Science and Technology,2007,139(1):23-39.

[30] Miller F R, Stroup J A. Brown midrib forage sorghum, sudangrass, and corn:What is the potential? In:Proceedings of 33rd California Alfalfa and Forage Symposium, Monterey, CA: University of California Cooperative Extension, University of California, Davis, CA,2003:143-151.

[31] Bonello P, Storer A J, Gordon T R, et al. Systemic effects of heterobasidion annosum on ferulic acid glucoside and lignin of presymptomatic ponderosa pine phloem, and potential effects on bark-beetle-associated fungi. Journal of Chemical Ecology,2003,29(5):1167-1182.

[32] Buendgen M R, Coors J G, Grombacher A W, et al. European corn borer resistance and cell wall composition of three maize populations. Crop Science, 1988,30(3):505-510.

[33] Campbell M M, Sederoff R R. Variation in lignin content and composition (mechanisms of control and implications for the genetic improvement of plants). Plant Physiology,1996,110(1):3-13.

[34] Bird P M. The role of lignification in plant disease. In:Experimental and Conceptual Plant Phytopathology. New Delhi, India:Oxford and IBH Publishing Co. Pvt. Ltd. ,1988.

[35] Funnell D L, Pedersen J F. Reaction of sorghum lines genetically modified for reduced lignin content to infection by *Fusarium and Alternaria* spp. Plant Disease,2006,90:331-338.

[36] Funnell D, Pedersen J F. Association of plant color and pericarp color with colonization of grain by members of Fusarium and Alternaria in near-isogenic sorghum lines. Plant Disease,2006,90(4):411-418.

[37] Funnell-Harris D L, Pedersen J F, Sattler S E. Ferulic acid glucoside and lignin of presymptomatic ponderosa pine phloem. Phytopathology,2010,100: 671-681.

[38] Marsalis M A, Angadi S V, Contreras-Govea F E. Dry matter yield and nutritive value of corn, forage sorghum, and BMR forage sorghum at different plant populations and nitrogen rates. Field Crops Research,2010,116(1-2):

52-57.

[39] Hanna W W, Monson W G, Gaines T P. IVDMD, total sugars, and lignin measurements on normal and brown midrib (*bmr*) sorghums at various stages of development. Agronomy Journal, 1981, 73(6): 1050-1052.

[40] Sattler S E, Funnell-Harris D L, Pedersen J F. Efficacy of singular and stacked brown midrib 6 and 12 in the modification of lignocellulose and grain chemistry. Journal of Agricultural and Food Chemistry, 2010, 58(6): 3611-3616.

[41] Lusk J W, Karau P K, Balogu D O, et al. Brown midrib sorghum or corn silage for milk production1. Journal of Dairy Science, 1984, 67(8): 1739-1744.

[42] Bal M A, Shaver R D, Shinners K J, et al. Stage of maturity, processing, and hybrid effects on ruminal in situ disappearance of whole-plant corn silage. Animal Feed Science and Technology, 2000, 86(1/2): 83-94.

[43] Miron J, Zuckerman E, Adin G, et al. Field yield, ensiling properties and digestibility by sheep of silages from two forage sorghum varieties. Animal Feed Science and Technology, 2007, 136(3/4): 203-215.

[44] De Boever J L, Andries J I, De Brabander D L, et al. Chewing activity of ruminants as a measure of physical structure—A review of factors affecting it. Animal Feed Science and Technology, 1990, 27(4): 281-291.

[45] Xin Z, Li Wang M, Barkley N, et al. Applying genotyping (TILLING) and phenotyping analyses to elucidate gene function in a chemically induced sorghum mutant population. BMC Plant Biology, 2008.

[46] Xin Z, Wang M, Burow G, Burke J. An induced sorghum mutant population suitable for bioenergy research. BioEnergy Research, 2009, 2: 10-16.

[47] Sattler S E, Funnell-Harris D L, Pedersen J F. Brown midrib mutations and their importance to the utilization of maize, sorghum, and pearl millet lignocellulosic tissues. Plant Science, 2010, 178: 229-238.

[48] Dien B, Sarath G, Pedersen J, et al. Improved sugar conversion and ethanol yield for forage sorghum (*Sorghum bicolor* L. Moench) lines with reduced lignin contents. BioEnergy Research, 2009, 2(3): 153-164.

[49] Sarath G, Mitchell R B, Sattler S E, et al. Opportunities and roadblocks in utilizing forages and small grains for liquid fuels. Journal of Industrial Micro-

biology & Biotechnology,2008,35:343-354.

[50] Xin Z,Wang M,Burow G,et al. An induced sorghum mutant population suitable for bioenergy research. BioEnergy Research,2009,2(1):10-16.

[51] 云锦凤,孙启忠.抓住机遇开创我国苜蓿产业化新局面//第二届中国苜蓿发展大会暨牧草种子、机械、产品展示会论文集.中国草学会,2003.

[52] 张丽英.饲料分析及饲料质量检测技术.北京:中国农业大学出版社,2007.

[53] 张志良.植物生理学实验指导.北京:高等教育出版社,2003.

第3章 饲草高粱栽培学 特性与栽培技术

　　饲草高粱作为一种禾本科 C_4 作物,杂种优势大、品质好、抗逆性强,在干旱盐碱地区有较好的适应性,已在畜牧、水产养殖以及环境保护等领域表现出广阔的利用前景。开发饲草高粱对促进节粮型畜牧业的发展,保障粮食安全具有重要意义。近年来国内外学者从饲草高粱生物学性状、生产性能、杂种优势利用等方面都进行了一些相关研究。然而,饲草高粱作为农牧区的一种新型饲草,在实际应用中存在的主要问题表现为生产利用及田间栽培技术不规范,导致年际之间表现差异较大,稳产性差,品种特性得不到充分发挥。饲草高粱栽培技术缺乏系统的理论数据支撑。本章立足海河低平原农区,以饲草高粱中最主要的高丹草作为研究对象,详述了近年来在高丹草栽培利用方面的理论研究进展,同时在查阅国内外相关文献的基础上,汇编了本章内容,以期为高丹草的应用推广、丰产栽培提供理论依据和技术指导。

　　海河低平原位于黄淮海平原北部、河北省的东南部,属半干旱、半湿润季风气候,地势平坦,土层深厚,光热资源丰富,年均气温 13℃,$\geq 0℃$ 积温 4 600～5 000℃,$\geq 10℃$ 积温 4 200～4 500℃,日照时数 2 600～2 800 h,日照率 60%;年降水 500 mm 左右,但年际变幅大,春旱、初夏旱频繁发生,被称作黄淮海平原的"旱槽",历史上以旱、涝、盐、碱、穷著称。该区涉及河北省 58 个县市,全省 27% 人口,耕地 238 万 hm^2,占全省耕地的 35.86%,人均耕地较多,种植业生产水平较低但增产潜力较大。实施农业综合开发,建立粮、经、饲、三元种植结构,对促进本区乃至河北省农牧业发展、提高农业经济水平具有战略意义。

　　本章研究的具体地点在河北省深州市护迟镇河北省农林科学院旱作农业研究所试验站内。该试验地隶属海河低平原区,位于东经 $115°42'$,北纬 $37°44'$,海拔高度 20 m,全年平均降水 510 mm,其中 70% 的降水集中在 7、8 月份,年平均气温 12.6℃,无霜期 206 d。试验田土壤为黏质壤土,基础土壤含有机质 12.2 g/kg,碱解氮 67.2 mg/kg,速效磷 17.3 mg/kg 和速效钾 138 mg/kg。相关研究内容主要包括:高丹草新品种引进筛选、抗逆性评价、播期效应的研究,除草剂的应用,刈割时期的确定,种植密度、留茬高度对高丹草生产性能的影响,水肥运筹技术的研究,等等。

3.1　高丹草新品种在海河低平原区的引进筛选

　　高丹草的不同品种由于其遗传背景的不同导致了其性状表现存在着差异，即使同一个品种在不同的生态类型区往往也表现出差异。因此，通过对不同品种进行比较筛选才能确定出最适于某一地区的推广品种。针海河低平原区畜牧业的发展需求，在广泛征集国内外高丹草新品种的基础上，开展了品比、筛选研究，以确定出适合海河低平原区生态特点的品种，为应用推广提供依据。2004 年通过对国内外 11 个高丹草新品种的产草量、粗蛋白质产量、物候期、分蘖力、再生性、株高等性状的研究分析表明：以青饲、青贮为目的，表现最好的品种为健宝，不仅产草量高，而且粗蛋白质产量、分蘖能力、再生性、长势均较好；其次为晋草 1 号、瑞奥 3 号。高丹草在海河低平原区春播、夏播均可，春播可刈割 3 次，夏播可刈割 2 次。

3.1.1　材料与方法

3.1.1.1　试验材料

　　引进国内外高丹草新品种 11 个，详见表 3-1。

表 3-1　参试品种及来源和供种单位

编号	品种名称	来源	供种单位
1	皖草 2 号	安徽技术师范学院	安徽科技学院
2	健宝	澳大利亚	内蒙赤峰德农松州种业公司
3	晋草 1 号	山西省农业科学院	山西省农业科学院高粱研究所
4	润宝	澳大利亚	中种集团承德长城种子公司
5	先锋	欧洲	北京克劳沃草业技术中心
6	天农青饲 1 号	天津农学院	天津农学院
7	辽草 1 号	辽宁省农业科学院	辽宁省农业科学院作物研究所
8	瑞奥 3 号	美国	中种集团承德长城种子公司
9	甘露	美国	中种集团承德长城种子公司
10	佳宝	美国	北京克劳沃草业技术中心
11	魔术师	美国	河北省饲草工作站

3.1.1.2 试验设计

试验分春播和夏播2组进行。11个高丹草品种,每个品种种植1个小区,小区面积3 m×5 m,行距35 cm,每小区种植8行。播种量22.5 kg/hm²,3次重复,随机区组设计。春播试验于2004年4月12日播种,5月12日定苗;夏播试验于2004年6月23日播种,7月10日定苗;留苗密度均为30万株/hm²,底施五氧化二磷200 kg/hm²,氮150 kg/hm²。春播试验于7月26日第2茬刈割后灌水一次并施氮75 kg/hm²。夏播试验于8月11日第2茬刈割后灌水一次并施氮75 kg/hm²。第1茬刈割时留茬15 cm,第2、3茬留茬20 cm。

3.1.1.3 测定项目及方法

(1)物候期测定 对参试品种的物候期调查记载。

(2)小区鲜草产量测定 对小区全部收割进行测产,春播试验于6月20日、7月26日、9月24日刈割3次,夏播试验于8月10日、10月1日刈割2次。

(3)鲜干比测定 取500 g鲜草样,自然风干后称干重,然后计算干重与鲜重的比值即为鲜干比。鲜干比用于折算干草产量。

(4)粗蛋白质产量测定 田间取鲜样自然风干后,再进行烘干,测定烘干样的粗蛋白质含量,再折合成含水15%的风干样的粗蛋白质含量,用于折算粗蛋白质产量。粗蛋白质含量测定方法采用凯氏定氮法[全氮含量(%)×6.25]。

(5)株高测定 于刈割时测量,每小区取20株,取其平均数。

(6)有效茎数测定 收获时调查小区的总茎数。

(7)叶片数测定 每小区选20株计算其有效叶数,取其平均数。

(8)糖锤度测定 每小区抽取有代表性的植株10株,用手持量糖仪测定其基部以上4～5节茎汁液的糖锤度,取其平均数。

3.1.2 结果与分析

3.1.2.1 高丹草不同品种的产草量及粗蛋白质产量

春播高丹草品种筛选试验分3次进行了刈割,3次鲜草总产量统计结果见表3-2。对不同品种的鲜草产量进行方差分析,差异极显著($F_{0.01}$),多重比较(LSR法)不同品种之间存在显著差异。健宝全年鲜草产量最高,为151 227.0 kg/hm²,且明显高于其他品种;其次为晋草1号和瑞奥3号;天农青饲1号全年鲜草产量最低,先锋和魔术师全年鲜草产量也较低。干草产量较高的前3位仍然为健宝、瑞奥3号和晋草1号,方差分析并多重比较明显高于其他品种;天农青饲1号、先锋、润宝则为产量较低的几个品种。粗蛋白质产量品种间也存在明显差异,最高的品种为晋草 1 号;其次为健宝、佳宝和皖草 2 号。

表 3-2　春播高丹草不同品种草产量及粗蛋白质产量比较

品种	鲜草产量 /(kg/15 m²)	差异显著性		干草产量 /(kg/15 m²)	差异显著性		粗蛋白质产量 /(kg/15 m²)	差异显著性	
		0.05	0.01		0.05	0.01		0.05	0.01
健宝	226.83	a	A	35.97	a	A	4.119	ab	AB
晋草 1 号	205.07	b	AB	34.20	ab	A	4.340	a	A
瑞奥 3 号	194.70	bc	BC	34.52	ab	A	3.859	abc	ABCD
皖草 2 号	190.60	bcd	BC	31.37	bcd	ABC	3.995	ab	ABC
佳宝	189.57	bcd	BCD	33.38	ab	AB	4.038	ab	ABC
甘露	188.53	bcd	BCD	31.90	bc	ABC	3.906	abc	ABCD
润宝	184.33	cd	BCD	28.30	cd	C	3.619	bcd	ABCD
辽草 1 号	182.33	cde	BCD	28.46	cd	BC	3.278	d	CD
魔术师	178.40	cde	BCD	31.09	bcd	ABC	3.660	bcd	ABCD
先锋	173.10	de	CD	28.14	d	C	3.394	cd	BCD
天农青饲 1 号	162.37	e	D	27.81	d	C	3.216	d	D

所有品种全年鲜草产量总体不是很高,可能有 3 点原因:第一,第 1 茬草刈割偏早,因此产量较低,可适当延长 5～7 d;第二,肥水管理水平较低,应在每茬草刈割后追肥并灌水,本试验只进行了 1 次,全生育期总施肥量也较低(全年五氧化二磷 200 kg/hm²,氮 225 kg/hm²),且施肥方法也有待探讨;第三,9 月 24 日第 3 次收割偏晚,9 月 20 日收割即可,尚有 20 d(到 10 月 10 日)未充分利用;第四,种植密度还可适当增大。因此,春播高丹草在该地区的生产潜力估计还应有 20%～30%,可望达到 187 500.0 kg/hm²。

夏播高丹草品种筛选试验分 2 次进行了刈割,2 次鲜草总产量统计结果见表 3-3。不同品种的鲜草产量存在显著差异,健宝 2 茬鲜草产量最高,且明显高于其他品种,为 125 159.6 kg/hm²;其次为晋草 1 号和瑞奥 3 号;天农青饲 1 号产量最低,佳宝、先锋和魔术师产量也较低。这与春播高丹草不同品种鲜草产量变化趋势基本一致。干草产量以健宝最高,方差分析并多重比较显著高于其他品种,瑞奥 3 号、辽草 1 号、甘露、晋草 1 号、皖草 2 号、先锋分列第 2～6 位,这 6 个品种间差异不显著。佳宝、魔术师、润宝则为产量最低的几个品种。粗蛋白质产量品种之间差异显著,健宝最高,其次为晋草 1 号、皖草 2 号。也与春播情况类似。综合春夏播的情况,表现最好的品种为健宝,其次为晋草 1 号、瑞奥 3 号,在河北平原农区青饲或青贮喂牛,推广的首选品种应为健宝,晋草 1 号、瑞奥 3 号也可应用。如果用来饲喂羊,还可选用佳宝,因佳宝茎秆较细,更适合羊饲用。

表 3-3 夏播高丹草不同品种产草量及粗蛋白质产量比较

品种	鲜草产量/(kg/15 m²)	差异显著性		干草产量/(kg/15 m²)	差异显著性		粗蛋白质产量/(kg/15 m²)	差异显著性	
		0.05	0.01		0.05	0.01		0.05	0.01
健宝	187.73	a	A	22.53	a	A	2.824	a	A
晋草 1 号	170.87	b	AB	18.28	bc	BCD	2.316	b	B
瑞奥 3 号	153.33	c	BC	19.17	b	B	2.068	cde	BCD
皖草 2 号	151.30	c	BCD	18.01	bcd	BCDE	2.294	bc	BC
润宝	148.27	cd	CD	15.57	e	E	1.991	de	CDE
辽草 1 号	146.27	cde	CD	18.87	b	BC	2.202	bcd	BC
甘露	144.27	cde	CD	18.32	bc	BCD	2.106	bcd	BCD
魔术师	141.70	cde	CD	16.15	de	DE	1.740	f	E
先锋	137.57	cde	CD	17.75	bcd	BCDE	2.145	bcd	BCD
佳宝	133.57	de	CD	16.30	de	CDE	2.068	cde	BCD
天农青饲 1 号	130.90	e	D	16.62	cde	BCDE	1.841	ef	DE

3.1.2.2 高丹草不同品种的茎数、株高及茎糖锤度

表 3-4 可以看出,春播不同品种第 1 茬单位面积茎数存在明显差异,由于单位面积留苗数一样,故此差异的存在说明品种间分蘖力存在差异。瑞奥 3 号、甘露、佳宝分蘖能力较强,皖草 2 号、润宝、辽草 1 号较差。第 3 茬单位面积茎数和两茬茎数差品种之间也存在差异,说明不同品种之间再生性存在差异。润宝、辽草 1 号、先锋、天农青饲 1 号第 3 茬与第 1 茬茎数差为负值,表明刈割后再生性较差;佳宝的再生性最强;其次为瑞奥 3 号,其他品种较好。品种之间的生长高度也存在着明显差异,每次刈割时的株高不同品种之间差异性表现基本一致,与产草量的品种之间差异变化趋势相似,因此株高可能是造成不同品种之间产草量差异的原因之一。从 3 次刈割的生育期来看,高丹草以青贮或青饲为目的,一年割 3 茬是完全可行的。

表 3-4　春播高丹草不同品种刈割时期的茎数、株高、叶片数、茎糖锤度比较

品种	15 m² 第1茬 茎数/个	15 m² 第3茬 茎数/个	15 m² 两茬茎 数差/个	第1茬刈割		第2茬刈割		第3茬刈割		叶片 数	茎糖 锤度 /%
				株高 /cm	生育期	株高 /cm	生育期	株高 /cm	生育期		
皖草2号	614.2	625.5	11.2	168.3		205.0	抽穗	245.7	抽穗	11.3	10.7
健宝	789.7	877.5	87.7	168.3		201.7		234.7		11.7	5.8
晋草1号	729.0	751.5	22.5	161.7		200.0	孕穗	232.0	抽穗	11.0	9.5
润宝	591.7	425.2	−166.5	156.7		200.0		231.3		12.7	4.9
先锋	713.2	589.5	−123.7	155.0		196.7		229.3		11.0	8.0
天农青饲1号	679.5	582.7	−94.5	151.7	孕穗	196.7	抽穗	224.3	抽穗	10.7	10.5
辽草1号	564.7	517.5	−47.2	150.0		193.3		221.7	孕穗	12.0	9.9
瑞奥3号	924.7	1 028.2	103.5	150.0	孕穗	190.0	抽穗	219.0	抽穗	10.7	10.8
甘露	924.7	1 001.2	76.5	150.0	孕穗	190.0	抽穗	205.3	抽穗	10.7	11.6
佳宝	994.5	1 156.4	162.0	141.7		186.7	抽穗	202.3	抽穗	10.3	9.6
魔术师	841.5	893.3	51.7	140.0	孕穗	183.3	抽穗	191.7	抽穗	10.7	10.6

夏播与春播情况类似(表 3-5),不同品种间分蘖力也存在差异。佳宝、魔术师、甘露、瑞奥 3 号分蘖能力较强,辽草 1 号、皖草 2 号、天农青饲 1 号、润宝较差。另外,由于辽草 1 号、皖草 2 号、天农青饲 1 号 3 个品种小区有缺苗现象,也导致了单位面积茎数减少。不同品种之间再生性也存在差异,润宝为负值,表明刈割后再生性最差;佳宝的再生性最强,其次为健宝、甘露、瑞奥 3 号,其他品种较好。夏播品种之间的生长高度与春播情况类似,也存在着明显差异。从刈割时生育期分析,6 月中旬夏播以青贮和青饲为目的,到 10 月上旬完成 2 茬生长是完全可以的。

表 3-4 春播调查结果中茎糖锤度不同品种之间存在明显差异,抽穗品种明显高于不抽穗品种,这与抽穗期营养生长向生殖生长转化,碳水化合物开始较多积累有关。刈割第 3 茬草时对不同品种叶片数的调查结果差异不显著。表 3-5 夏播调查结果表现趋势与春播基本一致。

表 3-5　夏播高丹草不同品种刈割时期的茎数、株高、叶片数、茎糖锤度比较

品种	15 m² 第 1 茬 茎数/个	15 m² 第 2 茬 茎数/个	15 m² 两茬茎数差/个	第 1 茬刈割		第 2 茬刈割		叶片数	茎糖锤度/%
				株高/cm	生育期	株高/cm	生育期		
皖草 2 号	436.5	616.5	180.0	210.0		178.3	孕穗	9.7	5.5
健宝	580.5	873.0	292.5	206.7		165.0		9.0	6.7
晋草 1 号	591.7	753.7	162.0	218.3		181.7	孕穗	10.0	6.2
润宝	537.7	510.7	−27.0	210.0		150.0		8.3	5.0
先锋	510.7	670.5	159.7	205.0		151.7		8.0	5.3
天农青饲 1 号	470.2	596.2	126.0	221.7	孕穗	178.3	抽穗	9.3	6.0
辽草 1 号	362.2	517.5	155.2	213.3		160.0		9.7	5.8
瑞奥 3 号	612.0	816.7	204.7	220.0	孕穗	180.0	抽穗	9.3	6.1
甘露	634.5	857.2	222.7	216.7	孕穗	168.3	抽穗	9.3	7.6
佳宝	699.7	1 115.9	416.2	205.0		186.7	抽穗	8.7	7.5
魔术师	695.2	846.0	150.7	223.3	孕穗	175.0	抽穗	10.0	7.3

3.1.2.3　高丹草不同品种的物候期及生长发育情况

　　表 3-6 是不同品种的高丹草不进行青刈的情况下生长发育情况调查结果,可以看出,不论春播或夏播不同品种之间物候期差异非常大,生长发育也存在明显差异。春播情况下:甘露、瑞奥 3 号、天农青饲 1 号、魔术师生育期为 115 d 左右,而润宝生育期长达 145 d 左右,且润宝的抽穗期、花期表现极不集中,延续了大约15 d;健宝在该区不能抽穗;先锋虽绝大部分植株未抽穗,而个别植株却出现孕穗,但出现孕穗植株顶部叶片丛生、扭曲、畸形生长,使穗不能抽出,其原因需进一步探讨。夏播情况下:甘露、瑞奥 3 号、天农青饲 1 号、魔术师生育期为 102 d 左右;而润宝 10 月 3 日才到孕穗期;健宝、先锋 2 个品种在该区夏播根本不能抽穗。与春播情况表现类似。

　　株高、叶片数不同品种之间差异也非常大,与表 3-4 中每次刈割时不同品种株高存在差异的调查结果相一致。健宝、先锋、润宝 3 个品种的株高、叶片数明显多于其他品种,润宝的株高最高达到了 420 cm,其次为健宝,株高达到了 354 cm,叶片数先锋最多,为 25.6 片,其次为健宝,为 22.0 片,到 9 月 26 日收获时先锋和健宝的营养生长一直未停止。上述结果说明,株高、叶片数与营养生长时间呈正相关。

　　根据叶片的长势、宽窄可将不同品种分为 2 类:宽叶型品种和窄叶型品种。由调查结果可知,参试的 11 个品种中皖草 2 号、润宝、先锋、天农青饲 1 号、辽草

1 号、瑞奥 3 号 6 个品种为宽叶型品种,其他 5 个品种健宝、晋草 1 号、甘露、佳宝、魔术师为窄叶型品种。2 类品种与其产草量相关性不明显。但与表 3-4 中不同品种刈割后再生性分析结果对比发现,再生性差的品种润宝、辽草 1 号、先锋、天农青饲 1 号均为宽叶型品种,据此我们是否可以认为宽叶型品种的再生性一般不如窄叶型品种,当然这种关联也可能纯属偶然巧合,因为同为宽叶型品种的瑞奥 3 号刈割后再生性却较强,因此这一问题还需要进一步研究确定。

表 3-6 不同品种的物候期及生长发育情况调查

品种	播种期	出苗期	孕穗期	抽穗期	开花期	成熟期	株高/cm	叶片数/个	叶片生长型
皖草 2 号	4 月 15 日 6 月 19 日	4 月 22 日 6 月 25 日	6 月 24 日	6 月 30 日 8 月 17 日	7 月 2 日 8 月 20 日	8 月 15 日 9 月 30 日	250	13.3	宽叶型
健宝	4 月 15 日 6 月 19 日	4 月 22 日 6 月 25 日					354	22.0	窄叶型
晋草 1 号	4 月 15 日 6 月 19 日	4 月 22 日 6 月 25 日	6 月 26 日	7 月 4 日 8 月 14 日	7 月 8 日 8 月 19 日	8 月 18 日 9 月 30 日	255	13.0	窄叶型
润宝	4 月 15 日 6 月 19 日	4 月 22 日 6 月 25 日	7 月 20 日 10 月 3 日	7 月 26 日	8 月 1 日	9 月 10 日	420	20.7	宽叶型
先锋	4 月 15 日 6 月 19 日	4 月 22 日 6 月 25 日					328	25.6	宽叶型
天农青饲 1 号	4 月 15 日 6 月 19 日	4 月 22 日 6 月 25 日	6 月 19 日	6 月 26 日 8 月 14 日	7 月 2 日 8 月 17 日	8 月 10 日 9 月 30 日	270	12.7	宽叶型
辽草 1 号	4 月 15 日 6 月 19 日	4 月 22 日 6 月 25 日	7 月 2 日	7 月 8 日 8 月 20 日	7 月 12 日 8 月 24 日	8 月 20 日 10 月 6 日	320	14.0	宽叶型
瑞奥 3 号	4 月 15 日 6 月 19 日	4 月 22 日 6 月 25 日	6 月 19 日	6 月 24 日 8 月 14 日	7 月 2 日 8 月 17 日	8 月 10 日 9 月 30 日	245	12.7	宽叶型
甘露	4 月 15 日 6 月 19 日	4 月 22 日 6 月 25 日	6 月 19 日	6 月 24 日 8 月 14 日	7 月 2 日 8 月 17 日	8 月 10 日 9 月 30 日	235	12.7	窄叶型
佳宝	4 月 15 日 6 月 19 日	4 月 22 日 6 月 25 日	7 月 1 日	7 月 4 日 8 月 14 日	7 月 8 日 8 月 17 日	8 月 15 日 9 月 30 日	280	12.3	窄叶型
魔术师	4 月 15 日 6 月 19 日	4 月 22 日 6 月 25 日	6 月 26 日	6 月 28 日 8 月 14 日	7 月 2 日 8 月 17 日	8 月 10 日 9 月 30 日	265	12.7	窄叶型

注:表中健宝和先锋的株高、叶片数为 9 月 26 日收获时调查数据。

3.1.3   结论与讨论

在海河低平原区对高丹草的春、夏播的情况进行综合分析表明,以青饲、青贮饲喂牛为目的,引进的 11 个品种中表现最好的品种为健宝,不仅产草量高,粗蛋白质产量、分蘖能力、再生性、长势均较好;其次为晋草 1 号、瑞奥 3 号。在该区推广的首选品种为健宝,晋草 1 号、瑞奥 3 号也可应用。如果用来饲喂羊,还可选用佳宝,因佳宝茎秆较细,更适合羊饲用。试验证明高丹草在海河低平原农区春播、夏播均可;春播在 4 月中旬,可刈割 3 次;夏播在 6 月中旬,可刈割 2 次。海河低平原区主要种植作物为小麦＋玉米,将高丹草进行夏播替代饲用玉米进行夏播生产,与小麦形成一年两作是可行的,也便于生产推广应用。需要注意的是上述试验结论得出是有前提条件的,如果基于其他利用目的,可能会有不同的研究结果。

据研究报道,以青饲或青贮饲喂牛为目的,高丹草收获最佳时期以孕穗期到抽穗期为好。本试验刈割时期的确定以此为依据,由于不同品种之间生育期存在差异,故以抽穗早品种进入孕穗期到抽穗期时进行了统一刈割测产,但这可能导致一些抽穗晚的品种不是最佳收获期,对产量和品质均可能产生一些影响,从而导致试验结果的判断出现偏差。若采取不同品种不同时期进行刈割,则会导致未收获小区对已收获小区形成遮阴,影响已收获小区再生,显然不可取。如何解决这一问题尚需进一步研究探讨。另外,本试验所有品种的留苗密度是一致的,但实际上不同品种的最适种植密度可能是不同的;这可能使某些品种的丰产特性得不到充分发挥,进而可能对试验结论产生影响;还有需要说明的是,粗蛋白质含量只在夏播第 1 茬草收获时进行了测定,并以此对全年粗蛋白质产量进行了折算,夏播 2 茬草及春播各茬草的粗蛋白质含量也许有所不同,本试验对此进行了忽略。

3.2   海河低平原区高丹草播期效应的研究

在海河低平原区,对饲草高粱晋草 1 号进行了春播播期试验研究,旨在确定出海河低平原区高丹草的春播最佳播期,为该地区的农业生产提供科学依据。结果表明,晋草 1 号具有明显播期效应,播期能对产草量和粗蛋白质产量产生明显影响。4 月 15 日播种,鲜、干草产量和粗蛋白质产量最高;4 月 22 日播种,鲜、干草产量较高;4 月 15 日和 4 月 22 日播种,出苗时间较短。株高、小区茎数、鲜干比不同播期情况下差异不显著。综合分析,以 4 月 15 至 22 日为春播的最佳播期。适期播种情况下,如果加强生长期间的田间管理并且及时刈割,最后一次刈割时期适当后延至 10 月 10 日,晋草 1 号饲草高粱在海河低平原区能完成 3 茬草的收获。

3.2.1　材料与方法

3.2.1.1　供试材料

供试材料为晋草 1 号,品种来源于山西省农业科学院,试验种子引自山西省农业科学院高粱研究所。

3.2.1.2　试验设计

试验设置了 7 个不同播期,分别为 4 月 8 日、4 月 15 日、4 月 22 日、4 月 29 日、5 月 6 日、5 月 13 日、5 月 20 日。采用顺序区组设计,3 次重复。每一播期播种 1 个小区,小区面积 2 m×5 m,行距 35 cm,每小区播种 5 行,播种量均为 30 kg/hm²,播前造墒,底施二铵 600 kg/hm²;生育期间施尿素 450 kg/hm²,结合灌水分 3 次追施。所有播期处理均于抽穗初期进行刈割,测定相关指标。

3.2.1.3　测定项目与方法

(1)鲜草产量测定　每茬鲜草全部刈割后以小区为单位称重,计算全年产量。

(2)株高测定　每小区取 20 株,于刈割时分别测量地面至穗顶的高度,计算平均值。

(3)有效茎数测定　每茬刈割后调查小区的总茎数。

(4)干鲜比测定　各茬鲜草刈割测产后,分别取鲜草样 500 g,待自然风干后称量干重,计算干鲜比。

(5)茎叶比测定　每茬鲜草收获测定后,取鲜草样 500 g,将茎和叶分开后自然风干,再分别称重,计算茎叶比。

3.2.1.4　数据处理

采用 SAS 软件对产草量相关数据进行方差分析。

3.2.2　结果与分析

3.2.2.1　不同播期高丹草的产草量和粗蛋白质产量

由表 3-7 中可以看出,不同播期鲜、干草产量在 0.05 和 0.01 水平上均存在显著差异,鲜草产量以 4 月 15 日播种最高(129 233 kg/hm²),4 月 22 日和 5 月 6 日播种鲜草产量较高,且两者间不存在显著差异。以 5 月 20 日播种鲜草产量最低(仅为 85 333 kg/hm²)。干草产量与此情况类似。同时可以看出,4 月 8 日播种最早,植株生长期限最长,但产草量并不最高,说明播期不是越早越好。原因可能由于播期过早,气温低,从而影响出苗率,群体发育受到影响,导致产量下降。其中值得说明的是:5月13日和5月20日播种,第2茬草刈割晚于其他5个播期,再加上后期气温偏低,导致第3茬草生长缓慢,株高太矮,未进行刈割测产将其忽略。

表3-7 不同播期高丹草的草产量及粗蛋白质产量比较

播期	鲜草产量 /(kg/hm²)	差异显著性		干草产量 /(kg/hm²)	差异显著性		粗蛋白质产量/(kg/hm²)	差异显著性	
		0.05	0.01		0.05	0.01		0.05	0.01
4月8日	10 5967	c	BC	20 700	bcd	BC	2 725	bcd	B
4月15日	129 233	a	A	25 367	a	A	3 338	a	A
4月22日	117 833	b	AB	22 700	bc	AB	2 972	b	AB
4月29日	105 900	c	BC	20 267	cd	BC	2 627	cd	BC
5月6日	116 300	b	B	22 867	b	AB	2 930	bc	AB
5月13日	93 967	d	CD	20 000	d	BC	2 538	d	BC
5月20日	85 333	d	D	17 433	e	C	2 212	e	C

于2004年对晋草1号高丹草品种抽穗期粗蛋白质含量进行测定,其值为12.69%(含水15%的风干样)。初花期和抽穗期的粗蛋白质含量相差不大,因此参考此数据对前2茬草的粗蛋白质产量进行计算。第3茬草在拔节期刈割,参考晋草1号高丹草茎叶粗蛋白质含量,其值为17.80%,以此数据(折合成含水15%的风干样粗蛋白质含量)计算第3茬草的粗蛋白质产量。经方差分析(结果见表3-7),不同播期的全生育期粗蛋白质产量间存在显著差异,以4月15日播种的粗蛋白质产量最高,达到3 338 kg/hm²,4月22日和5月6日播种的粗蛋白质产量较高,且二者间差异不显著。由于受第3茬草的影响,5月13日和5月20日播种的粗蛋白质产量较低。

综合分析以上研究结果表明:晋草1号播期效应明显。播期能对高丹草产草量和粗蛋白质产量产生明显影响,一般播期较早产量较高。但并不是播期越早越好,播期过早,由于气温偏低会影响出苗及苗期生长发育,反而会导致产量下降。晋草1号最适宜播期为4月15日。

3.2.2.2 不同播期高丹草的生育期

从表3-8的调查结果看,高丹草4月8日和4月15日播期相隔1周,但其出苗期只相差1 d。4月8日播种到出苗需时间较长(16 d),4月15日播种需10 d出苗,4月22日播种到出苗需8 d。这说明4月8日播种时温度偏低,出苗迟缓,而4月15日播种地温和气温均能满足种子发芽需求,出苗较快。因此,播期以4月

15 日和 4 月 22 日左右为好。

高丹草春播不同播期均在 10 月 7 日进行第 3 次刈割情况下,5 月 6 日以前播种的可以完成 3 次刈割,之后播种的只能完成 2 次刈割。同时,由于第 2 次刈割时阴雨天气造成田间操作不便,致使刈割生育期普遍由最佳刈割期——抽穗初期推迟到抽穗期或初花期,延迟 7 d 左右。这使得第 3 茬生育天数减少,即使能刈割 3 次也未到最佳刈割期——孕穗期;且不同播期间发育进程不一致,存在生长差异,但考虑到操作便利,相近播期进行了同期刈割,也会对下茬草的生长发育产生一定影响。综合分析推断:如采取正常时期(孕穗-抽穗初期)刈割,最后刈割期在 10 月 10 日前、以 4 月 8 日、4 月 15 日、4 月 22 日 3 个播期均可实现 3 次正常刈割。

表 3-8　不同播期高丹草的出苗及刈割期调查

播期	出苗期	第 1 茬刈割		第 2 茬刈割		第 3 茬刈割	
		日期	生育期	日期	生育期	日期	生育期
4 月 8 日	4 月 24 日	6 月 30 日	抽穗初	8 月 20 日	初花	10 月 7 日	拔节
4 月 15 日	4 月 25 日	6 月 30 日	抽穗初	8 月 20 日	初花	10 月 7 日	拔节
4 月 22 日	4 月 30 日	7 月 4 日	抽穗初	8 月 20 日	抽穗	10 月 7 日	拔节
4 月 29 日	5 月 6 日	7 月 8 日	抽穗初	9 月 10 日	初花	10 月 7 日	拔节
5 月 6 日	5 月 14 日	7 月 14 日	抽穗初	9 月 10 日	抽穗	10 月 7 日	拔节
5 月 13 日	5 月 20 日	7 月 20 日	抽穗初	9 月 10 日	抽穗		
5 月 20 日	5 月 26 日	7 月 26 日	抽穗初	9 月 18 日	抽穗		

3.2.2.3　不同播期高丹草的株高、小区茎数和干鲜比

从表 3-9 的调查结果看,不同播期的株高各茬草间均存在一定差异,第 3 茬草表现尤为明显,第 2 茬草株高远远高于第 3 茬草。这主要是由于生长发育进程存在一定差异而引起的。这也可能是产草量存在差异的原因之一,另一原因主要是第 2 茬草刈割延迟 1 周,使第 3 茬草生长期所处温、光、水条件不适宜,刈割时刚达到拔节期,株高 0.5～1.5 m。

从小区茎数的调查结果看,同一播期不同茬次之间变化不大,说明用于试验的品种再生能力较强。同一茬次不同播期之间的小区茎数变化幅度也不大,说明播期不同对高丹草的再生性无明显影响。

从不同播期的干鲜比(表 3-9)来看,差异不显著,说明播期不同不会对干鲜比产生显著影响。同一播期不同茬次间干鲜比有较明显差异,主要是不同茬次刈割

时生育期不同造成的,第 3 茬草表现尤为明显。第 1 茬草干鲜比比第 2 茬草大
0.01 左右,比第 3 茬草大 0.04 左右。由于第 3 茬草刈割时处于拔节期,茎秆较幼
嫩,含水量较高,干鲜比较低。其中,值得说明的是,5 月 13 日和 5 月 20 日 2 个播
期第 3 茬草生长量非常小,因此未进行株高、小区茎数、干鲜比数据测定。

表 3-9　不同播期高丹草的株高、小区茎数和干鲜比测定结果

播期	株高/cm			10 m² 小区茎数/个			干鲜比(风干重/鲜重)		
	第 1 茬	第 2 茬	第 3 茬	第 1 茬	第 2 茬	第 3 茬	第 1 茬	第 2 茬	第 3 茬
4 月 8 日	178.6	243.3	157.0	448.0	319.0	325.7	0.204	0.199	0.156
4 月 15 日	183.5	243.3	152.3	388.3	417.3	438.3	0.203	0.210	0.161
4 月 22 日	201.0	226.7	151.0	416.0	398.7	307.3	0.201	0.193	0.175
4 月 29 日	193.2	236.7	120.0	393.7	388.7	291.7	0.193	0.203	0.147
5 月 6 日	201.7	246.7	68.3	456.7	475.3	358.3	0.203	0.196	0.161
5 月 13 日	215.0	236.7		386.3	352.0		0.213	0.212	
5 月 20 日	231.7	226.7		381.7	386.0		0.213	0.193	

3.2.3　小结

在海河低平原区高丹草晋草 1 号春播情况下具有明显的播期效应,不同播期
对产草量及粗蛋白质产量可产生明显影响。鲜草、干草和粗蛋白质产量以 4 月 15
日播种时最高;5 月份以后播种不能实现 3 次刈割,产量受到明显影响;不同播期
对出苗及苗期生长也能产生影响。4 月 8 日播种时温度偏低,出苗迟缓,4 月 15 日
之后各播期出苗时间变短;不同播期对高丹草的株高、小区茎数、干鲜比无明显影
响,但高丹草的株高、小区茎数、干鲜比各茬之间存在明显差异。株高、小区茎数、
干鲜比第 1 茬草和第 2 茬草较高,第 3 茬草较低。其原因是由于不同茬生长在不
同的气候条件之下造成的。综合晋草 1 号全生育期生长情况,在海河低平原区以
4 月 15 日至 22 日为春播最佳播种期。

由于受天气原因的影响,第 2 茬草刈割偏晚,10 月 7 日收获第 3 茬草时,第
3 茬草未能达到最佳刈割期(孕穗期到抽穗初期),如果加强生长期间的田间管理
并且及时刈割,最后一次刈割时期适当后延到 10 月 10 日;晋草 1 号高丹草在海河
低平原区适期播种情况下,完全能完成 3 茬草的收获。由于第 2 茬草收获正值雨
季,生产利用时鲜草收获后应及时青饲,不能及时青饲的要进行青贮,以免遇雨造
成腐烂损失。本试验只采用了 1 年的试验数据,为了使海河低平原区的播期试验

数据更为准确可靠,尚需进一步的多年试验研究。

3.3 适宜高丹草田利用的除草剂筛选

与夏玉米田相似,高丹草生长期间杂草危害十分严重,杂草防除成为饲草生产中的关键问题,人工防除不仅浪费工时,造成生产成本的提高,而且效果不佳。除草剂在农作物上的应用虽已十分广泛,但在饲草作物上利用较少,尤其对高粱属作物而言,除草剂的使用更应慎重。而对化学除草在该种饲草田的应用目前尚未见到研究报道。筛选能够应用于高丹草田的除草剂品种成为生产上的迫切需求。考虑到生产实际中利用的便利,借鉴玉米化学除草的成熟技术,以玉米田中常用除草剂为试验材料,探讨玉米除草剂在高丹草田中的灭草效果,以及对高丹草生产性能的影响。结果表明,播后苗前选用的 38% 莠去津(D1)和出苗期选用的 50% 丁异莠去津(D2),其不同用量在高丹草各性状间的表现无显著性差异,可在生产中安全使用。

3.3.1 材料与方法

3.3.1.1 供试材料

供试材料为冀草 1 号、冀草 2 号高丹草,二者均由河北省农林科学院旱作农业研究所选育。其中,冀草 1 号是 2009 年国家高粱品种鉴定委员会鉴定的新品种,冀草 2 号是 2010 年国家草品种审定委员会审定的新品种。

试验选用 3 类除草剂。莠去津:有效成分含量 38%,剂型为悬浮剂,播后苗前型,产商为山东胜邦绿野化学有限公司。玉农思:丁异莠去津,总有效成分含量 50%(丁草胺 5%+异丙草胺 25%+莠去津 20%),剂型为悬乳剂,播后苗前或出苗期,产商为山东胜邦绿野化学有限公司。玉金山:烟嘧磺隆,有效成分含量 40 g/L,剂型为可分散油悬浮剂,苗后型,产商为山东胜邦绿野化学有限公司。

3.3.1.2 试验方法

以玉米田中不同时期、不同用量的除草剂为参照。采用裂区设计,以不同时期的专一除草剂类型将不同时期设为主区,裂区为除草剂的不同用量,3 次重复。每小区 3 行,行长 3 m,行距 40 cm,株距 10 cm。每小区留苗 90 株。

1.主区处理 3 个水平

(1)D1 于播种后出苗前喷,38% 莠去津悬浮剂。

(2)D2 出苗期喷,50% 丁异莠去津悬乳剂。

(3)D3　苗后 5 叶期喷，40 g/L 烟嘧磺隆悬浮剂。

2.裂区处理 4 个水平

(1)V1　等量清水做对照。
(2)V2　玉米田中常用浓度。
(3)V3　1/2 玉米田中常用浓度。
(4)V4　2 倍玉米田中常用浓度。

3.3.1.3　测定项目

测定喷施除草剂后不同处理下高丹草各性状指标,包括株高、小区鲜重、小区干重、鲜干比、茎叶比、叶片数等。

3.3.2　结果与分析

3.3.2.1　喷施除草剂对高丹草各性状的影响

由表 3-10、表 3-11 得出,不同时期不同用量的除草剂喷施高丹草试验田,D3 时期选用的苗后烟嘧磺隆除草剂对冀草 1 号、冀草 2 号高丹草生长有严重抑制,而 D1、D2 时期喷施不同除草剂各性状值间无显著性差异。同一喷药时期不同裂区处理下,不同除草剂的用量对冀草 1 号、冀草 2 号各性状值影响不同,但方差分析显示,各性状值间无显著性差异。综合得出播后出苗前采用 38% 莠去津悬浮剂可有效防除夏播高丹草田杂草。

表 3-10　不同时期不同用量下喷施除草剂对冀草 1 号高丹草各性状的影响

	处理	株高/cm	小区鲜重/kg	小区干重/kg	鲜干比	茎叶比	叶片数/个
D1	V1	138.1[a]	10.92[a]	1.29[a]	8.43[a]	0.93[a]	16[a]
	V2	135.7[a]	9.08[a]	1.05[a]	8.57[a]	0.89[a]	15[a]
	V3	137.6[a]	11.67[a]	1.39[a]	8.47[a]	0.96[a]	16[a]
	V4	127.4[a]	10.35[a]	1.25[a]	8.29[a]	0.83[a]	15[a]
	平均	134.7[a']	10.50[a']	1.25[a']	8.44[a']	0.90[a']	15[a']
D2	V1	138.4[a]	11.55[a]	1.38[a]	8.30[a]	0.90[a]	18[a]
	V2	135.0[a]	9.87[a]	1.16[a]	8.46[a]	0.81[a]	18[a]
	V3	137.8[a]	10.50[a]	1.22[a]	8.62[a]	0.86[a]	19[a]
	V4	125.8[a]	9.57[a]	1.17[a]	8.19[a]	0.82[a]	18[a]
	平均	134.3[a']	10.37[a']	1.23[a']	8.39[a']	0.85[a']	18[a']

续表 3-10

处理		株高/cm	小区鲜重/kg	小区干重/kg	鲜干比	茎叶比	叶片数/个
D3	V1	118.5[a]	13.40[a]	1.66[a]	8.12[a]	0.79[a]	19[a]
	V2	28.3[b]	2.87[b]	—	—	—	5[b]
	V3	20.6[b]	1.73[b]	—	—	—	4[b]
	V4	20.3[b]	0.10[b]	—	—	—	4[b]
	平均	46.9[b]	4.53[b]	0.41[b']	2.03[b']	0.20[b']	8[b']

表 3-11　不同时期不同用量下喷施除草剂对冀草 2 号高丹草各性状的影响

处理		株高/cm	小区鲜重/kg	小区干重/kg	鲜干比	茎叶比	叶片数/个
D1	V1	124.3[a]	11.30[a]	1.41[a]	8.03[a]	0.82[a]	17[a]
	V2	129.8[a]	10.48[a]	1.35[a]	7.74[a]	0.87[a]	16[a]
	V3	128.2[a]	9.80[a]	1.17[a]	8.24[a]	0.76[a]	18[a]
	V4	124.5[a]	9.98[a]	1.26[a]	7.88[a]	0.75[a]	16[a]
	平均	126.7[a']	10.39[a']	1.30[a']	7.87[a']	0.80[a']	17[a']
D2	V1	119.8[a]	10.27[a]	1.29[a]	7.90[a]	0.78[a]	18[a]
	V2	118.8[a]	9.39[a]	1.23[a]	7.80[a]	0.68[a]	17[a]
	V3	117.3[a]	10.24[a]	1.32[a]	7.76[a]	0.79[a]	18[a]
	V4	111.9[a]	9.75[a]	1.18[a]	8.28[a]	0.65[a]	20[a]
	平均	118.6[a']	9.91[a']	1.25[a']	7.93[a']	0.71[a']	18[a']
D3	V1	104.4[a]	9.08[a]	1.33[a]	6.81[a]	0.59[a]	18[a]
	V2	20.0[b]	0.83[b]	—	—	—	4[b]
	V3	20.5[b]	0.37[b]	—	—	—	4[b]
	V4	19.3[b]	0.03[b]	—	—	—	4[b]
	平均	41.1[b']	2.58[b']	0.33[b']	1.70[b']	0.15[b']	8[b']

3.3.3　小结

研究结果表明,除 D3 处理下选用的苗后烟嘧磺隆除草剂对冀草 1 号、冀草 2 号高丹草生长有严重抑制外,播后苗前选用的 38％莠去津(D1)和出苗期选用的

50%丁异莠去津(D2),其不同用量在高丹草各性状间的表现无显著性差异,可在生产中安全使用。

除草剂应用效果:我们用筛选的除草剂分别于 2010 年、2011 年在高丹草春、夏播试验播种后喷施,其田间表现非常明显,杂草有效防治,高丹草健壮生长。在保证该饲草安全前提下,既能降低成本,而且又有较好的除草效果。

3.4 高丹草营养生长与饲用品质变化规律的分析

为揭示高丹草在营养生长及饲用品质方面的变化规律,本研究以冀草 1 号、冀草 2 号高丹草新品种为试验材料,采用大田小区栽培试验,于苗期开始动态取样测定新品种的株高、干物质积累量、氢氰酸含量、鲜干比、茎秆可溶性糖含量、茎叶比以及粗蛋白质含量等指标,分析 2 次刈割条件下各相关指标的变化,通过回归分析进而揭示高丹草在营养生长及饲用品质方面的变化规律,结果表明:高丹草的株高、干物质积累量以及粗蛋白质产量的变化随生育天数的推进符合 Logistic 增长模型,均在抽穗期达到最大值,其氢氰酸含量、鲜干比及粗蛋白质含量呈下降趋势,茎叶比呈增加趋势,符合一元线性回归模型,而高丹草的可溶性糖含量变化符合二次曲线回归模型。回归分析得出,高丹草在抽穗期收割时可同时获得较高的物质产量和营养价值。

3.4.1 材料与方法

3.4.1.1 试验材料

供试材料为冀草 1 号、冀草 2 号高丹草,二者均由河北省农林科学院旱作农业研究所选育。其中,冀草 1 号是 2009 年国家高粱品种鉴定委员会鉴定的新品种,冀草 2 号是 2010 年国家草品种审定委员会审定的新品种。

3.4.1.2 试验方法

试验于 2009 年 5—10 月份在河北省农林科学院旱作农业节水试验站进行。每品种的小区面积为 120 m^2(12 m×10 m)。5 月 19 日开始播种,播种时行距控制在 40 cm,播前底施复合肥 750 kg/hm^2,播量 22.5 kg/hm^2,播深 3~5 cm,播后镇压。5 叶期按株距 15 cm 定苗,定苗后再将每大区划分为 15 个长势一致、有代表性的小区,其中用于第 1 茬草取样的为 9 个小区,剩余的 6 个小区用于第 2 茬草测定,每小区留苗 40 株。且当第 1 茬草的冀草 1 号到达抽穗期时对第 2 茬草标记的 6 个小区全部进行刈割。2 茬草不同生育天数下指标测定均于苗期开始,以后每隔 7 d 取样一次,至冀草 2 号达到抽穗期结束试验。生育期田间管理包括中耕锄草、病虫害防治、适时浇水。刈割时留茬高度 15 cm。

3.4.1.3　测定项目与方法

1. 株高测定

测量从地面到植株新叶最高部位的绝对高度。测量时每小区随机选取 10 株,然后取其平均值作为该生长时期株高。

2. 茎叶比测定

每小区取代表性的植株 10 株,人工将其茎和叶(穗和花序包括在叶内)分开,待自然风干后各自称重,计算二者的比值即为茎叶比。

3. 鲜干比测定

取代表性的植株 10 株,称其鲜重,待自然风干后称量干重,计算鲜重与干重的比值即为鲜干比。

4. 干物质积累量

每隔 7 d 取代表性植株 10 株,人工将其切碎成 1 cm 长的片段,待自然风干后称重,干物质积累量＝平均单株干物质重量×留苗密度。

5. 粗蛋白质产量

粗蛋白质产量＝单株平均干物质重量×留苗密度×粗蛋白质含量,其中粗蛋白质含量采用凯氏定氮法测定得。

6. 可溶性糖含量

每小区抽取有代表性的植株 10 株,采用手持量糖仪测定主茎秆基部、中部和上部的茎汁液的糖锤度,然后依据鲜干比,折算成单位干物质重量下的可溶性糖含量。

7. 氢氰酸含量

每小区抽取有代表性的植株 10 株,人工将高丹草植株茎叶混合、剪碎,取鲜样 40 g,采用硝酸银滴定法测定氢氰酸含量。

3.4.1.4　数据处理

运用 Excel 2003 软件进行数据处理及作图,采用 DPS 3.01 软件建立回归模型。

3.4.2　结果与分析

3.4.2.1　高丹草营养生长变化动态

1.生育进程比较

　　冀草1号、冀草2号高丹草不同生育天数下的生育期进程见表3-12。可以看出,第1茬高丹草在生育天数为100 d时,冀草1号进入蜡熟期,冀草2号刚到抽穗期,且冀草2号营养生长经历了93 d,冀草1号只用了65 d。由此表明,同期播种下,冀草2号的营养生长明显长于冀草1号。第2茬草生育期调查表明(表3-12),冀草1号的营养生长用了63 d,冀草2号用了70 d,营养生长只比冀草1号多了7 d。综合比较得出,冀草2号的营养生长受环境影响变化较大,可能与自身遗传特性有关,而冀草1号的生育期受环境影响相对较小。

表3-12　不同生育天数下高丹草新品种的生育期比较

生育天数	第1茬		生育天数	第2茬	
	冀草1号	冀草2号		冀草1号	冀草2号
44	苗期	苗期	38	苗期	苗期
51	拔节期	拔节期	45	拔节期	拔节期
58	拔节期	拔节期	52	拔节期	拔节期
65	孕穗期	拔节期	59	拔节期	拔节期
72	抽穗期	拔节期	63	孕穗期	拔节期
79	初花期	拔节期	70	抽穗期	孕穗期
86	盛花期	拔节期			
93	乳熟期	孕穗期			
100	蜡熟期	抽穗期			

2.株高变化

　　第1、2茬高丹草株高随生育天数的延长呈增加趋势(图3-1)。由于供试品种的生育进程不同,导致其株高变化也不同:若相同生育天数下刈割,冀草1号株高高于冀草2号,若在抽穗期刈割,则冀草2号株高明显高于冀草1号。回归分析得出,第1茬草播种后44～100 d内,冀草1号、冀草2号株高随生育天数变化的拟合方程分别为:

$$y=274.05/(1+\mathrm{e}5.56-0.11x), r=0.998 \, (P<0.01)$$
$$y=294.72/(1+\mathrm{e}4.57-0.08x), r=0.996 \, (P<0.01)$$

式中,y 为株高,cm;x 为生育天数,d。株高变化规律符合 Logistic 生长模型,第 2 茬草割后 38~70 d,冀草 1 号、冀草 2 号的拟合方程分别为:

$$y=259.92/(1+\mathrm{e}4.80-0.11x), r=0.998(P<0.01)$$
$$y=238.30/(1+\mathrm{e}5.73-0.13x), r=0.992(P<0.01)$$

　　其株高变化规律亦然符合 Logistic 生长模型。由此表明,随着生育天数的延长,高丹草的株高变化规律符合 Logistic 生长模型,与刘建宁等研究结果相一致。

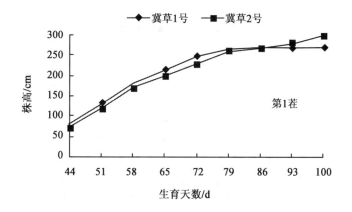

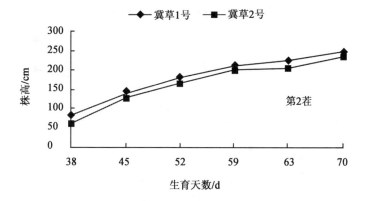

图 3-1　第 1 茬和第 2 茬高丹草生长时株高的变化

3. 干物质积累量变化

随着生育天数的推进,高丹草的干物质积累量呈增加趋势,且相同生育天数下,冀草 2 号的干物质积累量高于冀草 1 号(图 3-2)。回归分析得出,第 1 茬草生长时,冀草 1 号干物质积累量从播后 44 d 到播后 72 d(抽穗期)增长较快,而后缓慢增长,干物质积累量随生育天数变化的拟合方程为:

$$y = 17.65/(1 + e7.06 - 0.13x), r = 0.981 \ (P < 0.01)$$

式中,y 为干物质积累量,t/hm^2;x 为生育天数,d。增长曲线符合 Logistic 生长模型。冀草 2 号的拟合方程为:

$$y = 43.98/(1 + e4.89 - 0.07x), r = 0.994 \ (P < 0.01)$$

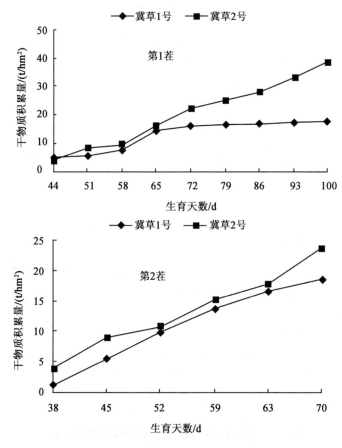

图 3-2 第 1 茬和第 2 茬高丹草生长时干物质积累量的变化

增长曲线亦然符合 Logistic 生长模型。第 2 茬草在刈割后的 38～70 d,冀草 1 号、冀草 2 号高丹草干物质积累量的拟合方程分别为:

$$y=19.71/(1+e7.81-0.15x),r=0.994\ (P<0.01)$$
$$y=49.03/(1+e4.62-0.06x),r=0.993\ (P<0.01)$$

其变化规律亦然符合 Logistic 生长模型。由此表明,随着生育天数的延长,高丹草的干物质积累变化规律符合 Logistic 增长模型。

4.鲜干比变化

第 1 茬高丹草的鲜干比随着生育天数的增加呈先增加后降低的趋势(图 3-3),

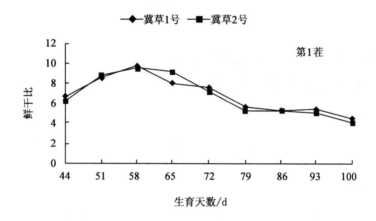

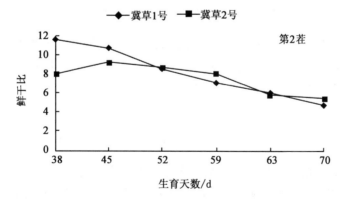

图 3-3　第 1 茬和第 2 茬高丹草生长时鲜干比的变化

鲜干比在播后 58 d 达到最大,此时高丹草生长正值雨季,鲜干比的升高可能与降水较多有关,回归分析得出,冀草 1 号、冀草 2 号鲜干比随生育天数变化的拟合方程分别为:

$$y=-0.07x+11.92, r=0.749 \ (P<0.05)$$
$$y=-0.08x+12.26, r=0.722 \ (P<0.05)$$

式中,y 为鲜干比;x 为生育天数,d。其变化趋势符合一元线性回归模型。第 2 茬高丹草的鲜干比随生育天数的延长一直处于下降趋势,得出冀草 1 号、冀草 2 号的拟合方程分别为:

$$y=-0.23x+20.47, r=0.995 \ (P<0.01)$$
$$y=-0.10x+13.09, r=0.776 \ (P<0.05)$$

其变化趋势同样符合一元线性回归模型。

3.4.2.2 高丹草饲用品质变化动态

1. 氢氰酸含量变化

第 1、2 茬高丹草的氢氰酸含量随着生育期的推进呈下降趋势(图 3-4)。回归分析得出,第 1 茬草在播后 44~100 d 内,冀草 1 号、冀草 2 号氢氰酸含量变化的拟合方程分别为:

$$y=-1.69x+194.69, r=0.855 \ (P<0.01)$$
$$y=-2.14x+244.77, r=0.938 \ (P<0.01)$$

式中,y 为氢氰酸含量,mg/kg;x 为生育天数,d。趋势符合一元线性回归模型。第 2 茬高丹草不同生育天数下的氢氰酸含量分析得出,冀草 1 号、冀草 2 号的氢氰酸含量变化拟合方程分别为:

$$y=-3.56x+259.76, r=0.957 \ (P<0.01)$$
$$y=-3.90x+298.95, r=0.940 \ (P<0.01)$$

其变化趋势与第一茬高丹草氢氰酸含量变化趋势相同,符合一元线性回归模型。据朱蓓蕾报道,植物饲料中氰化物的含量超过 200 mg/kg 时对动物有毒害,图 3-4 可知,在所测定的生育天数下,冀草 1 号、冀草 2 号高丹草的氢氰酸含量最高值均在饲料安全范围内,在此期间进行刈割饲喂牲畜是安全的。

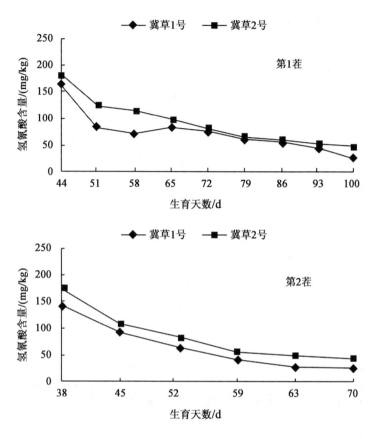

图 3-4　第 1 茬和第 2 茬高丹草生长时氢氰酸含量的变化

2.可溶性糖含量变化

　　第 1、2 茬高丹草的可溶性糖含量分析表明,随着生育天数的增加,可溶性糖含量呈先降低后升高的变化趋势(图 3-5)。回归分析得出,第 1 茬草在播后 44～100 d,冀草 1 号、冀草 2 号可溶性糖含量变化的拟合方程分别为:

$$y=0.013x^2-1.81x+81.48,r=0.836 (P<0.05)$$
$$y=0.016x^2-2.25x+95.67,r=0.893 (P<0.01)$$

式中,y 为可溶性糖含量,%;x 为生育天数,d。其变化趋势符合二次曲线回归模型。第 2 茬高丹草在刈割后 38～70 d 的回归分析得出,冀草 1 号、冀草 2 号的拟合方程分别为:

$$y = 0.035x^2 - 3.85x + 126.41, r = 0.978\ (P < 0.01)$$
$$y = 0.026x^2 - 2.82x + 95.73, r = 0.965\ (P < 0.01)$$

符合二次曲线回归模型,其变化趋势与第 1 茬高丹草的可溶性糖含量相同。

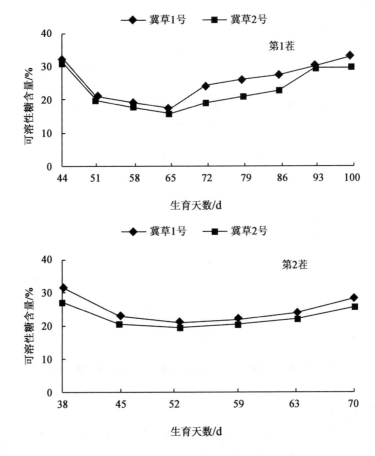

图 3-5　第 1 茬和第 2 茬高丹草生长时可溶性糖含量的变化

3. 茎叶比变化

第 1、2 茬高丹草茎叶比随生育天数的变化见图 3-6。第 1 茬草生长时,冀草 1 号的茎叶比在播后 79 d(初花期)达到最大,而后出现下降趋势,可能与穗的形成有关;期间冀草 2 号的茎叶比随着生育天数的延长一直处于增加趋势,经回归分析得出,冀草 1 号、冀草 2 号茎叶比变化的拟合方程分别为:

$$y=0.02x+0.25,r=0.708 (P<0.05)$$
$$y=0.04x-0.99,r=0.977 (P<0.01)$$

式中,y 为茎叶比;x 为生育天数,d。第 2 茬草刈割后的 $38\sim70$ d 范围内,茎叶比一直处于呈增加趋势,经回归分析,冀草 1 号、冀草 2 号的拟合方程分别为:

$$y=0.04x-0.97,r=0.985 (P<0.05)$$
$$y=0.04x-1.05,r=0.952 (P<0.01)$$

式中,y 为茎叶比;x 为生育天数,d。由此可知,第 2 茬高丹草的茎叶比变化趋势仍符合一元线性回归模型。

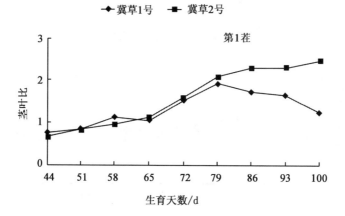

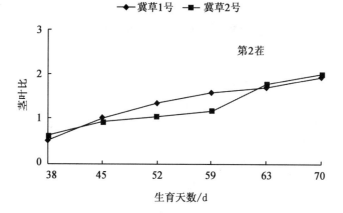

图 3-6 第 1 茬和第 2 茬高丹草生长时茎叶比的变化

4.粗蛋白质含量变化

第1、2茬高丹草的粗蛋白质含量随生育天数的增加呈下降趋势(图3-7)。经回归分析,第1茬草在播后44～100 d范围内,冀草1号、冀草2号高丹草的粗蛋白质含量的拟合方程分别为:

$$y=-0.10x+17.97,r=0.955(P<0.01)$$
$$y=-0.12x+19.18,r=0.944(P<0.01)$$

式中,y为粗蛋白质含量(DM),%;x为生育天数,d。变化趋势符合一元线性回归模型。第2茬高丹草在播后38～70 d范围内,冀草1号、冀草2号高丹草的粗蛋白质含量变化拟合方程分别为:

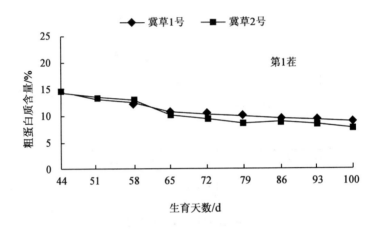

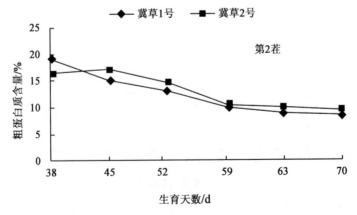

图3-7 第1茬和第2茬高丹草生长时粗蛋白质含量变化

$$y = -0.33x + 30.73, r = 0.969 \ (P < 0.01)$$
$$y = -0.27x + 27.59, r = 0.943 \ (P < 0.01)$$

式中,y 为粗蛋白质含量(DM),%;x 为生育天数,d。其变化趋势与第 1 茬高丹草粗蛋白质含量变化趋势相同,符合一元线性回归模型。

5. 粗蛋白质产量变化

高丹草新品种的粗蛋白质产量随生育天数的变化见图 3-8。第 1 茬草生长时,冀草 1 号的粗蛋白质产量在播后 72 d(抽穗期)达到最大,而后呈现缓慢下降,而冀草 2 号则随生育天数的延长呈增加趋势,回归分析得出冀草 1 号、冀草 2 号粗蛋白

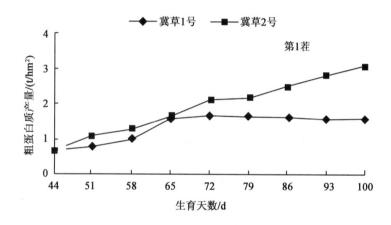

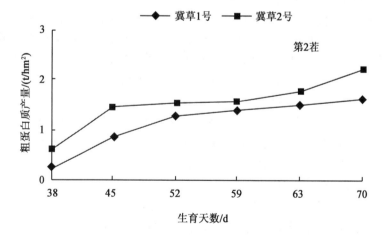

图 3-8 第 1 茬和第 2 茬高丹草生长时粗蛋白质产量的变化

质产量随生育天数变化的拟合方程分别为:

$$y=1.663/(1+e6.03-0.12x), r=0.950 (P<0.01)$$
$$y=3.520/(1+e3.76-0.06x), r=0.993 (P<0.01)$$

式中,y为粗蛋白质产量,t/hm^2;x为生育天数,d。其变化趋势也符合 Logistic 模型。第 2 茬高丹草在刈割后的 38~70 d,粗蛋白质产量呈缓慢增加趋势,回归分析得出,冀草 1 号、冀草 2 号高丹草粗蛋白质产量的拟合方程分别为:

$$y=1.546/(1+e10.26-0.23x), r=0.992 (P<0.01)$$
$$y=2.516/(1+e3.30-0.07x), r=0.911 (P<0.01)$$

其变化趋势亦符合 Logistic 生长模型。由此表明,随着生育天数的延长,高丹草的粗蛋白质产量变化规律符合 Logistic 生长模型。

3.4.3 小结

高丹草是以高粱为母本的杂交种,高粱幼苗包括再生苗都含有浓度较高的氰甙,家畜采食新鲜茎叶易造成氰化物中毒,当氢氰酸含量超过 200 mg/kg 时会对动物产生毒害。本研究得出,冀草 1 号、冀草 2 号氢氰酸含量均在苗期达到最高,分别为 161.24、182.06 mg/kg,而其后呈迅速下降趋势,且在所测定的生育天数内氢氰酸含量均未超过 200 mg/kg,研究结果与刘建宁相一致,同时与进一步证明了当高丹草株高生长到 120 cm 以上时进行刈割饲喂牲畜是安全的。

茎秆可溶性糖含量是评价牧草品质的一个重要指标,研究牧草可溶性糖的含量、分布部位及其变化趋势不仅能了解牧草在不同环境条件下的自身调节机制,同时也是衡量牧草品质和确定牧草利用时间、方式的重要指标。由于鲜干比不同,使得不同品种间茎秆汁液的糖锤度含量无法比较,通过换算将其修订为单位干物质重量下的可溶性糖含量进行比较才具有科学性。本研究与詹秋文等结果相同的是,苗期高丹草可溶性糖含量较高,而后植株进入营养快速生长,可溶性糖含量有所下降,至孕穗后期生长缓慢,可溶性糖含量又趋于上升趋势;不同的是,冀草 1 号茎秆可溶性糖含量在扬花期后仍处于缓慢增加趋势,而詹秋文等研究表明,扬花期后由于穗的形成茎秆中可溶性糖含量会减少,研究结果出现不一致,这可能是由测定部位、测定时期及测定方法不同造成的,相关研究仍需进一步探讨。

由于牧草的利用不同于农作物,收获的是以茎叶等为目的营养体农业,不需要完整的生育期,其营养成分的产量越高越好。不同生育时期饲草的营养价值和干物质产量之间是存在较大差异的,越幼嫩的饲草营养价值越高,但干物质产量较低;越接近成熟期的饲草干物质产量越高,但营养价值较低。本试验结果与之相符,即随着生育天数延长,高丹草干物质积累量逐渐增加,而粗蛋白质含量逐渐下降。因此,只有在某一特定生育时期,干物质积累量和粗蛋白质含量之积,即蛋白质产量达最大时进行刈割收获,才能获得较高的营养价值和饲草产量,而这一时期也就是牧草的最佳刈割时期。本研究得出,随生育天数的推进,高丹草品种的粗蛋白质产量增长规律符合 Logistic 增长模型,且两品种粗蛋白质产量的最高值均出现于抽穗期,从这个角度上可得出高丹草的最佳刈割期为抽穗期。

饲草的有效养分含量及不同发育期的动态变化是影响饲草利用效率和利用方式的重要因素,牧草的综合生产性能可用株高、干物质积累量、茎叶比、粗蛋白质含量等指标来进行评估。研究仅从粗蛋白质含量、产量以及干物质积累量等指标上初步得出高丹草的最佳刈割时期,而与营养品质密切相关的酸性洗涤纤维(ADF)、中性洗涤纤维以及能量价值指标总能(GE)、消化能(DE)、代谢能(ME)和可消化养分总量(TDN)也需进一步研究和分析,饲草刈割时期的确定是各种营养成分绝对含量相互作用的结果,只有综合评判这些指标确定最佳刈割期,并将其定位于某一特定的生育期,以此来指导生产实际具有可操作性。由于本试验是以冀草 1 号、冀草 2 号高丹草品种为基础材料,得出的初步结论是否适合所有高丹草品种还有待今后进一步系统研究。

本研究初步得出,高丹草的株高、干物质积累量的变化随着生育天数的推进符合 Logistic 增长模型,其氢氰酸含量、鲜干比及粗蛋白质含量呈下降趋势,茎叶比呈增加趋势,符合一元线性回归模型,而高丹草的可溶性糖含量随生育天数增加符合二次曲线回归模型。第 1 茬、第 2 茬草生长时,得出冀草 1 号、冀草 2 号粗蛋白质产量,变化趋势均符合 Logistic 模型,两品种粗蛋白质产量的最高值均出现于抽穗期。因此得出,高丹草在抽穗期收割时可同时获得较高的物质产量和营养价值。

3.5　种植密度和留茬高度对高丹草生产性能的影响

为揭示不同种植密度和留茬高度下高丹草生产性能间的差异性,以冀草 1 号、冀草 2 号高丹草为试验材料,采用大田小区栽培法,在 2008—2010 年连续 3 年田间试验基础上,分析了不同种植密度和留茬高度对冀草 1 号、冀草 2 号高丹草株高、茎叶比、茎数、鲜干比以及草产量的影响。种植密度试验得出,密度为 7.5 万～37.5 万株/hm² 范围内,冀草 1 号、冀草 2 号高丹草生产性能间无显著性差异;留茬高度试验表明,抽穗期刈割时不同留茬高度处理对高丹草生产性能无显著性影响,而株高 1.5 m 左右刈割时高丹草最佳留茬高度应为 20 cm。

3.5.1 材料与方法

3.5.1.1 试验地自然概况

试验地位于河北省农林科学院旱作农业节水试验站(东经 115°42′,北纬 37°44′),海拔高度 20 m,属暖温带半干旱半湿润季风气候,年平均气温 12.6℃,年平均降水 510 mm,其中 70％降水集中在 7—8 月份,无霜期 206 d。试验田土壤为黏质壤土,基础土壤含有机质 12.2 g/kg,碱解氮 67.2 mg/kg,速效磷 17.3 mg/kg 和速效钾 138 mg/kg。

3.5.1.2 试验材料

试验材料为冀草 1 号、冀草 2 号高丹草,均由河北省农林科学院旱作农业研究所选育。其中,冀草 1 号是 2009 年国家高粱品种鉴定委员会鉴定的新品种,冀草 2 号是 2010 年国家草品种审定委员会审定的新品种。试验内容为种植密度试验和留茬高度试验 2 部分,均 3 次重复,完全随机区组排列,小区行距 40 cm,行长 5.0 m,12 行区,小区面积 24 m²,两侧设置保护区,播前均底施复合肥 750 kg/hm²、尿素 300 kg/hm²,播深 2～3 cm,播后镇压,生育期田间管理包括中耕锄草、病虫害防治、适时浇水。

3.5.1.3 试验设计

试验 1:种植密度试验在 2008 年和 2009 年进行,不同种植密度的设置是通过三叶期间苗方式来实现的。2008 年以冀草 1 号为试验材料,将种植密度分别设置为 7.5 万、12 万、16.5 万、21 万、25.5 万、30 万株/hm² 6 个水平,于 6 月 16 日播种,在 8 月 12 日、10 月 2 日刈割 2 次;2009 年以冀草 1 号、冀草 2 号为试验材料,设置 5 个水平的种植密度,分别是 7.5 万、15 万、22.5 万、30 万、37.5 万株/hm²,于 5 月 23 日播种,在 7 月 21 日、9 月 16 日刈割 2 次,刈割时期均为抽穗期,测产时留茬高度 15 cm,测产同时取样测定相关指标。

试验 2:以冀草 1 号、冀草 2 号为试验材料,分别于 2009 年、2010 年连续 2 年进行留茬高度试验。按刈割时期不同设置 2 处理:处理 1 为抽穗期或株高 2.0 m 左右刈割时留茬高度分别设置为 5、10、15、20、25 cm 5 个水平,试验于 2009 年 7 月 21 日设置好留茬高度处理水平,待 9 月 16 日冀草 1 号生育期达到抽穗期、冀草 2 号平均株高接近 2.0 m 时进行刈割测产 1 次;处理 2 为株高在 1.5 m 左右刈割时设置留茬高度分别为 5、10、15、20 cm 4 个水平,于 2010 年 7 月 6 日设置好留茬高度处理水平,待每次刈割后植株再次生到 1.5 m 左右时进行刈割,分别于 8 月 6 日、9 月 23 日刈割 2 次。留茬高度试验中各水平下小区的种植密度为

22.5万株/hm², 测产同时取样测定相关指标。

3.5.1.4　测定项目与方法

1. 株高

每次刈割时测定植株高度, 测量从地面到植株新叶最高部位的绝对高度。每小区随机选取10株, 然后取其平均值作为该生长时期株高。

2. 草产量

试验每次测产时去掉小区两侧边行及行头50 cm, 收中间行数以小区为单位称重, 换算成全年鲜草产量; 并通过鲜干比折算成全年干草产量。

3. 茎叶比

刈割时每小区取代表性的植株10株, 人工将其茎和叶、花序按两部分分开, 待自然风干后各自称重, 穗部包括在叶内, 茎叶比=风干后茎的重量/风干后叶的重量。

4. 鲜干比

刈割时每小区取代表性的植株10株, 称其鲜重, 待自然风干后称量干重, 鲜干比=植株总鲜重/植株总干重。

5. 茎数

每次刈割测产后统计测产小区内所有单株的分蘖数, 然后换算成单位面积下的茎数。

3.5.1.5　数据处理

运用Excel 2003软件进行数据处理及作图, 采用DPS 3.01软件进行方差分析。

3.5.2　结果与分析

3.5.2.1　不同种植密度对高丹草生长发育的影响

2008年密度试验结果(表3-13)表明, 不同种植密度下冀草1号各茬间的株高、茎叶比、鲜草总产量及干草总产量无显著性差异($P > 0.05$); 而冀草1号的鲜干比、茎数在相同茬次不同处理下表现出一定的差异性, 第1茬草中以密度为16.5万、21.0万及30.0万株/hm²下的鲜干比较大, 显著高于其余3个处理($P < 0.05$), 第2茬草中以密度为12.0万株/hm²处理下的鲜干比显著高于其他5个处理($P < 0.05$); 随着种植密度的增大, 冀草1号茎数也表现出增加的趋势, 方差分析显示种植密度为30.0万株/hm²处理下冀草1号第1、2茬草的茎数显著高于7.5万株/hm²的处理($P > 0.05$)。

2009 年密度试验结果(表 3-14)表明,冀草 1 号在相同茬次不同种植密度下的株高、茎叶比、鲜草总产量及干草总产量无显著性差异($P>0.05$);第 1 茬草以密度为 22.5 万、30.0 万和 37.5 万株/hm^2 处理下的鲜干比显著低于密度为 7.5 万株/hm^2 的处理($P<0.05$),方差分析表明,2 茬草不同处理间的鲜干比无显著性差异($P>0.05$);冀草 1 号第 1、2 茬草的茎数随种植密度的增大而呈现增加的趋势,表现为 37.5 万株/hm^2 的高密度处理下,冀草 1 号茎数显著高于 7.5 万株/hm^2 的低密度处理($P<0.05$)。

2009 年密度试验结果(表 3-14)表明,冀草 2 号相同茬次不同种植密度下除株高、茎叶比无显著性差异外($P>0.05$),鲜干比、茎数、鲜草总产量及干草总产量均表现一定的差异性,密度为 7.5 和 12.0 万株/hm^2 处理下的鲜干比显著高于密度为 37.5 万株/hm^2 处理($P<0.05$);密度为 37.5 万株/hm^2 处理下的茎数显著高于密度为 7.5 万株/hm^2 的处理($P<0.05$)。除种植密度为 15 万株/hm^2 处理外,其余处理间鲜草总产量无显著性差异($P>0.05$),密度为 37.5 万株/hm^2 下的干草总产量与密度为 30.0 万株/hm^2 处理无显著性差异($P>0.05$),却显著高于其余 3 个处理($P<0.05$)。

3.5.2.2　不同留茬高度对高丹草再生性的影响

1. 抽穗期刈割时留茬高度对高丹草再生性影响

2009 年 7 月 21 日,当冀草 1 号第 1 茬植株达到抽穗期进行刈割时,此时设置 5 个不同留茬高度,待 9 月 16 日冀草 1 号第 2 茬植株再次达到抽穗期时进行刈割测产,研究不同留茬高度对高丹草生产性能的影响,结果见表 3-15。可以看出,冀草 1 号在不同留茬高度下的再生草茎叶比、茎数以及干草产量无显著性差异($P>0.05$),留茬高度为 15 cm 的株高与留茬高度为 5 和 10 cm 之间无显著性差异($P>0.05$),但显著高于留茬高度为 20 和 25 cm 的株高($P<0.05$);除留茬高度为 5 cm 的处理外,其他处理下的鲜干比无显著性差异($P>0.05$);鲜草产量在留茬高度为 5、10、15 和 20 cm 间无显著性差异($P>0.05$)。

不同留茬高度对冀草 2 号再生草的株高、茎叶比、鲜干比、茎数、鲜草产量及干草产量均无显著性影响($P>0.05$)(表 3-15)。

2. 株高为 1.5 m 时刈割留茬高度对高丹草再生性的影响

2010 年 7 月 6 日当第 1 茬草株高在 1.5 m 左右时进行刈割,此时设置留茬高度分别为 5、10、15、20 cm 4 个水平,待每次刈割后植株再次生到 1.5 m 左右时进行刈割,研究刈割后不同留茬高度对高丹草再生草的影响。结果(表 3-16)表明,

表 3-13　2008 年种植密度试验对冀草 1 号产量性状的影响

密度/(株/hm²)	株高/cm		茎叶比		鲜干比		茎数/(个/hm²)		总产量/(kg/hm²)	
	第 1 茬	第 2 茬	第 1 茬	第 2 茬	第 1 茬	第 2 茬	第 1 茬	第 2 茬	鲜草	干草
7.5 万	233.0a	181.3a	1.90a	1.33a	6.70c	6.36b	135 185d	389 815bc	89 305.6a	13 674.6a
12.0 万	229.8a	181.7a	1.84a	1.51a	6.97bc	7.38a	164 352d	338 426c	89 583.3a	13 638.7a
16.5 万	228.5a	184.1a	1.83a	1.53a	7.25ab	6.45b	218 519c	371 759bc	93 194.4a	13 470.0a
21.0 万	229.4a	175.5a	1.92a	1.56a	7.58a	5.85c	250 926c	414 352abc	94 861.1a	13 877.6a
25.5 万	225.6a	179.2a	1.81a	1.51a	6.99bc	6.12bc	287 037b	481 944ab	96 527.8a	14 623.1a
30.0 万	224.0a	177.5a	1.63a	1.54a	7.27ab	5.42d	397 685a	496 296a	92 592.6a	13 054.1a

注：同列数据肩标不同小写字母表示差异显著（P＜0.05），下表同。

表 3-14　2009 年种植密度试验对冀草 1 号、冀草 2 号产量性状的影响

品种	密度/(株/hm²)	株高/cm		茎叶比		鲜干比		茎数/(个/hm²)		总产量/(kg/hm²)	
		第 1 茬	第 2 茬	第 1 茬	第 2 茬	第 1 茬	第 2 茬	第 1 茬	第 2 茬	鲜草	干草
冀草 1 号	7.5 万	231.2a	179.6a	1.32a	1.99a	6.51c	5.40a	146 875c	264 792d	100 496.8a	16 808.9a
	15.0 万	228.9a	166.4a	1.47a	2.14a	6.16b	5.26a	148 750c	335 417c	89 712.6a	15 558.5a
	22.5 万	232.1a	170.6a	1.47a	2.03a	5.98bc	5.27a	190 625b	408 125b	93 688.6a	16 563.1a
	30.0 万	235.5a	174.6a	1.52a	1.90a	5.64c	5.04a	216 042b	442 083ab	105 439.3a	19 524.2a
	37.5 万	238.4a	168.7a	1.50a	1.95a	5.75c	4.97a	272 292a	502 917a	106 057.4a	19 444.2a
冀草 2 号	7.5 万	218.8a	184.4a	1.45a	1.55a	8.41a	6.83ab	146 042c	263 542c	118 824.4ab	15 512.7d
	15.0 万	224.5a	179.5a	1.47a	1.46a	8.05ab	6.91a	158 125c	362 292b	110 249.3b	14 556.3d
	22.5 万	223.7a	186.3a	1.47a	1.55a	7.41bc	6.66ab	168 750c	393 542b	116 500.1ab	16 387.4bc
	30.0 万	224.7a	193.2a	1.63a	1.49a	7.14c	6.87ab	212 708b	485 208a	121 661.8a	17 318.3a
	37.5 万	224.7a	185.8a	1.58a	1.49a	7.01c	6.55b	242 708a	501 250a	126 364.8a	18 525.9a

表 3-15 抽穗期刈割时留茬高度对冀草 1 号、冀草 2 号再生草产量性状的影响

品种	留茬高度/cm	株高/cm	茎叶比	鲜干比	茎数/(个/hm²)	鲜草产量/(kg/hm²)	干草产量/(kg/hm²)
冀草 1 号	5	200.3[a]	2.27[a]	6.12[a]	431 510[a]	36 068.1[ab]	5 897.5[a]
	10	183.8[bc]	2.41[a]	5.58[b]	427 865[a]	34 898.3[ab]	6 303.0[a]
	15	191.4[ab]	2.16[a]	6.00[ab]	418 490[a]	40 405.8[a]	6 738.8[a]
	20	166.9[d]	2.27[a]	5.72[ab]	415 104[a]	37 747.9[ab]	6 633.5[a]
	25	176.8[cd]	2.27[a]	5.53[b]	471 094[a]	31 263.2[b]	5 666.6[a]
冀草 2 号	5	197.0[a]	1.60[a]	7.41[a]	505 729[a]	56 623.2[a]	7 638.1[a]
	10	197.8[a]	1.54[a]	7.22[a]	540 365[a]	53 691.1[a]	7 453.7[a]
	15	192.9[a]	1.55[a]	7.26[a]	536 198[a]	54 470.7[a]	7 526.1[a]
	20	194.3[a]	1.51[a]	7.42[a]	521 615[a]	53 672.5[a]	7 237.2[a]
	25	195.1[a]	1.46[a]	7.24[a]	565 104[a]	52 667.7[a]	7 272.4[a]

表 3-16 株高为 1.5 m 时刈割留茬高度对冀草 1 号、冀草 2 号再生草产量性状的影响

品种	留茬高度/cm	株高/cm		茎叶比		鲜干比		茎数/(个/hm²)		总产量/(kg/hm²)	
		第 1 茬	第 2 茬	第 1 茬	第 2 茬	第 1 茬	第 2 茬	第 1 茬	第 2 茬	鲜草	干草
冀草 1 号	5	159.6[c]	162.8[a]	1.13[a]	1.17[a]	9.75[a]	7.89[a]	331 250[b]	385 000[b]	79 550.0[c]	8 916.7[c]
	10	159.8[c]	160.3[a]	1.16[a]	1.30[a]	9.87[a]	8.48[a]	428 333[a]	443 750[ab]	85 416.7[bc]	9 383.3[c]
	15	169.9[b]	161.2[a]	1.20[a]	1.12[a]	9.15[a]	8.31[a]	404 167[ab]	467 083[ab]	95 883.3[b]	11 150.0[b]
	20	184.9[a]	166.9[a]	1.28[a]	1.23[a]	8.83[a]	8.08[a]	452 500[a]	513 333[a]	108 833.3[a]	12 866.7[a]
冀草 2 号	5	141.4[b]	142.9[a]	0.81[a]	0.99[a]	10.61[a]	7.43[a]	348 750[b]	383 750[c]	77 766.7[c]	8 816.7[b]
	10	144.3[ab]	161.1[a]	0.77[a]	1.13[a]	10.31[a]	8.00[a]	431 250[ab]	438 333[ab]	96 766.7[ab]	10 550.0[ab]
	15	151.0[ab]	146.4[a]	0.75[a]	1.07[a]	10.73[a]	7.87[a]	422 500[ab]	481 250[ab]	97 266.7[b]	10 483.3[ab]
	20	154.2[a]	152.4[a]	0.83[a]	0.97[a]	10.10[a]	8.05[a]	466 667[a]	512 083[a]	107 800.0[a]	11 900.0[a]

冀草 1 号的茎叶比、鲜干比以及刈割后 2 茬草的株高在不同处理间无显著性差异（$P>0.05$）；留茬高度为 20 cm 的处理 2 茬草株高、茎数、鲜草产量及干草产量显著高于留茬高度为 5 cm 的处理（$P<0.05$），而留茬高度为 10 和 15 cm 下 2 茬草的茎数、鲜草产量无显著性差异（$P>0.05$）。

冀草 2 号的茎叶比、鲜干比以及 2 茬草的株高在不同处理间无显著性差异（$P>0.05$）；留茬高度为 20 cm 的处理 2 茬草株高、茎数、鲜草产量及干草产量显著高于留茬高度为 5 cm 的处理（$P<0.05$），而留茬高度为 10 和 15 cm 下的 2 茬草株高、茎数、鲜草产量以及干草产量无显著性差异（$P>0.05$）。

3.5.3　讨论

连续 2 年试验得出，海河低平原农区，冀草 1 号、冀草 2 号高丹草种植密度在 7.5 万～37.5 万株/hm² 范围内的株高、茎叶比无显著性变化（$P>0.05$）；受雨热同期的影响，冀草 1 号、冀草 2 号高丹草第 1 茬草的鲜干比高于第 2 茬，相同茬次不同种植密度处理下的鲜干比表现出一定的显著性差异（$P<0.05$）；低种植密度处理下的小区茎数显著低于高种植密度处理，但草总产量在低种植密度处理和高种植密度处理间无显著性变化。这可能是由于低种植密度下高丹草具有较强的分蘖性，种植密度虽小但单株发育空间较大，能有效地利用光、温、水等资源，促使植株茎秆横向发展，使得低种植密度群体下茎秆增粗，而随着种植密度的进一步增大，高种植密度处理下单株分蘖性能降低，同时资源有限，单株竞相生长，使得高种植密度下群体茎秆较细，茎秆粗度的不同造成冀草 1 号、冀草 2 号高丹草群体的生物量间无显著性差异。

综上，初步得出种植密度为 7.5 万～37.5 万株/hm² 范围内，冀草 1 号、冀草 2 号生产性能无显著性差异，其结果与前人研究有一定的出入，可能与试验所选择的材料、刈割次数、利用目的及品种的生态区域性有关。本研究只从产量性状及其构成因子间分析了不同种植密度下高丹草的生产性能，缺少不同种植密度下各品种间品质相关性状以及抗逆性方面的分析研究，事实上，因种植密度不同，可能会造成低种植密度下群体茎秆较粗，木质化积累程度较高，其结果抗倒伏性虽好，但品质较差，而高种植密度下群体的茎秆较细，植株木质化积累程度低，叶量丰富，其结果品质虽高，但抗倒伏性较差。因此，有必要从品质及抗性等性状上继续对不同种植密度下高丹草生产性能进行研究。

按刈割时期不同留茬高度试验设置抽穗期刈割和株高为 1.5 m 左右刈割 2 个处理，冀草 1 号在这 2 个处理下的株高、鲜干比、茎数以及草产量的变化不同：

抽穗期刈割时,冀草 1 号的留茬高度越高,株高越低,而在株高为 1.5 m 左右刈割时,留茬高度越高其株高也越高;抽穗期刈割时,冀草 1 号留茬高度为 25 cm 下的鲜干比显著低于留茬高度为 5 cm 的处理,而在株高为 1.5 m 左右刈割时,不同留茬高度处理间的鲜干比无显著性变化;株高为 1.5 m 左右刈割时,留茬高度为 20 cm 的分蘖数、草产量均显著高于留茬高度为 5 cm 的处理,而抽穗期刈割时,留茬高度在 15 cm 下的分蘖数、鲜草产量、干草产量均高于其他处理。抽穗期刈割时,不同留茬高度下冀草 1 号各产量性状间虽有一定的差异性,但多数指标间无显著性差异,综合考虑得出,抽穗期刈割时,冀草 1 号不同留茬高度下的生产性能无显著性差异;株高在 1.5 m 左右刈割时,留茬高度为 20 cm 处理下冀草 1 号的干草总产量显著高于其他处理,得出冀草 1 号最佳留茬高度为 20 cm。

株高为 1.5 m 左右刈割时,冀草 2 号留茬高度为 20 cm 处理下的分蘖数、草产量均显著高于留茬高度为 5 cm 的处理,而在抽穗期刈割时,不同留茬高度对冀草 2 号的分蘖数、草产量无显著性影响。无论在抽穗期刈割还是在株高为 1.5 m 左右时刈割,不同留茬高度对冀草 2 号的株高、茎叶比、鲜干比均无显著性影响。综合各性状指标得出,抽穗期刈割时,冀草 2 号不同留茬高度下的生产性能无显著性差异;株高在 1.5 m 左右刈割时冀草 2 号最佳留茬高度为 20 cm,研究结果与冀草 1 号相同。

3.5.4　结论

通过研究发现,在海河低平原农区,抽穗期刈割时冀草 1 号、冀草 2 号高丹草的种植密度在 7.5 万~37.5 万株/hm² 均可,且不同留茬高度对 2 茬草的生产性能无显著性影响,而株高 1.5 m 左右刈割时,最佳留茬度应为 20 cm。

3.6　高丹草抗旱性评价研究

为比较不同饲草高粱品种间的抗旱性上差异。试验采用全生育期田间模拟干旱法,通过设置"正常浇水"和"干旱胁迫"处理,分别从生长发育、品质以及产量性状方面研究不同高丹草品种对干旱胁迫的响应,借鉴《小麦抗旱性鉴定评价技术规程》中的抗旱指数(drought resistance index,DI)对参试品种的抗旱性进行评价。结果表明,运用抗旱指数 DI 得出鲜草产量下各品种的抗旱性为:冀草 1 号>冀草 2 号>乐食>健宝>皖草 3 号,干草产量下各品种的抗旱性为:冀草 1 号>皖草 3 号>冀草 2 号>乐食>健宝。

3.6.1　材料与方法

3.6.1.1　试验材料

供试材料为冀草 1 号、冀草 2 号、皖草 3 号、乐食(Everlush)、健宝(Jumbro)。其中,皖草 3 号和乐食为国家草品种审定委员会审定品种,是国家草品种区域试验的对照品种;健宝为来源于澳大利亚的引进品种。

3.6.1.2　试验方法

试验于 2009 年 5—9 月在试验站干旱棚内进行。播种时每品种种 6 行区,小区面积 7.2 m²(长 3.0 m×宽 2.4 m),行距 40 cm,株距 10 cm。5 月 27 日播种,底施复合肥 750 kg/hm²,尿素 300 kg/hm²,播深 2～3 cm,播后镇压,生育期田间管理包括中耕锄草、病虫害防治、适时浇水。试验分别于 7 月 21 日、9 月 16 日刈割 2 次,刈割留茬高度 15 cm。同时同步取样测定抗旱鉴定指标。

试验采用随机区组设计,全生育期设"干旱胁迫"与"正常浇水" 2 个处理,3 次重复。水分控制采用定期测定土壤含水量和定量复水的方法来进行。干旱胁迫处理:通过控制水分使高丹草生长处于相对干旱状态,即全生育期内 0～60 cm 土层的含水量维持在田间持水量的 30%～35%;正常浇水处理:全生育期内要保证高丹草生长处于适宜状况,即 0～60 cm 土层的含水量维持在田间持水量的 60%～65%;试验测的土壤田间持水量为 25.36%。

3.6.1.3　测定内容

1.植株生长高度

每次刈割前,每小区随机取 10 株,测量从地面到植株的最高部位的绝对高度,取平均值。

2.草产量

试验每次测产时,距离地面 15 cm 刈割,去掉小区两侧边行及行头 50 cm,收中间行数以小区为单位称重,换算成全年鲜草产量,再通过鲜干比折算成全年干草产量。

3.茎叶比

在产草量测定的同时,取代表性的植株 10 株,人工将其茎和叶(包括花序)按两部分分开,待自然风干后各自称重,计算茎叶比。

4.鲜干比

在产草量测定的同时,取代表性的植株 10 株,称其鲜重,待自然风干后称量干重,计算鲜干比。

5.粗蛋白质含量

对 2009 年刈割的 2 茬草人工取样,自然风干后再烘干,采用凯氏定氮法测定粗蛋白质含量。

6.糖锤度含量

刈割测产时每小区抽取有代表性的植株 10 株,采用手持量糖仪测定主茎秆基部、中部和上部的茎汁液的糖锤度,然后依据鲜干比,折算成单位干物质重量下的茎秆糖锤度含量。

3.6.1.4 数据处理

试验数据采用 Excel 应用软件制表,SAS 应用软件进行方差分析。通过计算各项指标的抗旱系数(drought resistance coefficient,DRC)来揭示不同品种对干旱胁迫的响应。借鉴《小麦抗旱性鉴定评价技术规程》中的抗旱指数 DI 对供试品种进行抗旱性评价,并比较与兰巨生等提出的抗旱指数(drought resistance index,DRI)的区别。上述指标的计算公式分别为:

$$抗旱系数(DRC)=干旱胁迫处理下测定值/正常浇水处理下测定值$$

$$抗旱指数(DRI)=GY_{S.T} \cdot GY_{S.T}/(GY_{S.W} \cdot GY_T)$$

$$抗旱指数(DI)=GY_{S.T}^2 \cdot GY_{CK.W}/(GY_{S.W} \cdot GY_{CK.T}^2)$$

式中:$GY_{S.T}$ 为某品种干旱胁迫处理下的产量;$GY_{S.W}$ 为某品种正常浇水处理下的产量;GY_T 为待测品种干旱胁迫处理下的旱地平均产量;$GY_{CK.W}$ 为对照品种正常浇水处理下的产量;$GY_{CK.T}$ 为对照品种干旱胁迫处理下的产量。试验以国家草品种审定委员会审定品种皖草 3 号做抗旱性评价的对照品种。

3.6.2 结果与分析

3.6.2.1 干旱胁迫对供试品种生长发育特性的影响

1.干旱胁迫对生育进程的影响

从供试 5 个高丹草新品种的生育期(表 3-17)可以看出,同期播种条件下冀草 2 号、健宝和乐食 3 个品种无论在正常浇水还是干旱胁迫处理下均没有抽穗,这可能与品种自身遗传特性有关。干旱胁迫下冀草 1 号、皖草 3 号这 2 个品种的抽穗期均较正常浇水处理下提前 2 d,扬花期提前 4 d。

2.干旱胁迫对株高的影响

抗旱系数是供试品种干旱胁迫下的性状测定值与正常浇水处理下测定值的比值,反映的是不同品种对干旱胁迫的敏感程度,抗旱系数越接近 1,则品种的抗旱性越强。表 3-18 中不同品种的株高抗旱系数反映出受干旱胁迫的影响,植株生长

表 3-17　不同处理下供试品种生育期调查结果

品种	播种期		出苗期		拔节期		孕穗期		抽穗期		扬花期	
	CK	TM	CK	TM	CK	TM	CK	TM	CK	TM	CK	TM
冀草 1 号	5 月 27 日	5 月 27 日	5 月 30 日	5 月 30 日	6 月 29 日	6 月 29 日	7 月 16 日	7 月 14 日	7 月 21 日	7 月 19 日	8 月 1 日	7 月 28 日
健宝	5 月 27 日	5 月 27 日	6 月 1 日	6 月 1 日	6 月 28 日	6 月 28 日	—	—	—	—	—	—
冀草 2 号	5 月 27 日	5 月 27 日	5 月 30 日	5 月 30 日	7 月 1 日	7 月 1 日	—	—	—	—	—	—
乐食	5 月 27 日	5 月 27 日	6 月 1 日	6 月 1 日	7 月 1 日	7 月 1 日	—	—	—	—	—	—
皖草 3 号	5 月 27 日	5 月 27 日	5 月 30 日	5 月 30 日	6 月 26 日	6 月 26 日	7 月 13 日	7 月 10 日	7 月 17 日	7 月 15 日	7 月 25 日	7 月 21 日

注:CK 表示正常浇水处理,TM 表示干旱胁迫处理,DRC 表示抗旱系数。下表同。

表 3-18　干旱胁迫对供试品种株高的影响　cm

品种	第 1 茬			第 2 茬		
	CK	TM	DRC	CK	TM	DRC
冀草 1 号	244.0 ± 14.11^b	227.6 ± 16.03^b	0.93 ± 0.07^{ab}	167.6 ± 9.17^b	158.6 ± 3.20^b	0.95 ± 0.06^a
健宝	213.0 ± 14.81^{cd}	183.2 ± 10.20^{cd}	0.86 ± 0.05^b	161.7 ± 5.51^{bc}	153.3 ± 6.61^{bc}	0.95 ± 0.02^a
冀草 2 号	227.8 ± 10.60^{bc}	206.5 ± 9.71^{bc}	0.91 ± 0.04^{ab}	166.4 ± 5.91^{bc}	154.7 ± 5.96^b	0.93 ± 0.07^a
乐食	201.1 ± 18.33^d	172.9 ± 21.03^d	0.86 ± 0.03^b	151.7 ± 5.96^c	140.1 ± 8.51^c	0.92 ± 0.06^a
皖草 3 号	268.6 ± 15.00^a	263.0 ± 9.74^a	0.98 ± 0.09^a	208.9 ± 13.91^a	188.8 ± 11.21^a	0.91 ± 0.06^a

注:同列数据肩标不同小写字母表示差异显著(P<0.05)。下表同。

受到抑制，干旱胁迫下的株高低于正常浇水处理。2 次刈割条件下，自育品种冀草 1 号、冀草 2 号的株高在相同处理下虽显著低于皖草 3 号（$P<0.05$），但二者的抗旱系数与供试品种皖草 3 号、健宝、乐食无显著性差异（$P>0.05$）。

3. 干旱胁迫对鲜干比的影响

由表 3-19 可知，受干旱胁迫的影响，供试品种干旱胁迫处理下的鲜干比降低。2 次刈割条件下，冀草 1 号与乐食、冀草 2 号与健宝在相同处理下鲜干比无显著性差异（$P>0.05$），但均显著高于皖草 3 号（$P<0.05$）。方差分析显示，冀草 1 号与皖草 3 号的抗旱系数无显著性差异（$P>0.05$），但均与健宝、冀草 2 号有显著性差异（$P<0.05$），冀草 2 号的抗旱系数在 2 次刈割条件下为最小，显著低于健宝和皖草 3 号（$P<0.05$），表明干旱胁迫对其鲜干比影响最大。

表 3-19 干旱胁迫对供试品种鲜干比的影响

品种	第 1 茬			第 2 茬		
	CK	TM	DRC	CK	TM	DRC
冀草 1 号	6.13 ± 0.20^c	6.07 ± 0.44^b	0.99 ± 0.04^a	6.76 ± 0.42^a	5.73 ± 0.40^b	0.85 ± 0.05^b
健宝	7.88 ± 0.13^{ab}	6.68 ± 0.23^{ab}	0.85 ± 0.03^c	7.18 ± 0.53^a	6.82 ± 0.79^a	0.95 ± 0.08^a
冀草 2 号	8.52 ± 0.29^a	6.89 ± 0.35^a	0.81 ± 0.02^d	7.63 ± 0.54^a	6.18 ± 0.24^{ab}	0.81 ± 0.03^c
乐食	6.65 ± 1.70^{bc}	6.27 ± 0.38^{ab}	0.94 ± 0.13^b	7.34 ± 0.67^a	6.02 ± 0.42^{ab}	0.82 ± 0.05^{bc}
皖草 3 号	3.88 ± 0.41^d	3.71 ± 0.37^c	0.96 ± 0.09^{ab}	4.74 ± 0.23^b	4.05 ± 0.22^c	0.85 ± 0.05^b

3.6.2.2 干旱胁迫对供试品种品质特性的影响

1. 干旱胁迫对糖锤度含量的影响

试验采用手持量糖仪测定了不同品种茎秆汁液的糖锤度，由于供试品种中皖草 3 号茎秆髓质为干涸型，鲜干比显著低于其他品种（$P<0.05$），造成不同品种间茎秆汁液的糖锤度无法比较。通过换算将茎秆汁液中的糖锤度修订为单位干物质重量下的茎秆糖锤度含量进行比较才具有有效性。不同品种茎秆糖锤度含量的抗旱系数（表 3-20）显示，供试品种在干旱胁迫下的茎秆糖锤度含量增加。第 1 茬草刈割时除乐食外，其他品种间的茎秆糖锤度含量在相同处理下无显著性差异（$P>0.05$），而第 2 茬草刈割时所有品种间的茎秆糖锤度含量均无显著性差异（$P>0.05$）。从各品种的抗旱系数可以看出，除第 2 茬草刈割时健宝的抗旱系数显著高于其他品种外（$P<0.05$），其余品种间抗旱系数无显著性差异（$P>0.05$）。

2. 干旱胁迫对茎叶比的影响

由表 3-21 可知，2 次刈割条件下，无论正常浇水还是干旱胁迫处理，冀草 1 号与皖草 3 号的茎叶比均无显著性差异（$P>0.05$），冀草 2 号与健宝、乐食的茎叶比也无显著性差异（$P>0.05$）。第 1 茬草刈割时抗旱系数在 0.94～1.01 内变化，第 2 茬草刈割时抗旱系数在 0.88～1.03 内变化。方差分析表明，不同品种间抗旱系数无显著性差异（$P>0.05$）。由此表明，干旱胁迫对不同品种的茎叶比没有影响。

表 3-20 干旱胁迫对供试品种茎秆糖锤度含量的影响（干物质基础） ％

品种	第 1 茬			第 2 茬		
	CK	TM	DRC	CK	TM	DRC
冀草 1 号	19.78±2.45[a]	22.00±2.66[ab]	1.11±0.05[a]	25.33±4.96[a]	25.85±4.06[a]	1.03±0.11[b]
健宝	17.25±3.19[ab]	20.41±2.15[ab]	1.20±0.11[a]	15.99±5.44[a]	22.60±7.10[a]	1.43±0.21[a]
冀草 2 号	17.32±3.08[ab]	19.71±1.88[ab]	1.15±0.07[a]	25.11±6.17[a]	26.86±5.33[a]	1.12±0.27[b]
乐食	14.40±1.86[b]	17.73±4.29[b]	1.27±0.08[a]	18.11±5.91[a]	20.77±6.28[a]	1.13±0.16[b]
皖草 3 号	20.13±3.47[a]	24.76±5.14[a]	1.23±0.16[a]	18.96±5.03[a]	19.18±5.56[a]	1.01±0.24[b]

表 3-21 干旱胁迫对供试品种茎叶比的影响

品种	第 1 茬			第 2 茬		
	CK	TM	DRC	CK	TM	DRC
冀草 1 号	1.27±0.03[a]	1.26±0.09[a]	0.99±0.09[a]	1.77±0.18[ab]	1.71±0.23[ab]	0.98±0.22[a]
健宝	1.02±0.13[b]	0.95±0.08[b]	0.95±0.15[a]	1.55±0.04[bc]	1.59±0.42[ab]	1.03±0.28[a]
冀草 2 号	1.02±0.10[b]	1.02±0.03[b]	1.00±0.12[a]	1.49±0.06[c]	1.49±0.16[ab]	1.01±0.15[a]
乐食	0.89±0.06[b]	0.83±0.07[b]	0.94±0.06[a]	1.43±0.06[c]	1.26±0.26[b]	0.88±0.16[a]
皖草 3 号	1.43±0.12[a]	1.44±0.23[a]	1.01±0.12[a]	1.91±0.24[a]	1.78±0.19[a]	0.94±0.08[a]

3. 干旱胁迫对粗蛋白质含量的影响

由表 3-22 可知，干旱胁迫降低了不同品种的粗蛋白质含量。干旱胁迫处理下，皖草 3 号的粗蛋白质含量显著低于冀草 1 号、冀草 2 号（$P<0.05$）。第 1 茬草刈割时，冀草 1 号的抗旱系数与健宝无显著性差异（$P>0.05$），但显著高于乐食、皖草 3 号（$P<0.05$），而冀草 2 号的抗旱系数与健宝、乐食、皖草 3 号的抗旱系数无显著性差异（$P>0.05$）。而第 2 茬草刈割时，冀草 1 号、冀草 2 号的抗旱系数与乐食、皖草 3 号的抗旱系数无显著性差异（$P>0.05$），但与健宝的抗旱系数呈显著性差异（$P<0.05$）。

表 3-22　干旱胁迫对供试品种粗蛋白质含量的影响（干物质基础）　　　　%

品种	第 1 茬			第 2 茬		
	CK	TM	DRC	CK	TM	DRC
冀草 1 号	10.29±0.68c	10.26±1.07a	0.99±0.04a	10.03±0.45bc	9.34±0.93a	0.93±0.05a
健宝	12.19±0.99a	11.20±0.53a	0.92±0.03ab	12.80±1.79a	10.07±0.30a	0.80±0.03b
冀草 2 号	10.98±0.34bc	10.28±0.35a	0.94±0.01ab	10.69±0.30b	9.59±0.27a	0.90±0.02a
乐食	11.84±0.53ab	10.47±0.68a	0.88±0.04b	11.53±0.35ab	10.26±0.89a	0.89±0.07a
皖草 3 号	8.70±0.53d	7.49±0.59b	0.86±0.09b	8.95±0.63c	7.51±0.47b	0.84±0.09ab

3.6.2.3　干旱胁迫对供试品种产量性状的影响

研究以全年鲜草产量、干草产量为依据，分析了不同品种不同处理下的草产量表现（表 3-23）。结果表明，干旱胁迫不同程度地降低了供试品种的草产量。干旱胁迫处理下，冀草 1 号、冀草 2 号的鲜草产量显著高于其他品种（$P<0.05$），其干草产量与皖草 3 号差异不显著（$P>0.05$），但与乐食、健宝的干草产量有显著性差异（$P<0.05$）。从供试品种的抗旱系数看出，鲜草产量下冀草 1 号的抗旱系数最大，表明其鲜草产量受干旱胁迫影响最小，而引进品种健宝抗旱系数最小。方差分析表明，不同品种间干草产量的抗旱系数间无显著性差异（$P>0.05$）（表 3-23）。

3.6.2.4　全生育期供试品种抗旱性评价

运用兰巨生等提出的抗旱指数 DRI 和《小麦抗旱性鉴定评价技术规范》中的抗旱指数 DI 对供试品种的抗旱性进行评价。在计算中，抗旱指数 DRI 是以某组试验平均产量做对照来比较不同品种间的抗旱性，而抗旱指数 DI 是以生产中推广面积较大的皖草 3 号品种的旱地产量表现做对照来比较不同品种间的抗旱性。由表 3-24 可以看出，抗旱指数 DI 评价结果排序与抗旱指数 DRI 完全一致，表明二者数学意义相近，只是抗旱指数 DI 因引入对照品种做参照，使对照品种的抗旱指数为 1.00，抗旱鉴定结果比抗旱指数 DRI 更直观。鲜草产量下各品种的抗旱性为：冀草 1 号＞冀草 2 号＞乐食＞健宝＞皖草 3 号，干草产量下各品种的抗旱性为：冀草 1 号＞皖草 3 号＞冀草 2 号＞乐食＞健宝。

表 3-23　不同处理方式下供试品种的草产量比较

kg/hm²

品种	鲜草产量			干草产量		
	CK	TM	DRC	CK	TM	DRC
冀草 1 号	87 554.7±9 119.1[bc]	77 628.9±2 604.2[a]	0.89±0.07[a]	13 564.5±1 129.6[ab]	13 188.7±589.2[a]	0.98±0.11[a]
健宝	91 258.3±3 194.2[ab]	62 369.7±2 100.4[b]	0.69±0.08[b]	12 029.8±1 537.7[bc]	9 315.0±942.7[b]	0.78±0.10[a]
冀草 2 号	105 480.4±7 663.2[a]	78 369.6±9 111.9[a]	0.75±0.11[ab]	13 095.8±1 513.1[bc]	11 958.5±1 136.8[a]	0.92±0.14[a]
乐食	73 332.6±5 979.3[cd]	56 295.7±7 401.4[b]	0.77±0.15[ab]	10 802.4±1 160.3[c]	9 214.9±1 648.7[b]	0.89±0.30[a]
皖草 3 号	67 554.9±2 666.7[d]	52 740.2±5 431.2[b]	0.78±0.08[ab]	15 800.0±639.8[a]	13 638.4±760.1[a]	0.86±0.06[a]

表 3-24　供试品种抗旱性鉴定评价结果

品种	鲜草产量		干草产量	
	DRI	DI	DRI	DI
冀草 1 号	1.06±0.10[a]	1.72±0.41[a]	1.13±0.15[a]	1.12±0.31[a]
健宝	0.66±0.07[b]	1.07±0.28[b]	0.64±0.12[b]	0.64±0.21[b]
冀草 2 号	0.90±0.20[ab]	1.42±0.09[ab]	0.97±0.25[ab]	0.93±0.14[ab]
乐食	0.68±0.22[b]	1.14±0.51[ab]	0.74±0.33[ab]	0.75±0.38[ab]
皖草 3 号	0.63±0.11[b]	1.00±0.00[b]	1.03±0.15[a]	1.00±0.00[ab]

注：DRI 为兰巨生等提出的抗旱指数，DI 为《小麦抗旱性鉴定评价技术规程》中的抗旱指数。

3.6.3　讨论

  试验依据抗旱指数 DI 得出鲜草产量下各品种的抗旱性为:冀草 1 号>冀草 2 号>乐食>健宝>皖草 3 号,干草产量下各品种的抗旱性为:冀草 1 号>皖草 3 号>冀草 2 号>乐食>健宝。皖草 3 号在这 2 种情况下排序差异较大,可能与品种自身特性有关。皖草 3 号属白脉品种,茎秆髓质为干涸型,鲜干比显著低于其他品种;而其他几个品种属蜡脉品种,茎秆髓质为多汁型,鲜、干草产量排序结果一致。

  研究显示,各单项指标的抗旱系数揭示了不同高丹草品种对干旱胁迫的响应,同一指标抗旱系数在不同品种间的差异性表现不同,仅从各单项指标的抗旱系数进行抗旱性评价,其结果具有一定局限性,且这些指标是否可靠最终也只能以产量指标为依据进行确定。抗旱系数只反映出供试品种对干旱的敏感程度,不能反映出的产量水平。研究表明,冀草 1 号在鲜草产量、干草产量下的抗旱系数均最大,分别为 0.89、0.98,但其产量却不是最高的;干旱胁迫下,冀草 2 号的鲜草产量、皖草 3 号的干草产量为最高,分别达到 78 369.6、13 638.4 kg/hm²,但其抗旱系数却不是最大的。

  植物抗旱性的研究往往注重品种的抗旱性而忽视了品种的丰产性。植物在干旱胁迫下的产量指标是评价不同品种抗旱性强弱的最根本最直接的指标,由于牧草抗旱性研究中没有统一的抗旱鉴定技术规范,本研究借鉴《小麦抗旱性鉴定评价技术规范》,以 5 个高丹草品种为研究材料,采用全生育期旱棚鉴定法,比较了抗旱指数 DRI 和 DI 在评价不同品种抗旱性上的差异。结果表明,依据抗旱指数 DRI 和 DI 得到的参试品种的抗旱性排序一致,表明二者数学意义相近。抗旱指数 DRI 弥补了抗旱系数的不足,在强调品种稳产性的同时,兼顾了不同品种的旱地产量,评价结果更具科学性。而抗旱指数 DI 更强调与对照品种比较,在旱地品种筛选评价试验中,可操作性强,更具有现实意义。

  由于在高丹草品种抗旱性鉴定研究中没有设立对照品种,研究以皖草 3 号做对照,其抗旱性并没有相关研究,只因在生产推广面积较大,旱地和水地产量下表现较好,使其抗旱指数为 1.00,使的不同品种间的抗旱性鉴定结果更加直观。同时,抗旱性是多基因控制的数量性状遗传,受环境影响较大,创造抗旱性状基因表达的环境是进行抗旱性鉴定研究的关键。本研究采用全生育期内定期监测土壤含水量和定量复水法使干旱胁迫处理下的土壤含水量在 7.17%~10.23% 范围内变化,土壤墒情处于相对干旱状态,在此环境下进行抗旱性研究更具有科学意义。植物对干旱的适应性和抵抗能力最终要体现在产量上,产量是育种过程和生产过程中追求的最终目标。笔者通过全生育期内干旱胁迫,以实现经济产量为目的,依据抗旱指数对供试品种抗旱性进行评价,既考虑了旱作条件下品种的稳产性,又兼顾了丰产性。与种子萌发期聚乙二醇(PEG)干旱胁迫以及幼苗期反复干旱法只侧重品种的抗旱稳产性相比,全生育期抗旱鉴定更具科学性,试验结果更具代表性。

本研究依据抗旱指数评价了供试品种抗旱性的相对强弱,但不同品种间的抗旱性等级无法划分,原因有二:一是是高丹草与小麦属不同属作物,运用小麦抗旱性分级标准来对高丹草的抗旱性进行分级是不合适的;二是本研究中供试品种数量少,试验年限短,难以对抗旱性等级进行划分。

3.6.4   结论

各单项指标的抗旱系数显示干旱胁迫降低了植株株高、草产量、鲜干比及粗蛋白质含量,增加了主茎糖锤度含量,但对茎叶比影响较小。相同指标的抗旱系数在不同品种间差异性表现不同。运用抗旱指数 DI 得出,鲜草产量下各品种的抗旱性为:冀草 1 号＞冀草 2 号＞乐食＞健宝＞皖草 3 号,干草产量下各品种的抗旱性为:冀草 1 号＞皖草 3 号＞冀草 2 号＞乐食＞健宝。

3.7   高丹草耐盐性评价研究

采用水培法对高丹草及亲本进行了发芽期耐盐性评价。结果表明:盐胁迫对种子发芽起到明显的抑制作用;标准差系数赋予权重法、五级评分法能够准确评价耐盐性;明确了胚芽长、胚根长、幼苗生物量、发芽率等可作为耐盐性测定指标;耐盐性强的亲本组配的杂交种耐盐性也较强;NaCl 溶液耐盐性评价方法简单,结果准确;不同材料耐盐性强弱顺序为冀草 1 号、S2006、冀草 2 号、天农 2 号、冀草 3 号、S76、HB623B、HG5B、H239B;按不同种来看,高丹草耐盐性最强,苏丹草次之,高粱保持系较差。

3.7.1   材料与方法

3.7.1.1   试验材料

供试材料 9 个,分别为冀草 1 号、冀草 2 号、冀草 3 号、天农 2 号、HB623B、HG5B、H239B、S2006、S76。其中,冀草 1 号、冀草 2 号、冀草 3 号是河北省农林科学院旱作农业研究所培育的高丹草新品种(系),天农 2 号是来自天津市农业科学院的高丹草品种(国家草品种区试对照品种),HB623B、HG5B、H239B 是高粱保持系,S2006 和 S76 是苏丹草;S2006 和 HB623B 是冀草 1 号的父母本,S2006 和 HG5B 是冀草 2 号的父母本。每个品种挑选颗粒饱满、大小一致的种子作为供试材料。

3.7.1.2 试验方法

试验于 2010 年 5 月 1 日至 10 日在河北省农林科学院旱作农业研究所内日光温室完成,温室温度控制在 20~30℃。以蒸馏水作为对照,并用蒸馏水配制成 1%、1.5%、2% 浓度的分析纯 NaCl 溶液,即共 4 个不同的盐浓度处理,每个处理设置 3 次重复,每次重复用种子 100 粒。在无孔的塑料盆中放入 2 层滤纸,分别加入不同浓度的 NaCl 溶液 30 mL,把种子均匀放入塑料盆中,定期补充所蒸发的水分,保持各处理浓度的相对稳定。

3.7.1.3 测定项目与方法

从 5 月 1 日起每 2 d 调查 1 次,分别记录新的发芽数。试验结束时调查幼苗生物量,测量所有种子胚芽长和胚根长。发芽数:按照发芽标准调查的发芽种子数目,以胚根长度为种子长度的 1/2 为发芽。幼苗生物量:称取所有发芽种子的幼苗鲜重。相关指标计算公式如下:

$$发芽率(Gr)=最终发芽种子数/供试种子数×100\%$$
$$盐害指数 \beta=(对照发芽率-某处理发芽率)/对照发芽率×100\%$$
$$发芽指数(GI)=\sum(Gt/Dt)(Gt 为 t 天内的发芽数,Dt 为相应的发芽天数)$$
$$活力指数(VI)=发芽种子的平均生物量(S)×发芽指数(GI)$$
$$耐盐系数 \alpha=不同盐胁迫下平均测定值/对照测定值×100\%$$

3.7.1.4 评价方法

1.盐害指数评价

耐盐级别共分为 5 级,盐害指数 0~20.0% 为 1 级,高耐;20.1%~40.0% 为 3 级,耐盐;40.1%~60.0% 为 5 级,中耐;60.1%~80.0% 为 7 级,敏感;80.1%~100.0% 为 9 级,高感。

2.活力指数评价

不同材料的种子质量存在明显差异,采用活力指数则既能反映品种发芽率,又能反映品种发芽速度及生活力、生长势,客观反映了种子在试验条件下的萌发好坏与幼苗生长状况综合性较强。

3.隶属函数法和标准差系数赋予权重法综合评价

运用公式(1)求得各个指标的隶属函数值,公式(1)中,X_j 表示第 j 个指标值,X_{min} 表示第 j 个指标的最小值,X_{max} 表示第 j 个指标的最大值;采用标准差系数法用公式(2)计算各指标耐盐系数 α 的标准差系数 V_j,用公式(3)计算得到各指标的权重系数 W_j;用公式(4)计算各材料综合评价值 D,判断耐盐能力的大小。根据 D 值可对各材料耐盐性强弱进行排序。

$$\mu(X) = \frac{X_j - X_{min}}{X_{max} - X_{min}} \tag{1}$$

$$V_j = \frac{1}{\overline{X}_j} \sqrt{\sum_{i=1}^{n} (X_{ij} - \overline{X}_j)^2} \tag{2}$$

$$W_j = V_j / \sum_{i=1}^{n} V_j \tag{3}$$

$$D = \sum_{i=1}^{n} \left[\mu(X_j) \cdot W_j \right] \tag{4}$$

4.五级评分法

将评价的指标划分为 5 级。先对测定值进行相应的转化,换算公式(5)、(6)、(7)、(8)。式中:X_{max} 为各测定指标的最大值;X_{min} 为各测定指标的最小值,X 为各指标的测定值,j 为各个材料,i 为各个指标,λ 为得分极差,R_{ij} 为各材料在不同测定指标中得分,通过计算可以得到单项鉴评矩阵 R。再根据各测定指标计算各指标的变异系数 δ_i 以及参与综合评价的权重系数矩阵 A,通过复合运算得到各材料的综合评价指数 B。

$$\lambda = \frac{X_{jmax} - X_{jmin}}{5} \tag{5}$$

$$R_{ij} = \frac{X_j - X_{jmin}}{\lambda} + 1 \tag{6}$$

$$A_i = \frac{\delta_i}{\sum_{i=1}^{n} \delta_i} \tag{7}$$

$$B = \sum_{j=1}^{n} \left[A(X_j) \cdot R_j \right] \tag{8}$$

3.7.2　结果与分析

3.7.2.1　盐胁迫对不同材料胚芽长、胚根长及幼苗生物量的影响

从表 3-25 可以看出,随着盐浓度的增加,所有材料的胚芽长、胚根长、幼苗生物量均明显减小,这表明盐胁迫对种子发芽生长起到了明显的抑制作用;各个盐浓度间差异极显著($P<0.01$),这表明胚根长、胚芽长、幼苗生物量 3 项指标与耐盐性有着明显的相关性,可以作为评价耐盐性指标;不同材料的耐盐系数差异极显著($P<0.01$),这表明不同材料的耐盐性存在明显差异;3 项指标结果有一定差异,这表明单个指标进行耐盐性评价带有片面性。

3.7.2.2　盐胁迫对不同材料发芽率、发芽指数的影响

发芽率和发芽势是检验种子质量的常规指标,发芽指数是上述 2 个指标的综合,既反映发芽率高低,又反映发芽速度。从表 3-26 可以看出,随着盐浓度的增大,发芽率和发芽指数均减小,这表明盐胁迫明显的抑制了种子发芽;各个浓度胁迫之间的发芽率和发芽指数差异极显著($P<0.01$),显示出了发芽率和发芽指数与材料的耐盐性相关,可以作为耐盐性的评价指标。从耐盐系数 α 来看,各个材料的发芽率和发芽指数差异性极显著($P<0.01$),说明不同材料的耐盐性有明显差异;发芽率和发芽指数的差异性不大相同,体现出采用任何单一指标评价得到的结果都会因受到局限而降低准确性。

3.7.2.3　综合评价方法

1.盐害指数评价

由表 3-27 可以看出,随着盐浓度的增加,盐害指数逐渐增加,种子受伤害的程度也随之增加,这表明盐胁迫对种子产生了明显的伤害;不同材料的盐害指数平均值之间差异极显著($P<0.01$),这表明不同材料的耐盐能力明显不同。按盐害指数大小,耐盐性强弱顺序为:冀草 1 号、天农 2 号、冀草 2 号、S2006、冀草 3 号、S76、HB623B、H239B、HG5B。按分级标准,各个材料耐盐级别为:冀草 1 号、天农 2 号、冀草 2 号为耐盐材料(3 级),S2006、冀草 3 号为中度耐盐(5 级),S76、HB623B、H239B、HG5B 为敏感材料(7 级)。盐害指数进行的是发芽率分析,可以简单地进行耐盐性评价。

表 3-25　不同盐浓度处理下各材料的胚芽长、胚根长、生物量

材料	胚芽长/cm					胚根长/cm					幼苗生物量/g				
	CK	1%	1.5%	2%	耐盐系数(α)/%	CK	1%	1.5%	2%	耐盐系数(α)/%	CK	1%	1.5%	2%	耐盐系数(α)/%
冀草 1 号	10.4[ABab]	2.7[Aa]	0.8[ABCab]	0.2[Aa]	12.1[ABb]	12.0[ABab]	2.5[Aa]	1.4[Aa]	0.8[Aa]	13.2[Aa]	5.977[Aa]	1.210[Aa]	0.17[Bb]	0.012	7.8[ABab]
冀草 2 号	12.0[Aa]	2.5[Aa]	1.1[Aa]	0.2[Aa]	10.8[BCbc]	12.3[ABab]	1.6[Bb]	0.7[BCbc]	0.5[Bb]	7.6[BCc]	5.614[Aab]	0.929[Bb]	0.26[Aa]	0.013	7.1[ABbc]
冀草 3 号	9.4[Bbc]	1.0[DEd]	0.2[BCc]	0.0[Bb]	4.3[Df]	12.8[Aab]	1.6[Bcb]	0.9[ABb]	0.1[Dd]	6.9[CDcd]	5.517[Aab]	0.617[Cd]	0.13[Cc]	0.004	4.5[CDde]
天农 2 号	12.1[Aa]	1.7[BCb]	0.9[ABab]	0.0[Bb]	7.6[BCDdef]	11.2[ABCabc]	2.6[Aa]	0.9[ABb]	0.3[Cc]	11.4[ABab]	4.672[ABCbc]	0.714[Cc]	0.08[Dd]	0.003	5.7[BCcd]
HB623B	8.0[BCcd]	1.2[CDEcd]	0.4[ABCbc]	0.0[Bb]	6.6[CDdef]	10.7[ABCbc]	1.2[BCDcd]	0.7[BCbcd]	0.0[Ee]	5.8[CDde]	4.066[BCDcd]	0.393[EFef]	0.02[Eef]	0.003	3.4[CDe]
HG5B	6.8[CDde]	1.6[CDbc]	0.2[BCc]	0.0[Bb]	9.0[BCDbcd]	13.2[Aa]	1.4[BCDcd]	0.2[CDde]	0.0[Ee]	4.2[Dde]	5.042[ABabc]	0.505[DEde]	0.02[Ef]	0.004	3.5[CDe]
H239B	5.4[De]	0.8[Ed]	0.1[Cc]	0.0[Bb]	5.4[Def]	9.2[BCcd]	0.7[De]	0.0[De]	0.0[Ee]	2.9[De]	3.544[CDde]	0.283[Ff]	0.02[Ef]	0.002	2.9[De]
S2006	6.1[CDe]	2.4[ABa]	0.5[ABCbc]	0.0[Bb]	16.3[Aa]	5.3[De]	0.8[BCDde]	0.4[BCDcde]	0.0[Ee]	8.4[BCbc]	2.865[De]	0.731[BCc]	0.08[Dd]	0.007	9.5[Aa]
S76	5.2[De]	1.1[CDEd]	0.1[Cc]	0.0[Bb]	8.1[BCDcde]	8.2[CDd]	0.8[CDe]	0.3[CDde]	0.0[Ee]	4.5[CDde]	3.594[CDde]	0.372[EFef]	0.04[Ee]	0.002	4.4[CDde]
平均	8.38[Bb]	1.68[Bb]	0.49[Cc]	0.05[Cc]		10.5[Aa]	1.5[Bb]	0.6[Bc]	0.2[Cc]		4.543[Aa]	0.639[Bb]	0.090[Bb]	0.005	

注:同列数据肩标不同大写字母或小写字母(除最后一行外)表示不同材料之间差异极显著(P<0.01)或差异显著(P<0.05);最后一行数据肩标不同大写字母或小写字母表示不同处理之间差异极显著(P<0.01)或差异显著(P<0.05);CK 表示对照。下表同。

表 3-26　不同盐浓度处理下各材料的发芽率、发芽指数

单位：%

材料	发芽率 CK	1%	1.5%	2%	耐盐系数(α)	发芽指数 CK	1%	1.5%	2%	耐盐系数(α)
冀草1号	97.3^{ab}	92.7^{Aa}	89.7^{Aa}	25.3^{Aa}	71.1^{Aa}	38.7^{Aa}	22.5^{ABa}	18.7^{Aa}	4.3^{Aa}	39.2^{Aa}
冀草2号	95.7^{abc}	88.7^{Aab}	72.3^{ABbb}	18.0^{Bb}	62.4^{ABbc}	41.0^{ABa}	21.5^{ABab}	14.1^{ABb}	2.9^{Bb}	32.2^{ABab}
冀草3号	92.0^{c}	79.0^{ABbc}	46.0^{CDd}	12.3^{Cc}	49.8^{CDd}	34.8^{BCb}	18.0^{Bb}	8.6^{Cc}	1.9^{Cc}	27.8^{Bbc}
天农2号	98.3^{a}	96.0^{Aa}	85.0^{ABab}	18.7^{Bb}	67.7^{Aab}	46.5^{Aa}	23.5^{Aa}	18.7^{Aa}	3.2^{Bb}	32.5^{ABab}
HB623B	97.0^{ab}	61.0^{CDde}	13.7^{Ef}	0.0^{Ee}	25.7^{Ef}	33.3^{BCd}	11.0^{CCd}	2.3^{Ee}	0.0^{Ee}	13.4^{CDd}
HG5B	96.0^{ab}	53.0^{Def}	6.0^{Ff}	0.3^{Ee}	20.7^{Ef}	35.8^{BCbc}	9.4^{Cd}	1.0^{Ef}	0.1^{Ee}	10.2^{Dd}
H239B	92.0^{c}	47.7^{Df}	15.3^{EFef}	5.3^{Dd}	24.9^{Ef}	32.9^{BCbd}	9.3^{Cc}	2.7^{Ed}	0.7^{DEd}	12.8^{Dd}
S2006	97.7^{ab}	89.0^{Aab}	65.0^{BCc}	8.0^{CDd}	55.3^{BCcd}	47.8^{Aa}	23.7^{Aa}	11.7^{BCc}	1.3^{Cd}	25.6^{Bbc}
S76	94.3^{bc}	71.0^{BCcd}	31.0^{DEde}	7.3^{Dd}	38.7^{De}	27.8^{Cd}	12.8^{Cc}	5.4^{DEde}	1.3^{Cd}	23.4^{BCc}
平均	95.6^{Aa}	75.3^{Bb}	47.1^{Cc}	10.6^{Dd}		37.6^{Aa}	16.9^{Bb}	9.2^{Cc}	1.7^{Dd}	

表 3-27　各材料的盐害指数和活力指数评价

单位：%

材料	盐害指数(β) 1%	1.5%	2%	平均	排序	活力指数 CK	1%	1.5%	2%	耐盐系数(α)	排序
冀草1号	4.8^{CDd}	7.8^{Ef}	74^{Ee}	28.9^{Ef}	1	231.0^{Aa}	27.2^{Aa}	3.2^{Aa}	0.05	4.39^{Aa}	1
冀草2号	7.3^{CDd}	24.2^{EFef}	81.2^{Dd}	37.6^{DEde}	3	230.8^{Aa}	20.0^{Bb}	3.6^{Aa}	0.037	3.51^{ABab}	2
冀草3号	14^{CDbd}	49.8^{CDcd}	86.6^{Cc}	50.1^{BCc}	5	192.1^{ABab}	11.1^{Cc}	1.1^{BCb}	0.007	2.17^{BCDcd}	5
天农2号	2.3^{Dd}	13.5^{Ef}	81^{Dd}	32.3^{Eef}	2	217.1^{Aab}	16.8^{Bb}	1.5^{Bb}	0.011	2.81^{BCbc}	4
HB623B	37.1^{ABab}	85.9^{ABa}	100^{Aa}	74.3^{Aa}	7	135.6^{BCDcd}	4.3^{Dd}	0.0^{Dc}	0	1.09^{Dde}	8
HG5B	44.6^{ABa}	93.8^{Aa}	99.7^{Aa}	79.4^{Aa}	9	180.1^{ABcbc}	4.8^{Dd}	0.0^{Dc}	0	0.93^{De}	7
H239B	47.8^{Aa}	83.3^{ABab}	94.2^{Bb}	75.1^{Aa}	8	116.8^{CDd}	2.7^{Dd}	0.1^{Dc}	0.001	0.77^{De}	9
S2006	8.9^{CDd}	33.4^{DEde}	91.8^{Bb}	44.7^{CDcd}	4	136.8^{BCDcd}	17.6^{Bb}	0.9^{BCDb}	0.01	4.49^{Aa}	3
S76	24.8^{BCbc}	67.1^{BCbc}	92.2^{Bb}	61.4^{Bb}	6	101.3^{Dd}	4.7^{Dd}	0.2^{CDb}	0.003	1.89^{CDde}	6
平均						171.3^{Aa}	12.1^{Bb}	1.2^{Bb}	0.01^{Bb}		

2. 活力指数评价

活力指数是发芽率及生物量的综合因素,客观反映了种子在试验条件下的萌发好坏与幼苗生长状况。从表 3-27 可以看出,随着盐浓度的增加,活力指数明显下降,这表明盐胁迫明显抑制了种子的生活力;不同盐浓度胁迫之间差异极显著($P < 0.01$),这表明活力指数和材料耐盐性相关性较强;不同材料耐盐系数 α 之间差异极显著($P < 0.01$),这表明不同材料耐盐性有明显不同;耐盐性强弱顺序为:冀草 1 号、冀草 2 号、S2006、天农 2 号、冀草 3 号、S76、HG5B、HB623B、H239B,结果与盐害指数评价不大一致,这表明单项指标的评价结果有一定的片面性。

3. 隶属函数法和标准差系数赋予权重法综合评价

用不同单项指标的耐盐系数来评价植物耐盐性,则会有多个不大一致的结果,对这些指标进行耐盐性综合评价,就可以消除个别指标带来的片面性。因此,本研究选择了反映盐胁迫下与耐盐性密切相关的 5 个指标,对高丹草发芽期耐盐性进行综合评价。将各指标的耐盐系数进行标准化处理,得到相应的隶属函数值,在此基础上,依据各综合指标的相对重要性(权重)进行加权,便可得到各材料耐盐性的综合评价值,这样就克服了单个指标评价的缺点,提高了评价的全面性与准确性。根据综合评价值(表 3-28)可对参试材料耐盐性强弱进行排序,顺序为冀草 1 号、S2006、天农 2 号、冀草 2 号、冀草 3 号、S76、HB623B、HG5B、H239B。

表 3-28 各材料的隶属函数值、权重及综合评价值

材料	隶属函数值 $\mu(x)$					综合指标值(D)	排序
	幼苗生物量	胚芽长	胚根长	发芽率	发芽指数		
冀草 1 号	0.739	0.645	1.000	1.000	1.000	0.880	1
冀草 2 号	0.635	0.536	0.458	0.828	0.760	0.639	4
冀草 3 号	0.245	0.000	0.390	0.578	0.608	0.365	5
天农 2 号	0.423	0.272	0.828	0.932	0.769	0.650	3
HB623B	0.073	0.192	0.281	0.099	0.112	0.154	7
HG5B	0.092	0.389	0.121	0.000	0.000	0.120	8
H239B	0.000	0.086	0.000	0.084	0.090	0.051	9
S2006	1.000	1.000	0.528	0.687	0.533	0.744	2
S76	0.226	0.310	0.150	0.357	0.457	0.296	6
权重系数	0.196	0.194	0.219	0.196	0.195		

4. 五级评分法评价

高丹草种质材料的耐盐性是一个较为复杂的性状,鉴定一个材料的耐盐性应

采用若干性状的综合评价,但对各个指标数量范围不同,不能简单求和,必须根据各个指标和耐盐性的密切性进行权重分配,这样各性状因数值大小和变化幅度的不同而产生的差异即可消除。首先将各项指标换算成相对指标进行定量表示,计算出各个指标所达到的水平(应得分)R、各项耐盐指标的变异系数CV和权重系数A,根据五级评分法相关公式可以得到供试材料综合评价指数B。通过综合评价指数的大小(表 3-29),各个材料耐盐性由强到弱顺序为:冀草 1 号、S2006、天农 2 号、冀草 2 号、冀草 3 号、S76、HB623B、HG5B、H239B,和标准差系数赋予权重法结果完全一样。

表 3-29 水培法各耐盐指标及其得分、综合评价值

材料	各耐盐指标得分					综合评价指数(B)	排序
	幼苗生物量	胚芽长	胚根长	发芽率	发芽指数		
冀草 1 号	4.68	4.20	6.00	6.00	6.00	6.28	1
冀草 2 号	4.16	3.65	3.28	5.14	4.80	5.07	4
冀草 3 号	2.22	1.00	2.99	3.89	4.04	3.57	5
天农 2 号	3.11	2.36	5.80	5.66	4.85	5.23	3
HB623B	1.36	1.92	2.41	1.49	1.56	1.88	7
HG5B	1.46	3.00	1.59	1.00	1.00	1.61	8
H239B	1.00	1.41	1.00	1.42	1.45	1.49	9
S2006	5.98	6.00	3.69	4.43	3.66	5.24	2
S76	2.12	2.57	1.81	2.78	3.29	3.01	6
变异系数	5.88	10.97	11.31	31.98	22.96		
权重系数	0.071	0.132	0.136	0.385	0.276		

综述比较以上 4 种方法,较为准确的评价方法是标准差系数赋予权重法和五级评分法。按高丹草类别来看,由强到弱顺序为高丹草、苏丹草、保持系;S2006 和HB623B 是冀草 1 号的父母本,S2006 和 HG5B 是冀草 2 号的父母本,HB623B 的耐盐性比 HG5B 强,其组配的高丹草冀草 1 号的耐盐性高于冀草 2 号,这表明母本的耐盐性强,组配出的高丹草耐盐性也较强;S2006 的耐盐性较强,冀草 1 号、冀草 2 号比其他材料的耐盐性强,这表明父本的耐盐性强,其后代耐盐性也较强。

3.7.3 讨论

3.7.3.1 盐胁迫环境的比较

在生产利用时,要注意选择耐盐性强的材料,避开不耐盐的材料,因此盐胁迫环境关系着试验结果的准确性。水培法评价方法操作简单,准确度较高,但水培法

与实际盐碱地环境存在一定差异,仅是定性分析不同材料耐盐性,在大田中需要与实际观察相结合;不同单盐对种子发芽的影响也是不同的;浇灌盐水溶液的土培法和砂培法也和盐碱地有所差别。因此,采用来自盐碱地的土壤进行土培法可能会比较接近实际情况,需要进一步研究探讨。

3.7.3.2　耐盐性鉴定适宜指标的探讨

盐胁迫对种子萌发的影响是复杂的,种子萌发阶段的耐盐性不仅与种子的萌发能力有关,同时与萌发速度、种子活力有关,贾亚雄等也认为发芽率、发芽势和种子活力指数可以用于初步进行芽期耐盐材料的筛选,因此,生物学指标应与发芽指数、活力指数等活力指标结合起来评价更为合理。这样既考虑了萌发数目,也分析了种子萌发的速度和整齐度。由于在不同盐浓度下幼苗生物量、胚芽长、胚根长、发芽率、发芽指数均明显下降,浓度间差异极显著,这表明各项指标与盐浓度负相关性明显,因此建议在高丹草种子阶段进行耐盐性评价时,可选择这些指标进行发芽期耐盐性测定。

3.7.3.3　评价方法的比较

标准差系数赋予权重法、五级评分法均为采用了多个测定指标的综合评价值进行评定,评定结果完全相同,因此多个指标能更准确、全面地反映各个材料的耐盐性,孙桂芝、贾亚雄均采用了综合评价法。盐害指数是利用处理和对照发芽率计算的结果,评价结果基本一致,准确度相对较好,可以简单快速地进行评价;活力指数是生物量和发芽指数的综合,体现了发芽率和生长速度,代表性较强,但单一指标进行评价,评价结果与标准差赋予权重法、五级评分法两种综合评价结果存在一定差异,有一定片面性。因此,标准差系数赋予权重法、五级评分法进行评价效果最好。

3.7.3.4　各材料耐盐性的遗传

本试验结果认为,高丹草耐盐性具有明显的杂种优势,此结果与孙守钧、张云华结果一致;耐盐性强父本和母本,组配出的高丹草杂交种耐盐性也较强,因此,选育耐盐性强的高丹草应优先选择耐盐性强的亲本。然而,孙守钧、张云华等与本试验一样,材料均较少,如果材料数量增加,结果可能更有说服力,这有待于进一步研究比较。

3.7.4　结论

盐胁迫对发芽期种子的伤害主要表现在其生长量受到抑制,生物量减小,甚至不能萌发,这一现象在试验中已明显表现出来。水培条件下的盐胁迫环境评价材料耐盐性结果可靠性较强,适宜对耐盐性强弱进行初步评价;试验结果表明胚芽长、胚根长、幼苗重、发芽率、发芽指数与耐盐性明显相关,适宜作为耐盐性评价指标;标准差系数赋予权重法、五级评分法均将多个指标进行综合评价,评价效果准确度高,效果较好;高丹草具有较强的杂种优势,培育耐盐性强的高丹草时,建议选用耐盐性强的父本和母本;依据综合评价值,不同材料耐盐性强弱顺序为冀草1号、S2006、天农2号、冀草2号、冀草3号、S76、HB623B、HG5B、H239B;按不同种来看,耐盐性顺序为高丹草、苏丹草、高粱保持系。

3.8　高丹草水肥运筹技术的研究

试验设 5 个处理,即不施肥(对照,CK),施五氧化二磷(P_2O_5) 60 kg/hm²、氧化钾(K_2O) 90 kg/hm²(Ⅰ),施氮(N) 120 kg/hm²、氧化钾 90 kg/hm²(Ⅱ),施氮 120 kg/hm²、五氧化二磷 10 kg/hm²(Ⅲ),施氮 120 kg/hm²、五氧化二磷 60 kg/hm²、氧化钾 90 kg/hm²(Ⅳ)。供试品种为晋草1号为2004年全国高粱鉴定委员会鉴定通过品种。

3.8.1　施肥对供试品种产草量的影响

由表 3-30 和表 3-31 可知,氮、磷、钾肥配合施用可大幅度提高供试材料的生物产量,增加植株粗蛋白质、粗纤维和粗脂肪的单位面积产出量;氮素是影响高丹草生物产量的首要养分因素,其次为磷素,最后是钾素;施肥主要通过影响饲草高粱生物产量,进而对植株粗蛋白质、粗纤维和粗脂肪的单位面积产出量产生作用。

随着施氮量的增加,高丹草的鲜草产量呈现先增加后下降的趋势,由表 3-32 可知,当施氮量达到 90 kg/hm² 时,高丹草的鲜草产量达到 126 838 kg/hm²;而在此基础上提高 2 倍氮肥施用量,即达到 180 kg/hm² 时,其鲜草产量为 141 619 kg/hm²,与 90 kg/hm² 施氮量相比,产量增产幅度为 11.65%;当施氮量达到 270 kg/hm² 时,鲜草产量达到 149 912 kg/hm²,与施氮量 180 kg/hm² 相比,施氮量增加 2 倍,而鲜草产量增产幅度仅为 5.86%,当施氮量达到最大值 360 kg/hm² 时,鲜草产量也达到最大值 152 726 kg/hm²,与 270 kg/hm² 施氮量相比,其鲜草产量增加了 2 814 kg/hm²,增产幅度 1.88%。由此可见,提高氮肥施用量,可以提高鲜草的产量,但随着施氮量成倍增加,其鲜草产量的增产幅度却呈现下降的趋势。

表 3-30　不同施肥处理对供试材料各生长时期植株高度、地上部植株鲜重和干重的影响

项目	处理	日期									
		5 月 25 日	6 月 10 日	6 月 23 日	7 月 8 日	7 月 22 日	8 月 8 日	8 月 24 日	9 月 8 日	9 月 22 日	10 月 8 日
植株高度 /cm	CK	11.17	22.70	42.00	101.40	177.30	265.30	308.00	310.70	314.70	314.00
	I	10.75	26.50	41.80	90.70	186.70	275.00	304.30	318.70	324.30	325.00
	II	10.82	37.80	42.20	84.00	239.70	278.30	323.30	328.00	343.30	333.70
	III	9.88	25.10	41.30	89.40	201.30	282.00	311.00	345.70	333.70	326.30
	IV	11.50	24.60	39.60	76.40	193.60	278.30	307.00	335.30	328.30	327.30
地上部植株鲜重 (g/株)	CK	0.28	3.31	21.33	87.12	180.67	343.30	419.87	380.05	326.67	310.75
	I	0.26	3.81	20.63	60.22	280.00	398.00	460.13	456.73	396.71	360.11
	II	0.27	4.15	26.00	54.88	243.33	460.11	549.59	500.34	430.00	390.22
	III	0.20	4.27	22.50	57.41	281.67	503.30	553.32	598.30	620.23	466.73
	IV	0.35	4.08	17.50	43.39	296.67	493.33	595.36	633.33	660.56	480.89
地上部植株干重 /(g/株)	CK	0.063	0.49	3.58	17.31	40.00	50.74	73.95	68.53	65.60	60.94
	I	0.058	0.52	3.64	9.15	53.33	67.24	85.12	83.60	84.07	81.53
	II	0.057	0.57	4.75	7.97	50.67	71.67	88.02	93.34	91.96	89.84
	III	0.058	0.59	3.98	8.64	53.33	84.20	95.67	107.44	125.40	124.56
	IV	0.081	0.60	3.14	7.72	58.28	81.30	104.10	124.47	141.11	137.13

表 3-31　不同施肥处理对供试材料地上部分植株的粗蛋白质、粗纤维和粗脂肪累积量变化

%

项目	处理	5月25日	6月10日	6月23日	7月8日	7月22日	8月8日	8月24日	9月8日	9月22日	10月8日
粗蛋白质累积量	CK	3.6	37.3	196.8	836.6	1 585.2	1 473.6	1 710.6	1 383.6	1 048.8	811.8
	Ⅰ	3.2	38.3	195.2	430.1	1 485.9	1 793.4	1 917.9	1 627.8	1 331.7	1 193.7
	Ⅱ	3.1	41.2	257.4	376.8	1 890.9	1 797.6	2 231.4	1 853.7	1 737.9	1 331.4
	Ⅲ	3.1	46.2	215.5	419.1	2 095.8	2 223.0	2 301.9	2 465.7	2 972.1	2 070.3
	Ⅳ	4.8	44.8	170.1	367.3	2 332.5	2 158.5	2 638.8	2 520.6	3 081.0	2 295.6
粗纤维累积量	CK	—	—	192.3	933.6	3 222.0	4 617.0	6 588.0	6 294.0	5 826.0	5 559.0
	Ⅰ	—	—	206.7	644.7	4 479.0	5 331.0	7 677.0	8 124.0	7 173.0	7 290.0
	Ⅱ	—	—	268.8	530.7	4 335.0	5 796.0	8 016.0	8 748.0	8 181.0	8 412.0
	Ⅲ	—	—	225.3	584.1	4 638.0	8 058.0	8 715.0	10 056.0	10 647.0	11 187.0
	Ⅳ	—	—	169.2	513.3	4 818.0	7 926.0	9 705.0	11 541.0	12 663.0	11 781.0
粗脂肪累积量	CK	—	—	48.0	162.0	312.0	228.3	315.0	271.5	291.3	140.7
	Ⅰ	—	—	47.1	78.9	396.9	291.9	439.2	295.8	264.9	190.8
	Ⅱ	—	—	57.0	73.5	303.9	355.2	470.1	425.7	444.3	207.6
	Ⅲ	—	—	51.9	79.8	345.6	421.8	571.2	457.8	759.9	265.2
	Ⅳ	—	—	42.0	63.6	433.5	441.6	662.1	500.4	745.2	362.1

日期

表 3-32　不同氮肥处理对高丹草产量的影响

氮肥处理	鲜草产量					干草产量				
	第 1 茬 /(kg/hm²)	第 2 茬 /(kg/hm²)	第 3 茬 /(kg/hm²)	合计 /(kg/hm²)	增产 /%	第 1 茬 /(kg/hm²)	第 2 茬 /(kg/hm²)	第 3 茬 /(kg/hm²)	合计 /(kg/hm²)	增产 /%
N_0	54 472	34 184	17 596	106 251	—	46 301	26 322	13 549	86 171	—
N_{90}	57 737	47 124	21 976	126 838	16.23	48 499	39 113	17 141	104 753	17.74
N_{180}	58 571	55 934	27 114	141 619	24.98	49 785	43 070	21 420	114 274	24.59
N_{270}	60 152	56 626	33 135	149 912	29.12	50 528	44 169	25 845	120 541	28.51
N_{360}	65 224	55 556	31 947	152 726	30.43	55 440	42 778	24 919	123 137	42.9

3.8.2　施肥对供试材料生产经济效益分析

　　研究结果表明,不同水平的氮肥处理均可提高供试材料种植经济效益,施氮量越高,净增收就越多(表3-33)。施氮360 kg/hm^{2}的净增收为最大,达到6 046元/hm^2。施氮90 kg/hm^{2}时,净增收达到2 946元/hm^2;增加2倍的施氮量,净增收为4 964元/hm^2,而增加3倍的施氮量,净增收达到5 943元/hm^2。

表3-33　不同氮肥处理下供试材料种植经济效益分析

处理	增加投入	增收	净增收
CK	—	—	—
N$_{90}$	348	3 294	2 946
N$_{180}$	695	5 659	4 964
N$_{270}$	1 043	6 986	5 943
N$_{360}$	1 391	7 436	6 046

注:尿素价格以2008年市场价1 800元/t计算,供试材料鲜草以2008年市场价0.16元/kg计算。

3.8.3　合理施肥量的确定

　　高丹草适应性广,全国大部分地区均可种植,就施肥量而言,由于各地土壤类别、生产条件迥异,很难有统一的方案,应根据当地实际情况,加以研究确定。针对高丹草施肥量有过一些研究报道:平俊爱等认为晋草1号高丹草的施肥一般每公顷施磷肥750 kg、尿素375 kg即可,杨恒山等的研究指出健宝高丹草的最优施肥方案为:氮303.89 kg/hm^2、五氧化二磷240 kg/hm^2、氧化钾240 kg/hm^2,其产量为104 378.58 kg/hm^2。

　　王小山等研究结果表明,施用氮肥对高丹草具有显著的增产效果,与对照相比,各施氮量处理年鲜草产量均显著提高,其中施氮360 kg/hm^{2}时产量最高,达到151 878 kg/hm^2。尽管在一定的氮素施用范围内产草量和氮素施用量呈显著的正相关,但是,产草量的增加并不是意味着氮素利用效率的提高。高丹草植株在施氮量180 kg/hm^{2}处理时氮肥吸收利用率最高,而施氮量360 kg/hm^{2}处理比施氮量270 kg/hm^{2}处理的氮肥吸收利用率低了10%,说明随着施氮量的增加,虽然产草量显著提高,但是植株对氮肥的吸收利用率反而有降低的趋势。

　　参照以往研究,结合海河低平原区的土壤条件,笔者参照吨粮田的施肥标准,进行了较大面积试验示范,建议的施肥方案为:结合整地施足基肥,提倡施用有机肥,在施用有机肥的基础上,主要补充氮、磷、钾肥料,底施肥量为每公顷施纯氮150～225 kg、五氧化二磷 150～225 kg、氧化钾 75～100 kg。

3.8.4　高丹草田水分利用探讨

有关高丹草灌溉及水分利用研究很少,高聚林等研究了高丹草水分利用效率(WUE)与叶片光合速率(Pn)、蒸腾速率(Tr)、气孔导度(Gs)、叶温(Tl)、叶片相对含水量(RWC)的关系。结果表明,WUE 随 RWC、Pn 呈二次曲线变化,Pn 在 27 μmol CO_2/(m・s)时,WUE 值最大(8.7 μmol CO_2/mmol H_2O);Tr 在 3.5～4 mmol H_2O/(m² · s)时 WUE 达最大值(8.4 μmol CO_2/mmol H_2O);Pn 与 Tr 的非线性关系可以用抛物线方程表述,其中 Pn 最高时的 Tr 为临界值,超出该值即为奢侈蒸腾。Gs 在 0.4 mol H_2O/(m² · s)时,WUE 达到峰值 8.39 μmol CO_2/mmol H_2O。实施提高气孔阻力并抑制蒸腾的措施既节约水分,又促进光合作用,增加产量。Pn 和 Tr 随温度的增加而增加,在 35～36℃时 Pn 达最高值,表明在一定温度范围内,温度升高对提高 WUE 有利,WUE 随 RWC 的升高而上升,RWC 在 84%～86%时 WUE 最大。适量增施氮肥,可提高 Pn 和 Gs,进而提高 WUE。

在灌水方面,杨恒山等在内蒙古通辽地区的研究中指出,健宝高丹草在 4 次灌水较雨养条件下显著地提高了鲜、干草产量,说明健宝宜在具备灌溉条件的地区种植。由表 3-34 可见,4 次灌水较雨养显著地提高了鲜、干草产量,其增产幅度 2 次刈割大于 1 次刈割,鲜草大于干草。这说明试验地区降水量不足是影响健宝高产的主要原因。由于健宝生长季内一直处于营养阶段,对降水的敏感性基本一致,从雨养条件下 250 mm 降水量所形成的产量来看,平均每增加 1 mm 降水量,1 次刈割鲜草产量增加 346.12 kg/hm²,干草产量增加 105.16 kg/hm²;2 次刈割鲜草产量增加 393.88 kg/hm²,干草产量增加 86.32 kg/hm²。

高丹草本身较玉米抗旱性强,在海河平原区灌水情况建议同夏玉米。

表 3-34　雨养与灌水条件下健宝鲜、干草产量比较

项目	1 次刈割鲜草	1 次刈割干草	2 次刈割鲜草	2 次刈割干草
雨养产量/($\times 10^3$ kg/hm²)	86.53	26.29	98.47	21.58
4 次灌水产量/($\times 10^3$ kg/hm²)	132.66	35.51	164.35	33.53
增产率/%	53.3	35.1	66.9	55.4

3.9 高丹草栽培种植模式的研究

3.9.1 高丹草与冬小麦一年两作粮草一体化复种种植模式

利用暖季型饲草与夏玉米生物学特性的相对一致性,应用同等置换原理,探讨暖季型饲草替代夏玉米种植的可行性,开展粮草一体化种植模式研究。海河低平原区可灌溉农田以冬小麦与夏玉米一年两作为主,为保证粮食生产,避免发展饲草作物与粮食生产发生矛盾,因此宜采用能夏播的饲草作物,以便能替代夏玉米,与冬小麦形成一年两作种植,同时还应优于青贮玉米。

研究得出:麦茬复种的天农青饲1号高粱-苏丹草杂交种收获时正处抽穗开花期,茎秆含水较多,调制青贮饲料应在刈割后 2~3 d 进行,使茎秆含水量降到 65% 左右。青贮入窖后 40 d 后便可开窖饲用,在保证奶牛日粮中精饲料种类和数量的前提下,每头每日饲喂粉碎或揉碎的干玉米秸 10 kg+天农青饲1号高粱-苏丹草杂交种青贮饲料 25 kg,单槽饲喂,精料每日喂 3 次,粗饲料多次添喂,自由采食。

此外,麦茬复种天农青饲1号高粱-苏丹草杂交种由于种植密度较大,茎秆幼嫩,多次刈割喂鱼效果更好,可在 1 m 左右时刈割整株喂鱼。由于该品种分蘖再生能力强,麦茬复种秋季收贮后分蘖仍可形成,建议收贮时留茬高度以确保地上至少有 1~2 个节间为宜,一般在 15 cm 左右,利用秋收后剩余的温、光、水资源培育其分蘖,增加对秋后农田的覆盖度并延长覆盖时间,防止风力对农田耕层土壤的剥蚀,减少沙尘暴的危害。

在山西小麦主产区临汾市、晋中市采用免耕和传统耕作方式,麦茬复种饲用玉米、高丹草及饲草高粱等 10 个品种,通过其生产性能分析确定麦茬饲草的种植模式。结果表明,利用麦茬休闲地种植饲料作物,其生育期一般都较春播的时间短,且各个生育期间隔时间也缩短。在免耕条件下,10 种饲草的平均干草产量显著高于传统耕作的干草产量,临汾试验点和晋中试验点其干草产量分别增产 1 747 和 2 939 kg/hm²(表 3-35)。

表 3-35 两种耕作方式下 10 种鲜草的平均干草产量

地区	刈割时间	耕作方式	干草产量/(kg/hm²)
临汾	9 月 10 日	免耕	18 268.71±4 613.20
		传统耕作	16 521.27±3 154.51
晋中	9 月 28 日	免耕	22 865.05±7 415.23
		传统耕作	19 926.13±6 620.03

在海河低平原农区研究表明,高丹草可以替代青贮玉米与冬小麦实现一年两作,两种饲草的分蘖力、再生性较强,可以进行 2 次刈割。夏播时期为 6 月中旬。从鲜草、干草以及粗蛋白质产量综合分析,表现最好的为杂交狼尾草,鲜草产量、粗蛋白质产量分别为青贮玉米的 2 倍、1.7 倍;高丹草的鲜草产量、粗蛋白质产量也较高,为青贮玉米的 1.5 倍、1.2 倍。高丹草均较夏玉米耐旱,与种植玉米的肥水投入相当,但水分利用率大大提高。

采取夏播种植,使高丹草较好的替代了夏玉米,开辟了 2 种能量型饲草的发展空间,既保证了粮食生产,又满足了畜牧业发展的饲草需求。因此,高丹草与冬小麦一年两作粮草一体化复种种植模式在海河低平原区具有广阔的推广前景。

3.9.2　高丹草与饲用黑麦复种高效栽培技术模式

奶业作为海河低平原区草食畜牧业发展的重点,其饲粮结构主要为秸秆＋玉米籽粒,秋季秸秆一次性收获青贮再周年饲喂。一方面,由于秸秆本身的低能量,吸收转化率低,相当部分的能量依赖于玉米淀粉,形成人畜共粮,造成了粮食的巨大浪费,对粮食安全构成了威胁;另一方面,草食动物主要是以转化纤维素作为能量供应的,其生理机能本身也不适宜转化淀粉,饲喂淀粉会影响牛奶中芳香物质的产生,从而影响奶的品质。此外,生产中还缺乏青绿优质饲草的周年供应。因此,以"营养体农业"的理论作为指导,借鉴"吨粮田"小麦夏玉米一体化栽培技术理论体系,将冷季型与暖季型饲草周年搭配,进行一体化栽培技术模式研究,探讨海河低平原区能量型青绿饲草的周年供应生产体系十分必要。

高丹草与饲用黑麦形成一年两作的理论基础:一是二者在植物生理学特性存在着互补,既对光温反映存在着互补。饲用黑麦为冷季型饲草,可充分利用冬春的冷凉季节进行饲草生产;而高丹草为暖季型饲草,且为 C_4 作物,能充分利用夏秋两季充足的光温资源,最大限度地提高光能利用率。二是二者还存在着播期效应方面的互补。饲用黑麦对播期存在较大的惰性,秋季适期晚播对其生长发育影响不大,为高丹草的秋季生长能提供较充足的时间;而高丹草的喜温性决定了其播期不宜太早,也使饲用黑麦在早春季节拥有了充分的生长时间。

对高丹草和饲用黑麦两类饲草的研究表明:二者可以进行上下茬搭配,形成一年两作,从而形成了高丹草与饲用黑麦复种栽培种植模式。饲用黑麦刈割 1 次,高丹草刈割 3 次,全年共刈割 4 次,初步形成了海河低平原区的能量型青鲜饲草的周年供应生产体系。高丹草与饲用黑麦复种栽培模式与吨粮田相比,生物产量是吨粮田的 1.39 倍,粗蛋白质产量是吨粮田的 2.29 倍,光能利用率及能量产出也均有较大幅度的提高(表 3-36、图 3-9)。

表 3-36　饲用黑麦与高丹草一体化栽培模式与吨粮田效益比较

种植模式	作物种类	鲜草产量/(t/hm²)	生物产量/(t/hm²)	粗蛋白质含量/%	粗蛋白质产量/(kg/hm²)	价格/(元/kg²)	收入/(元/hm²)	支出/(元/hm²)	净收入/(元/hm²)	产投比	能量产出/(MJ/hm²)	光能利用率/%
饲用黑麦高丹草一体化种植	饲用黑麦	37.5	7.5	15.0	1 125.0	0.20	7 500	3 750	3 750	1：2.00	140 925	
	高丹草	187.5	35.6	14.0	4 984.0	0.10	18 700	6 450	12 250	1：2.90	668 924	
	合计	225.0	45.0		6 109.0		26 200	10 200	16 000	1：2.57	809 849	1.45
吨粮田	冬小麦		13.81		1 150.5	1.40	8 400	5 895	2 505	1：1.42	245 298	
	夏玉米		18.45		1 519.5	1.10	9 900	3 195	6 705	1：3.10	327 702	
	合计		32.26		2 670.0		18 300	9 090	9 210	1：2.01	573 000	1.03

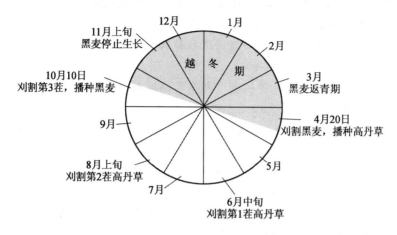

图 3-9　青刈黑麦与高丹草全年轮作示意图

高丹草与饲用黑麦一年两作复种栽培技术,实现了周年地面有绿色作物覆盖,防止风蚀,并实现了新鲜饲草的周年供应。将营养体农业原理与吨粮田一体化栽培理论有机结合,应用于饲草栽培体系研究,借用小麦夏玉米一体化的核心理念将两类饲草作为一个栽培单元,统筹考虑,进行时空上的合理分布,肥水一体化运筹,光能和土地利用率大大提高,单位面积的生物产量最大化,使饲用黑麦与高丹草一年两作四收,在海河低平原区基本实现了新鲜饲草的周年供应,形成了青绿能量饲草周年生产系统的新模式,为改变奶业的饲草结构,提高奶的品质、产量提供了物质基础。

参考文献

[1] 程庆军,张福耀,平俊爱,等.高粱杂交草的特点及其栽培技术.作物杂志,2001
    (3):34-35.
[2] 刘贵波,乔仁甫.高丹草新品种在河北平原农区的引进筛选.中国农学通报,
    2005,21(06):383-386.
[3] 谢楠,赵海明,刘贵波,等.春播高丹草在河北低平原区的播期效应研究.草业
    科学,2007,24(6):36-39.
[4] 李源,谢楠,赵海明,等.高丹草营养生长与饲用品质变化规律分析.草地学报,
    2011,19(5):813-820.
[5] 朱蓓蕾.动物毒理学.上海:上海科学技术出版社,1987.
[6] 刘建宁,石永红,王运琦,等.高丹草生长动态及收割期的研究.草业学报,
    2011,20(1):31-37.

[7] 詹秋文,林平,李军.高粱-苏丹草杂交种品质性状的研究.安徽农业技术师范学院院报,2000,14(2):1-4.

[8] 李源,谢楠,赵海明,等.不同高丹草品种对干旱胁迫的响应及抗旱性评价.草地学报,2010,18(6):891-896.

[9] 李源,赵海明,谢楠,等.种植密度和留茬高度对高丹草生产性能的影响.草地学报,2012,20(6):1093-1098.

[10] 李源,谢楠,赵海明,等.不同高丹草品种对干旱胁迫的响应及抗旱性评价.草地学报,2010,18(6):891-896.

[11] 赵海明,李源,谢楠,等.不同高丹草品种发芽期 NaCl 胁迫评价的研究.草原与草坪,2012,32(3):26-31.

[12] 周怀平,郝保平,关春林,等.施肥对饲草高粱生长及营养品质的影响.中国生态农业学报,2009,17(1):60-63.

[13] 张树攀,韩娟,陈铮,等.氮素水平对高丹草生长特性及营养成分的影响.饲料广角,2011(1):36-38.

[14] 韩娟,刘大林,赵国琦,等.施氮对高丹草产量及氮素利用分配的影响.草业科学,2010,27(3):93-97.

[15] 平俊爱,张福耀,程庆军,等.新型饲草高粱"晋草1号"的选育与栽培管理简介.草业科学,2004,21(5):47-48.

[16] 杨恒山,曹敏建,范富,等.刈割次数对健宝(Jumbo)产草量及品质的影响.中国草地,2003,25(3):28-31.

[17] 王小山,刘大林,韩娟,等.不同施氮水平下高丹草生产性能及土壤无机氮的残留.江苏农业学报,2010,26(6):1258-1263.

[18] 高聚林,赵涛,王志刚,等.高丹草水分利用效率与叶片生理特性的关系.作物学报,2007,33(3):455-460.

[19] 王云,齐广,赵开花,等.天农青饲1号高粱-苏丹草杂交种麦茬复种栽培技术.内蒙古农业科技,2005(4):52-54.

[20] 董宽虎,张瑞忠,李连友,等.不同耕作方式对麦茬复种饲草干草产量的影响.中国草地学报,2010,32(2):103-107.

[21] 刘贵波,谢楠,赵海明,等.饲用黑麦与高丹草复种栽培技术研究.中国草地学报,2008,30(3):78-83.

第4章　饲草高粱生产技术规范

　　饲草高粱是全球热带和温带地区人工种植的主要禾草之一,对不同气候条件的适应性较强,栽培地域广。饲草高粱引进我国历史虽不长,但发展迅速,在引进国外种质资源开展育种的同时,对美国和澳大利亚等国家引进新的饲草高粱品种进行了评价、示范利用,并取得了很好的成效,如高粱苏丹草健宝、高粱大力士在国内累计面积达到了几十万亩的规模,对优质饲草生产和畜牧业发展起到了重要的作用。由于不同品种本身存在的生物学及生长习性上的差异,在不同地区对管理措施要求不同,通过对全国七个地区的栽培试验的试验数据及田间管理措施的总结,初步形成了适宜当地的栽培技术规范。本章汇集了不同地区饲草高粱栽培技术规范,供饲草高粱品种引进栽培及生产利用借鉴。

4.1　衡水地区高丹草生产技术规范*

4.1.1　范围

　　本规程规定了适宜高丹草($Sorghum\ bicolor \times Sorghum\ sudanense$)栽培的播种技术、田间管理、虫害防治、收获等主要技术要求。

　　本规程适用于高丹草的栽培管理。

4.1.2　规范性引用文件

　　下列文件对于本文件的应用是必不可少的。凡是注明日期的引用文件,仅所注日期的版本适用于本文件。凡是不注明日期的引用文件,其最新版本(包括所有的修改单)适用于本文件。

　　GB 4285 农药安全使用标准。

　　GB 6142—2008 禾本科草种子质量分级。

　　GB/T 8321.1—7 农药合理使用准则。

　　NY/T 496—2002 肥料合理使用准则通则。

---

　　* 该规程为河北省地方标准。

4.1.3　术语和定义

下列术语和定义适用于本文件。

4.1.3.1　高丹草(*Sorghum Bicolor* × *Sorghum Sudanense*)

高丹草是以高粱不育系为母本,苏丹草作为父本的 F_1 代远缘杂交种,通称为高丹草。其抗逆性强、适应性广、产量高。对土壤质地要求不严,全国各地适宜种植高粱或苏丹草的地区均可种植,河北省除张家口、承德坝上地区外,均可种植。

4.1.4　播种前准备

4.1.4.1　种子准备

1.品种选择

选用国家或省级审定,符合当地生产条件和需求的高丹草品种。

2.种子质量

种子质量符合 GB 6142—2008 中二级种子的规定。

3.种子处理

播前将种子晾晒 3~4 d。采用 40％甲基异柳磷乳油 500 mL,对水 50 L,拌种 500~600 kg,可防治蛴螬、蝼蛄等地下害虫。

4.1.4.2　整地与施肥

1.整地

清除地面杂物,采用"旋耕—镇压—耙平"的顺序翻耕,达到地面平整,土块细碎。旱作地区要秋深耕、春耙耱保墒、减少明暗坷垃,等雨播种,趁墒抢种,力争全苗。有水浇条件的地块,播种前可进行灌水造墒。

2.施肥

依据土壤肥力状况及肥料效应,平衡施肥。中等肥力的土壤底施氮肥、磷肥、钾肥的用量分别为:N 150~225 kg/hm²,P_2O_5 150~225 kg/hm²,K_2O 75~100 kg/hm²,肥料的使用符合 NY/T 496—2002 的规定。有条件的地方可底施农家肥或厩肥 45 m³/hm²。

4.1.5　播种技术

4.1.5.1　播种期

提倡适期早播,一般地温稳定在 10℃以上即可播种。春播、夏播均可,春播以

4 月 15 日至 22 日为宜,夏播可在 6 月中旬进行。

4.1.5.2　播种方式

以垄播、条播为主,行距 40～50 cm。

4.1.5.3　播种量

播种量 7.5～15 kg/hm²,实际播种量可根据种子发芽率及土壤墒情及时调整。

4.1.5.4　播种深度

播种深度 3～5 cm,播后及时镇压。

4.1.6　苗期管理

4.1.6.1　除草

人工或化学除草。化学除草一般在播后苗前采用 38％莠去津悬浮剂均匀喷施地表的方式进行,用药量为 1 800～2 250 g/hm²,对水 450 L,充分混匀后喷施地表。

4.1.7　拔节至抽穗期管理

4.1.7.1　灌溉

拔节期或每次刈割后是需水高峰期,如遇干旱有灌溉条件的地方最好进行灌溉。

4.1.7.2　追肥

拔节期或第 1 茬草刈割后追施氮肥 1 次,纯 N 为 110～150 kg/hm²,追肥最好结合灌水或降雨进行。

4.1.7.3　排水防涝

夏季高温多雨后,出现积水的地方要及时排水防涝。

4.1.8　虫害防治

4.1.8.1　防治原则

坚持"预防为主,综合防治"的方针,使用化学农药时,应执行 GB 4285 和 GB/T 8321.1—7 中农药安全使用标准。

4.1.8.2　防治方法

不同时期虫害防治方法见表 4.1。

表 4.1 虫害防治时期与方法

名称	防治时期	防治方法
蛴螬	种子	40%甲基异柳磷乳油稀释 100 倍的药液拌种
蝼蛄	种子	40%甲基异柳磷乳油稀释 100 倍的药液拌种
麦二叉蚜	苗期	10%吡虫啉可湿性粉剂 2 000～2 500 倍液喷施,7～10 d 酌情补防 1 次
高粱蚜	拔节期	10%吡虫啉可湿性粉剂 2 000～2 500 倍液喷施,7～10 d 酌情补防 1 次

4.1.9 收获、贮存

4.1.9.1 刈割

1.刈割期

根据利用目的确定合理的刈割期,青饲利用一般在株高 120 cm 以上至抽穗期刈割,抽穗期刈割青饲利用最好;青贮利用一般在开花后期或株高为 250 cm 左右刈割。刈割时尽量避开雨天,防止茎叶霉烂变质。

2.刈割次数

河北省农区高丹草抽穗期刈割时,春播全年可刈割 2～3 次,夏播可刈割 1～2 次。

3.留茬高度

为保证刈割后快速分枝或分蘖再生,建议每次刈割时留茬高度为 15～20 cm。

4.1.9.2 贮存

刈割后应尽快进行加工贮存。贮存一般采取青贮,青贮方法可采用窖贮、拉伸膜裹包青贮。

(本节生产技术规范完成人:李 源 赵海明 谢 楠 刘贵波)

4.2 酒泉地区饲草高粱、高丹草和苏丹草生产技术规范

4.2.1 酒泉地区饲草高粱生产技术规范

本项目组采用大田小区栽培试验,结合新品种的示范推广研究,进行高粱生产技术规范的研究。以高粱生产中的关键技术为出发点,在播期效应、刈割次数、除草剂应用、种植密度、留茬高度以及刈割时期确定等方面进行了系统研究,在此基

础上制订了本技术规范,可为新品种应用推广、丰产栽培提供理论依据和技术指导。BMR 饲草高粱专用的青贮利用品种,在酒泉地区栽培,中等水肥条件下,株高可达 224 cm 以上,茎粗为 1.85 cm 左右,一般地上生物量可达 53 790 kg/hm²。

4.2.1.1　范围

本规范规定了适宜饲草高粱生产的环境条件、耕作、田间管理、病虫害防治、收获、贮存等主要生产技术措施。

本规范适用于饲草高粱的种植生产。

4.2.1.2　产地环境条件

饲草高粱抗逆性强、适应性广,对土壤质地要求不严,适宜在干旱、半干旱、半湿润地区的农区、农牧交错区和牧区栽培利用。

4.2.1.3　整地

饲草高粱根系较大,必须进行深耕深翻,播前深翻土壤,结合施基肥进行,每公顷施农家肥 30 000~45 000 kg,施磷二铵 150~225 kg 做底肥,然后进行耙、耱、镇压,播前需灌水一次,使土壤中水分充足。

4.2.1.4　播种

当地适宜播种时间为 4 月下旬,最晚不超过 5 月中旬。每公顷播量为 10~15 kg,条播行距 50 cm,高粱根茎短,顶土能力弱,播种深度 2~3 cm。

4.2.1.5　田间管理

田间管理:包括中耕锄草、间苗、浇水、施肥以及病虫害防治等工作。

中耕锄草:中耕锄草可以疏松土壤,促进根系发育,同时消灭杂草,防止杂草与牧草争光、争水、争肥,中耕锄草一般进行 2~3 次即可,前 2 次分别在幼苗 2~3 叶期和 4~6 叶期进行,第 3 次在第 2 次后 10~15 d 进行。

间苗:结合中耕除杂草进行间苗,株距为 15~20 cm,每公顷保苗 67 500~90 000 株。

浇水、施肥:在拔节期浇第 1 次水,以后视降雨情况或土壤墒情及时浇水。结合浇水追施氮肥,每公顷追施氮肥 100~150 kg,追肥后及时浇水,或在雨前追肥。

病虫害防治:发生病虫害及时防治。

4.2.1.6　收获及青贮

酒泉地区做青贮利用在 9 月下旬至 10 月上旬,乳熟到蜡熟期收获,带穗青贮。青贮过程注意保持青贮窖密封性,可适当添加乳酸菌以提高青贮料品质。

4.2.2 酒泉地区高丹草和苏丹草生产技术规范

本项目组采用大田小区栽培试验,结合新品种的示范推广研究,进行高丹草和苏丹草生产技术规范的研究。以高丹草和苏丹草生产中的关键技术为出发点,在播期效应、刈割次数、除草剂应用、种植密度、留茬高度以及刈割时期确定等方面进行了系统研究,在此基础上制订了本技术规范,可为新品种应用推广、丰产栽培提供理论依据和技术指导。高丹草和苏丹草为一年生禾本科植物,耐贫瘠、抗旱性好。在酒泉地区栽培,中等水肥条件下,可刈割 2～3 次,高丹草鲜草产量可达 50 685 kg/hm²,每株分蘖可达 5.23 个,茎粗为 1.33 cm 左右;苏丹草鲜草产量可达 54 795 kg/hm²,每株分蘖可达 8.76 个,茎粗为 0.72 cm 左右。

4.2.2.1 范围

本规范规定了适宜高丹草和苏丹草生产的环境条件、耕作、田间管理、病虫害防治、收获、贮存等主要生产技术措施。

本规范适用于高丹草和苏丹草的种植生产。

4.2.2.2 产地环境条件

高丹草和苏丹草抗逆性强、适应性广,对土壤质地要求不严,适宜在干旱、半干旱、半湿润地区的农区、农牧交错区和牧区栽培利用。

4.2.2.3 整地

高丹草和苏丹草根系较大,必须进行深耕,播前进行旋耕或翻耕,结合时基肥进行,每公顷施农家肥 30 000～450 00 kg,施磷二铵 150～225 kg 做底肥,然后进行耙、耱、镇压,播前需灌水 1 次,以保证墒情。

4.2.2.4 播种

当地适宜播种时间为 4 月中旬至下旬,最晚不超过 5 月中旬,高丹草每公顷播量为 10～15 kg,苏丹草每公顷播量为 15～20 kg,条播行距 40 cm,播种深度 2～3 cm,在此范围内沙性土壤播种深度稍深,黏性土壤播种深度稍浅。

4.2.2.5 田间管理

田间管理:包括浇水、施肥、中耕锄草、间苗、培土以及病虫害防治等工作。

浇水、施肥:第 1 次浇水在拔节期进行,以后各次刈割后均进行浇水,促进再生。施肥与浇水配合进行,每公顷施氮肥 100～150 kg。

中耕锄草:中耕锄草可以疏松土壤,促进根系发育,同时消灭杂草,防止杂草与牧草争光、争水、争肥,中耕锄草一般进行 2～3 次即可,前 2 次分别在幼苗 2～3 叶期和 4～6 叶期进行,第 3 次在第 2 次后 10～15 d 进行。

间苗:结合中耕除草进行,株距 3～5 cm,每公顷保苗 300 000 株。

病虫害防治:病虫害发生及时防治。

4.2.2.6　收获及利用

高丹草和苏丹草在低于 1.2 m 时含有氢氰酸,家畜采食后容易中毒,一般认为株高高于 1.2 m 时可进行刈割利用,若以 1.2 m 为标准,达到标准即进行刈割,酒泉地区可刈割 2～3 次。刈割后鲜草在地里晾晒 3～5 d 即可进行打捆,晾晒中注意翻草 2～3 次。

高丹草茎秆不易晒干,可先用机械将其压碎,以加快干燥速度。

(本节生产技术规范完成人:韩云华、王显国)

4.3　赤峰地区高丹草生产技术规范

本项目组采用大田小区栽培试验,结合新品种的示范推广研究,进行高丹草生产技术规范的研究。以高丹草生产中的关键技术为出发点,在播期效应、刈割次数、除草剂应用、种植密度、留茬高度以及刈割时期确定等方面进行了系统研究,在此基础上制订了本技术规范,可为新品种应用推广、丰产栽培提供理论依据和技术指导。高丹草专用的青饲或青贮牧草品种,在林西县栽培,中等水肥条件下,株高可达 3 m 以上,茎粗 24 cm 左右,一般地上部生物量达 6 000～7 000 kg/hm²。

4.3.1　范围

本规范规定了适宜高丹草生产的环境条件、耕作、田间管理、病虫害防治、收获、贮存等主要生产技术措施。

本规范适用于高丹草的种植生产。

4.3.2　产地环境条件

高丹草抗逆性强、适应性广,对土壤质地要求不严,适宜在干旱、半干旱、半湿润地区的农区、农牧交错区和牧区栽培。

4.3.3　整地

高丹草根系较大,必须进行深耕翻,在前 1 年秋季深翻土壤,结合施基肥进行,每公顷施农家肥 30 000～45 000 kg,施二铵 150～225 kg 或长效碳铵 450～750 kg

做底肥,然后进行耙、糖、镇压,以利于保墒。

4.3.4　播种

在当地适宜的播种时间一般在 5 月上旬,最晚不能超过 6 月上旬。播种前如果墒情不好,应浇透水后播种。每公顷播种量为 30～45 kg,如果在田间管理中不间苗,播种量可控制在 22.5～30 kg。条播行距 42 cm,播种深度 3～5 cm。

4.3.5　田间管理

田间管理:包括中耕锄草、间苗、培土、浇水、施肥以及病虫害防治等工作。

中耕锄草:中耕锄草可以疏松土壤,促进根系发育,同时消灭杂草,防止杂草与牧草争光、争水、争肥,中耕锄草在幼苗高度达到 10～15 cm 时进行,中耕深度适度加深,之后有杂草随时清除。

间苗:结合中耕除杂草进行间苗,株距为 25～30 cm,每公顷保苗 67 500～90 000 株。

浇水、施肥:在拔节期浇第 1 次水,以后视降雨情况或土壤墒情及时浇水。结合浇水追施氮肥,每公顷追施氮肥 150～225 kg,追肥后及时浇水,或在雨前追肥。

病虫害防治:发生病虫害及时防治。

4.3.6　收获及利用

高丹草由于含有氰氢酸,幼嫩时采食容易引起家畜中毒,因此一般要求株高达到 1.5 m 以上再进行刈割饲喂。在内蒙古地区的 7、8、9 月份,容易出现青贮饲料或青绿饲料供应不足问题,种植高丹草可有效解决这一问题,可在此时刈割青饲或调制青贮饲料。调制青贮饲料时,一般在高丹草的生育期达到乳熟期或蜡熟初期收获,进行加工调制。

(本节生产技术规范完成人:赵淑芬)

4.4　黄骅地区饲草高粱生产技术规范

本项目组采用大田小区栽培试验,结合新品种的示范推广研究,进行高粱生产技术规范的研究。以高粱生产中的关键技术为出发点,在播期效应、刈割次数、除草剂应用、种植密度、留茬高度以及刈割时期确定等方面进行了系统研究,在此基础上制订了本技术规范,可为新品种应用推广、丰产栽培提供理论依据和技术指导。BMR 饲草高粱专用的青饲或青贮牧草品种,在黄骅地区栽培,中等水肥条件下,平均株高 2.42 m,平均茎粗 27.95 cm,一般地上部生物量达 18 613 kg/hm²。

4.4.1　范围

本规范规定了适宜高粱生产的环境条件、耕作、田间管理、病虫害防治、收获、贮存等主要生产技术措施。

本规范适用于高粱的种植生产。

4.4.2　产地环境条件

高粱抗逆性强、适应性广,对土壤质地要求不严,适宜在干旱、半干旱、半湿润地区的农区栽培。

4.4.3　整地

高粱根系较大,必须进行深耕翻,在前 1 年秋季深翻土壤,结合施基肥进行,每公顷施农家肥 30 000~45 000 kg,施二铵 150~225 kg 做底肥,并结合一定的磷钾肥做基肥,然后进行耙、耱、镇压,以利于保墒,播种前需灌水一次,保持土壤湿润。

4.4.4　播种

在当地适宜的播种时间一般在 5 月初,最晚不能超过 5 月中旬。播种前如果墒情不好,应浇透水后播种。每公顷播种量为 10~15 kg。条播行距 50 cm,黏土上的播种深度为 2~3 cm,沙土上的播种深度 3~5 cm。

4.4.5　田间管理

田间管理:包括中耕锄草、间苗、培土、浇水、施肥以及病虫害防治等工作。

中耕锄草:中耕锄草可以疏松土壤,促进根系发育,同时消灭杂草,防止杂草与牧草争光、争水、争肥,中耕锄草在幼苗高度达到 10~15 cm 时进行,中耕深度适度加深,之后有杂草随时清除。

间苗:结合中耕除杂草进行间苗,株距 25~30 cm,每公顷保苗 90 000 株左右。

浇水、施肥:在拔节期浇第 1 次水,以后视降雨情况或土壤墒情及时浇水。结合浇水追施氮肥,每公顷追施氮肥 100~150 kg,追肥后及时浇水,或在雨前追肥。

病虫害防治:发生病虫害及时防治。

4.4.6　收获及青贮

黄骅地区做青贮利用在 9 月下旬至 10 月上旬,乳熟到蜡熟期收获,带穗青贮。

青贮过程注意保持青贮窖密封性和适宜的刈割时间,注意青贮时高粱的含水量,可适当添加乳酸菌以提高青贮料品质。

(本节生产技术规范完成人:薛建国 王显国 刘忠宽 智健飞 刘振宇)

4.5 通辽地区饲草高粱和高丹草生产技术规范

4.5.1 通辽地区饲草高粱生产技术规范

本项目组采用大田小区栽培试验,结合新品种的示范推广研究,进行高粱生产技术规范的研究。以高粱生产中的关键技术为出发点,在播期效应、刈割次数、除草剂应用、种植密度、留茬高度以及刈割时期确定等方面进行了系统研究,在此基础上制订了本技术规范,可为新品种应用推广、丰产栽培提供理论依据和技术指导。

4.5.1.1 范围

本规范规定了适宜饲草高粱生产的环境条件、耕作、田间管理、病虫害防治、收获、贮存等主要生产技术措施。

本规范适用于饲草高粱的种植生产。

4.5.1.2 产地环境条件

饲草高粱抗逆性强、适应性广,对土壤质地要求不严,适宜在干旱、半干旱、半湿润地区的农区栽培。

4.5.1.3 地块的选择

由于饲草高粱具有抗旱、耐涝、耐盐碱的特性,因而具有适应各种土壤的能力,一般沙壤土、黏壤土或弱酸性土壤均可种植。

为了获得高产,需精耕细作土地,整地前每公顷施农家肥 22 500 kg 做基肥,使地平整,便于农事操作。

4.5.1.4 播种

若早春温度较低,切忌早播,避免丝黑穗病等土传病害的侵害。一般土表 5 cm 地温稳定在 12℃ 以上时作为适时播种的温度指标,在通辽地区 4 月末 5 月初进行播种。一般每公顷播量在 11.25~15.00 kg 为宜。条播行距 60 cm,播种深度可根据墒情和土质情况,控制在 3~4 cm,沙壤地以 4 cm 为宜,黏土地以 3 cm 为宜。

4.5.1.5　田间管理

5～6 片叶时进行间苗,同时进行除草,每公顷保苗在 12 万～15 万种株为最佳。及时清除田间杂草,定苗后中耕除草 1～2 次,并进行培土,以提高抗倒伏性。除了播前按大田粮食种植方式精耕整地,每公顷施农家肥 22 500 kg 外,由于生长期需从土壤吸收大量的养分,因此底肥施二铵 375 kg 即可,每公顷追施尿素 300 kg。同时注意及时灌水。

4.5.1.6　收割、饲喂

作为青贮的高粱一般应在抽穗至蜡熟期收割,此时植株蛋白质含量最高,是青贮饲料收割的最佳时期。一般生长到 2.5～3.5 m 高时即可收割,作为养鱼饲料,可直接喂食;饲养牛、羊要先青贮,再喂食,提高营养成分。

4.5.2　通辽地区高丹草生产技术规范

本项目组采用大田小区栽培试验,结合新品种的示范推广研究,进行高丹草生产技术规范的研究。以高丹草生产中的关键技术为出发点,在播期效应、刈割次数、除草剂应用、种植密度、留茬高度以及刈割时期确定等方面进行了系统研究,在此基础上制订了本技术规范,可为新品种应用推广、丰产栽培提供理论依据和技术指导。

4.5.2.1　范围

本规范规定了适宜高丹草生产的环境条件、耕作、田间管理、病虫害防治、收获、贮存等主要生产技术措施。

本规范适用于高丹草的种植生产。

4.5.2.2　产地环境条件

高丹草抗逆性强、适应性广,对土壤质地要求不严,适宜在干旱、半干旱、半湿润地区的农区栽培。

4.5.2.3　整地

(1)选地　选择地势平坦、耕层深厚、土质肥沃、土壤肥力中等以上有灌溉条件的地块。

(2)整地　秋翻冬灌的土地,在春季土壤表层昼化夜冻的顶凌期,要及时耙地,使耕层上虚下实;秋季没整地的土地,耕层开化深度达 15 cm 以上,及时进行灭茬旋耕并修成畦田,要求地平、埂直,浇足水。

4.5.2.4 播种

(1)适时播种　当 5～10 cm 土层温度在 12～13℃时,土壤耕层田间持水量保持在 70％左右时,一般在 5 月上旬进行播种。

(2)播量　条播播量在 15.0～22.5 kg/hm²。

(3)播深　一般在 4～5 cm,行距 40 cm,株距 12 cm,播后及时覆土镇压,确保苗全。

(4)种肥　每公顷深施磷酸二铵 300 kg 或等含量的配方肥加硫酸钾(或氯化钾)90 kg(含氧化钾 50％)。

4.5.2.5 田间管理

(1)间苗除草　5～6 片叶展开时进行间苗,同时进行除草,间苗后每公顷留苗 300 000 万株左右,确定合理密度。

(2)追肥灌水　刈割后,结合灌水每公顷追施尿素 150 kg。

4.5.2.6 适时刈割

饲喂羊时,每年收割 2～3 次,第 1 次刈割时出苗后 50～60 d,株高达 1.2～1.5 m 时进行,刈割时留茬高度 15～20 cm,当再生植株长到 1.2 m 左右时,分别进行第 2 次、第 3 次刈割。

4.5.2.7 利用方法

青割直接饲喂:高丹草在 1.2～1.5 m 高青割时,不可以直接饲喂牛、羊等,因为高丹草幼嫩茎叶中含有能产生氰化物的葡萄糖苷,它在动物体内可形成微量的氢氰酸,动物采食后在体内积累,易引起中毒现象。因此,要经过晾晒才能喂。

收割青贮:收割后铡碎,青贮 1 个月。

(本节生产技术规范完成人:王振国　李　岩)

4.6　绥化地区饲草高粱和高丹草生产技术规范

4.6.1　绥化地区饲草高粱生产技术规范

本项目组采用大田小区栽培试验,结合新品种的示范推广研究,进行高粱生产技术规范的研究。以高粱生产中的关键技术为出发点,在播期效应、刈割次数、除草剂应用、种植密度、留茬高度以及刈割时期确定等方面进行了系统研究,在此基础上制订了本技术规范,可为新品种应用推广、丰产栽培提供理论依据和技术指导。

4.6.1.1　范围

本规范规定了适宜饲草高粱生产的环境条件、耕作、田间管理、病虫害防治、收获、贮存等主要生产技术措施。

本规范适用于饲草高粱的种植生产。

4.6.1.2　产地环境条件

高粱抗逆性强、适应性广,对土壤质地要求不严,适宜在干旱、半干旱、半湿润地区的农区栽培。

4.6.1.3　播前准备

(1)整地　绥化地区春旱的问题日益严重,导致出苗拖后,出苗不齐,影响饲草高粱的产量。通过秋翻地(一般耕深 20～25 cm)、秋施肥、秋起垄,可达到蓄墒、保墒的目的,同时促进土壤熟化,提高土壤的有效养分,增加孔隙率,改善土壤的物理性状,改善饲草高粱根系分布与促进植株生长发育。没有条件进行秋整地的地块,可在翌年春天进行春整地,减少水分蒸发,保住底墒,是春整地技术关键所在。早春拖、耢、耙、压是保墒保苗的有效措施,当早春化冻深达一犁土时,结合深施化肥,顶浆打垄,最好是先耙茬后起垄,然后及时镇压,达到播种状态。

(2)施基肥　大多数的饲草高粱具有较强的分蘖能力,要取得高产,必须施好基肥。有条件的地方施有机肥,既可以改良土壤物理结构,又可以提高土壤供肥供水性能,能够有效地提高产量。有机肥施入量为 30～45 t/hm²,采用破垄夹肥,深施 20～25 cm。没有有机肥的情况下,可施氮磷复合肥 300 kg/hm²。

4.6.1.4　播种

(1)播种时间　在耕层 5～10 cm 的地温稳定在 10℃左右时播种,过早播种会出现粉籽。播种期 5 月 5 日至 10 日。采用机械播种,能够实现播深一致、工作效率高、下种均匀,保证饲草高粱苗全、苗齐、苗壮。

(2)播种量　饲草高粱的再生性差,适合 1 次刈割青贮和 2 次刈割青饲。作为刈割利用时每公顷播种量控制在 18～21 kg,不应超过 23 kg;作为青饲利用时每公顷播种量控制在 22.5 kg 左右。

(3)播种深度　绥化地区大部分土壤类型属于黑土,土壤质地好,播种深度应在 2 cm 左右,利用幼苗拱土。若早春出现旱情,应增加播种深度 3 cm 左右。

(4)播种行距　播种行距 15～30 cm,株距控制在 15～20 cm,依据规定播量均匀下种。

4.6.1.5　田间管理

(1)间苗、定苗　出苗后,要及时于三叶期间苗,五叶期定苗,促进壮苗形成。

作刈割利用时,每公顷留基本苗 90 000 株,保留分蘖,收获时,每公顷总茎数可达 30 万～45 万株。作为青饲利用时,每公顷基本苗 30 万株左右。

(2)中耕除草　一般中耕 3 次即可,第 1 次在幼苗 2～3 片叶时顺垄浅锄,灭草保墒;第 2 次在幼苗长到 4～6 片叶子时,结合定苗进行中耕,深锄 8～10 cm,促进根系深扎;第 3 次在拔节期结合锄草,进行封垄培土。

(3)浇水　有灌溉条件的地区在五叶期浇水一次,以达到适当蹲苗的目的,促进根系下扎,增强植株吸收深层养分和水分的能力,同时可避免后续几茬植株生长纤细、产量降低,并可防止倒伏。

(4)追肥　拔节期追施氮肥 150 kg/hm²。根据土壤条件和植物生长状况,确定是否需要追施钾肥。

(5)防治虫害　饲草高粱茎秆多汁多糖,易遭受蚜虫、钻心虫危害,受害后茎秆糖分减少,茎汁变苦,影响青贮饲料产量和食味,宜采用菊酯类农药防治,禁用有机磷农药。

4.6.1.6　收获

刈割青贮利用的收获在 9 月中下旬乳熟至蜡熟期进行,每公顷鲜草产量 45 000 kg 以上。2 次青饲利用时,第 1 茬植株高度达到 1.2 m 时刈割,留茬高度 10 cm 左右,留茬高度不宜过低或过高;第 2 次刈割 9 月底 10 月初进行,每公顷总产量平均可达 60 000 kg 以上。

4.6.2　绥化地区高丹草生产技术规范

本项目组采用大田小区栽培试验,结合新品种的示范推广研究,进行高丹草生产技术规范的研究。以高丹草生产中的关键技术为出发点,在播期效应、刈割次数、除草剂应用、种植密度、留茬高度以及刈割时期确定等方面进行了系统研究,在此基础上制订了本技术规范,可为新品种应用推广、丰产栽培提供理论依据和技术指导。

4.6.2.1　范围

本规范规定了适宜高丹草生产的环境条件、耕作、田间管理、病虫害防治、收获、贮存等主要生产技术措施。

本规范适用于高丹草的种植生产。

4.6.2.2　产地环境条件

高丹草抗逆性强、适应性广,对土壤质地要求不严,适宜在干旱、半干旱、半湿润地区的农区栽培。

4.6.2.3 播前准备

(1)选地 高丹草对土壤肥力要求不高,对水分条件要求较为严格。选择中等肥力土壤并具有井灌条件的地块可获得理想产量。前茬为豆茬最好。

(2)整地 绥化地区春旱的问题日益严重,导致出苗拖后,出苗不齐,影响高丹草的产量。通过秋翻地(一般耕深 20～25 cm)、秋施肥、秋起垄,可达到蓄墒、保墒的目的,同时促进土壤熟化,提高土壤的有效养分,增加孔隙率,改善土壤的物理性状,改善高丹草根系分布与促进植株生长发育。没有条件进行秋整地的地块,可在翌年春天进行春整地,减少水分蒸发,保住底墒,是春整地技术关键所在。早春拖、耢、耙、压是保墒保苗的有效措施,当早春化冻深达一犁土时,结合深施化肥,顶浆打垄,最好是先耙茬后起垄,然后及时镇压,达到播种状态。

(3)施基肥 要取得高产,必须施好基肥。有条件的地方施有机肥,有机肥施入量为 30～45 t/hm²,采用破垄夹肥,深施 20～25 cm。没有有机肥的情况下,可施氮磷复合肥 300 kg/hm²。

(4)种子处理 播前用种子量 0.5% 的 50% 多菌灵可湿性粉剂拌种,拌匀后浸种 4 h,稍晾晒后即可播种。

4.6.2.4 播种

(1)播种时间 在耕层 5～10 cm 的地温稳定在 10℃ 左右时播种,播种期为 5 月 10 日左右。

(2)合理密植 通常采用条播播种,每公顷播种量控制在 18.75～22.50 kg。行距 15～30 cm,株距 12～15 cm。不同利用方式下的适宜种植密度不同,以青贮利用秋季 1 次刈割,形成产量主要靠主茎,每公顷种植密度应在 30 万株以上;以刈割青饲利用为主,较多分蘖形成较高产量,每公顷种植密度控制在 20 万株以内。

(3)播种深度 播种深度应在 3 cm 左右。

4.6.2.5 田间管理

(1)补苗 由于整地或播种不良以及受到风、旱、雨、涝、冻、虫等不利因素的影响,造成严重缺苗断垄,当缺苗达到 10% 以上时应及时补苗。

(2)间苗、定苗 高丹草田间管理中最重要的就是苗期管理,它需要间苗、定苗。通常在 3～4 片真叶时进行间苗,苗高 10 cm 左右时定苗。间苗可分为 2～3 次进行,最后一次即为定苗。

(3)中耕除草 高丹草幼苗期生长较慢,应及时除草。在出苗后至苗高 40 cm 时,视草情除草 2 遍,根据降雨预报,争取抢在雨前中耕 2 遍,后期及时割茬追肥,基本不用除草。

（4）浇水　高丹草茎叶繁茂，蒸腾面积大，需水量大，充分发挥它的高产、丰产的优势，及时灌水是非常必要的。苗期不用灌水，以便蹲苗，为了促进分蘖和生长，定苗后结合追肥灌水 1 次。从拔节至抽穗期，可根据降水情况进行 1～2 次灌溉，以保持土壤水分达到田间最大持水量的 60％～70％。在每次刈割之后必须进行灌溉，有利于牧草的再生。高丹草生育期长，整个生长季均处于营养生长阶段，因而在时间上对水分的敏感性不强，生长季内应遇旱浇水。

（5）追肥　每次刈割后要及时追氮肥，施用量一般每次施尿素 75～100 kg/hm²，充分发挥它的高产、丰产的优势。

（6）防治蚜虫和紫斑病　蚜虫用 10％ 吡虫啉一遍净可湿性粉剂 10 g，对水 50 kg 喷洒防治；紫斑病用 75％ 代森锰锌 100 倍液进行防治，禁用有机磷高剧毒和高浓度农药，以免造成牲畜中毒。

4.6.2.6　收获

高丹草再生率高，再生生长速度快，因此适于刈割青饲轮供。青贮利用刈割在 8 月中下旬进行，每公顷鲜草产量可达 16 t；在黑龙江农牧交错带一般生长季内可刈割 2 次，留茬 10～15 cm。第 1 次刈割在 7 月中旬，适宜高度在 1.3～1.6 m，刈割过早不仅生物产量低，而且氢氰酸含量高；刈割过晚，粗蛋白质含量下降，同时因茎叶比、粗纤维含量升高而使适口性、消化率下降。第 2 茬在 9 月底刈割，2 茬每公顷总产量平均可达 19 t。

（本节生产技术规范完成人：申忠宝　潘多锋）

4.7　饲草高粱混种扁豆生产技术规范

扁豆为豆科藤本植物，可攀附在饲草高粱或青贮玉米上生长，且基本不影响高粱和玉米的生长。扁豆与饲草高粱混播后，苗期生长速度不如玉米快，高粱拔节后扁豆才开始快速生长，待高粱进入收获期时，扁豆攀援至高粱顶部，可与高粱同时收获、切割、贮存，提高青贮的产量和品质。在此基础上制定了本技术规范，可为新品种应用推广、丰产栽培提供理论依据和技术指导。

4.7.1　范围

本规范规定了适宜高粱扁豆混播生产的环境条件、耕作、田间管理、病虫害防治、收获、贮存等主要生产技术措施。

本规范适用于高粱扁豆混播的种植生产。

4.7.2　产地环境条件

高粱扁豆混播抗逆性强、适应性广。对土壤质地要求不严,适宜在干旱、半干旱、半湿润地区的农区。

4.7.3　整地

与单播高粱一样,混播对地块没有特殊的要求,在沙土、黏土和壤土上都可以。播前结合施基肥进行深松或深耕,将表土整细,形成上实下松的种床。基肥以腐熟的有机肥最好,用量为 30～45 t/hm²,也可用磷钾含量的复合肥作为基肥。

4.7.4　播种

扁豆为热带作物,在北方地区不开花、结实,因此主要在华北、东北地区与高粱进行混播。以呼市为例,一般进行春播,在地表温度稳定在 10℃时播种,混播高粱密度略低于单播密度。播种时按照种子重量将高粱和扁豆种子以(1.5～2)∶1 的比例均匀混合,灌溉地可把播种机的播种量调整到 37.5～45.0 kg/hm²,播种深度为 2.0～3.0 cm,行距 20～30 cm,干旱地区需适当增加播种行距,减小播种量。

4.7.5　田间管理

施肥:结合当地土壤状况和混播后的生长情况,确定底肥和追肥用量。土壤水分状况越好,施肥量应越大。氮肥主要用作追肥,在分蘖期和拔节期施入 100～150 kg/hm²,若前茬为青贮玉米混播扁豆,由于扁豆的固氮作用增加了土壤氮素含量,可适当减少氮肥的用量。磷肥可作为基肥一次性施入,通常用量为磷(P_2O_5)30～60 kg/hm²,特别缺磷的地块可提高到 120 kg/hm²。钾肥(K_2O)的用量一般为 60～120 kg/hm²,1/3～1/2 的钾肥可作为基肥施入,余者可作与氮肥一起作为追肥。

杂草防治:播种镇压后,喷施乙草胺进行封闭防除杂草(乙草胺用量:50% 乙草胺每公顷 3.4～4.5 L)。苗期杂草对高粱和扁豆影响不是太大的话,建议不使用除草剂,因为玉米和扁豆分属单子叶和双子叶植物,不宜使用选择性除草剂。

间苗:高粱苗期进行间苗,每公顷保苗数控制在 6.75 万～8.25 万株。

4.7.6　收获利用

北方地区高粱混种扁豆主要用于 1 次刈割制作青贮,饲用高种宜选择早熟型品种,收获时间根据饲草高粱的成熟情况确定,最好在高粱含水量为 65%～70%

时进行刈割。扁豆与高粱同时收割,由于后期扁豆绕在高粱上,所以一般采用前台自走式青贮收割机。收割后进行切割,切割长度 2~3 cm,进行混合青贮。

饲草高粱青饲时要注意氢氰酸中毒问题,首次给家畜饲喂高粱青草时,一定不能让饥饿的家畜直接采食,要先让家畜采食其他饲草半饱后再采食高粱青草,一旦发生氢氰酸中毒,可马上用硫黄解毒。

(本节生产技术规范完成人:房丽宁　胡东良)

4.8　江苏省饲草高粱和苏丹草生产技术规范

4.8.1　江苏省饲草高粱生产技术规范

本项目组采用大田小区栽培试验,结合新品种的示范推广研究,进行饲草高粱生产技术规范的研究。以饲草高粱生产中的关键技术为出发点,在播期效应、刈割次数、除草剂应用、种植密度、留茬高度以及刈割时期确定等方面进行了系统研究,在此基础上制订了本技术规范,可为新品种应用推广、丰产栽培提供理论依据和技术指导。

4.8.1.1　范围

本规范规定了饲草高粱高产栽培的土壤条件、种子选择、种子处理、整地与施肥、播种、种植密度、田间管理、病虫害防治及收割利用等生产操作要求。

本规范适用于饲草高粱的种植生产。

4.8.1.2　产地环境条件

饲草高粱抗逆性强、适应性广,适用于江苏省饲用作物栽培利用地区及其他类似地区。

土壤肥力中上等,土壤有机质含量≥1.2%,全氮含量≥0.10%,全磷含量≥0.10%,速效磷含量≥6.0 mg/kg,速效钾含量≥90 mg/kg,土壤盐分含量≤0.1%。

4.8.1.3　种子选择

选用高产优质,纯度在98%以上,净度在97%以上,发芽率在90%以上的一级优良品种。

4.8.1.4　种子处理

播前选择晴朗、温暖的天气,将种子摊铺在阳光充足、通风良好的地方,种子层厚度为 3～5 cm,每天翻动 2～3 次,晾晒 3～4 d。通过晾晒增强种皮对水分和空气的渗透性,提高种子发芽率。晒种后再用 40%拌种双可湿性粉剂按种子重量的 0.3%拌种以防治黑穗病。地下害虫发生危害严重的地块,可用 50%辛硫磷乳油 50 mL,对水 3～5 kg,拌种 30～50 kg,堆闷 3～4 h,防治地下害虫。

4.8.1.5　整地与施肥

前茬作物收获后,立即深翻。播前耙压、拖平,使土壤细碎无坷垃,上虚下实,做到精耕细作。每亩(1 亩＝667 m²)施优质腐熟有机肥 2 000～3 000 kg。若土壤缺磷钾,可配合施用磷肥、钾肥,如过磷酸钙、钙镁磷肥、磷酸二铵、硫酸钾等,一般每亩施纯磷(P_2O_5)5～10 kg、纯钾(K_2O)5～10 kg。

4.8.1.6　播种

(1)播期　在 5～10 cm 土层温度稳定在 10℃以上时,具体时间在 4 月中下旬到 5 月上旬。

(2)播种方法　采用垄作条播或穴播方式,行距 50 cm。土壤肥力高的地块可采用宽窄行种植方式,大垄行距 70 cm,小垄行距 40 cm,密度增加 20%。

(3)播种量　每亩播种量 1.5～2.0 kg。

(4)播种深度　播种深度以 2～3 cm 为宜,在此范围内沙性土壤的播种深度稍深,黏性土壤的播种深度稍浅。

4.8.1.7　田间管理

(1)查田补苗　在 3 叶期前后进行查田,如缺苗断垄严重时,可在间苗时移栽同品种的幼苗。移栽的高粱苗以 4～5 叶期最易成活。

(2)适时间苗、定苗　在幼苗 3～4 片叶时进行间苗,5～6 片叶时定苗。

(3)中耕除草　在苗期和拔节期进行中耕,一次性将苗根和苗旁的杂草除净,注意防止伤苗。

(4)追肥　在拔节期结合中耕培土,每亩追尿素 20 kg 左右。

(5)灌水　高粱在孕穗至灌浆期需水最多,如遇干旱应及时灌水,每亩灌水 30～50 m³。

4.8.1.8　病虫害防治

1.细菌性叶斑病

细菌性叶斑病有条纹病、条斑病和斑点病。

(1)农艺措施　以农业防治措施为主,如选用抗病虫强的品种,消灭越冬病虫源菌,采取轮作等措施。

(2)化学防治　及早喷洒75％百菌清可湿性粉剂1 000倍液加70％甲基硫菌灵可湿性粉剂1 000倍液或75％百菌清可湿性粉剂1 000倍液加70％代森锰锌可湿性粉剂1 000倍液、40％多硫悬浮剂500倍液、50％复方硫菌灵可湿性粉剂800倍液，隔10 d左右1次，连续防治1～2次。

2.真菌性叶斑病

高粱的真菌性叶斑病主要有大斑病、炭疽病、煤纹病、紫斑病。

(1)农艺措施　彻底清除田间病残植株，收割后及时耕翻。实行轮作可以防止病原菌的积累，适时早播可使发病期避开高温和多雨季节，增施基肥和磷、钾肥，中耕松土和及时排水降低土壤湿度，均能提高植株抗病能力。选用抗病品种或杂交种是防治高粱真菌性叶斑病的根本性措施。

(2)药剂防治　可用拌种和喷药。可湿性粉剂采用50％多菌灵或50％甲基托布津，或50％福美双拌种，用量均为1 kg药拌种100 kg；用0.35％的50％萎锈灵拌种防治效果也很好。此外，用50％的敌菌灵500倍液，或40％福美胂500倍液，或70％甲基托布津，或50％托布津或50％代森铵的1 000～2 000倍液，或70％代森锰或65％代森锌的1 000倍液，或50％多菌灵500倍液，每隔7～10 d喷药1次，连续喷2～3次。

3.高粱蚜

施用2.5％溴氰菊酯或20％杀灭菊酯5 000～8 000倍液；每公顷施50％抗蚜威可湿性粉剂150～300 g对水450～750 kg于发生期对植株进行喷雾防治。或用40％乐果乳油1 500倍液喷雾；用40％乐果乳油按1∶200比例与细沙混拌成毒沙，扬撒在高粱植株上，每公顷撒300～375 kg。

4.玉米螟

在高粱心叶末期(大喇叭口期)用1.5％辛硫磷颗粒剂7.5 kg兑细沙75 kg，每株投放1 g。

4.8.1.9　收割利用

(1)多茬刈割利用　主要用于鲜饲或调制干草，收获2～3茬可实现最大产量，一般情况下播种后70 d或株高达到1.4 m左右时进行第1次刈割，每次刈割留茬10～15 cm。可以直接饲喂羊、牛等，也可以晒干贮备。

(2)一次性刈割利用　主要用于制作青贮饲料，一般在高粱乳熟后期进行刈割(开花后半个月)。高粱青贮料饲喂量应由少到多，逐渐适应后即可习惯采食。青贮料可与精料或干草配合使用。训练方法是，先空腹饲喂青贮料，再饲喂其他草料；先将青贮料拌入精料喂，再喂其他草料；先少喂后逐渐增加；或将青贮料与其他料拌在一起饲喂。由于青贮饲料含有大量有机酸,具有轻泻作用,因此母畜妊娠后期不宜多喂,产前 15 d 停喂。

4.8.2　江苏省苏丹草养鱼生产技术规范

本项目组采用大田小区栽培试验,结合新品种的示范推广研究,进行苏丹草养鱼生产技术规范的研究。以苏丹草生产中的关键技术为出发点,在播期效应、刈割次数、除草剂应用、种植密度、留茬高度以及刈割时期确定等方面进行了系统研究,在此基础上制订了本技术规范,可为新品种应用推广、丰产栽培提供理论依据和技术指导。

4.8.2.1　范围

本规范规定了苏丹草高产栽培的土壤条件、种子选择、种子处理、整地与施肥、播种、种植密度、田间管理、病虫害防治、收割利用以及种草养鱼的鱼种选择及牧草搭配比例等生产操作要求。

本规范适用于江苏省饲用作物栽培利用地区及其他类似地区。

4.8.2.2　土地选择

种植的土地要求地势较高、肥力较好、排灌沟渠配套、距离鱼池较近的地块及鱼塘池埂。

4.8.2.3　面积配比

一般种草面积与鱼塘面积的比例为 1:(3～3.5)。一般每公顷产鱼 9 000 kg 左右的池塘(草食性鱼类放养量 60％左右),须配置草地 0.6 hm² 左右。

4.8.2.4　播种

(1)品种选择　选择经全国牧草品种审定委员会审定登记的品种或经引进试种表现较好的品种。

(2)播前种子处理　播种前抢晴天晒种 1～2 d,打破种子休眠,并增强发芽势,提高发芽率,也可以与毒杀地下害虫的药剂拌种以防地下害虫的危害。

(3)播种时期及播量　开春后,当表土 10 cm 处地温在 12～14℃时就可播种,每亩地用种子 1.5～2 kg,条播行距 30～50 cm;点播株距为 20～30 cm,每穴 8 粒左右。苏丹草种子顶土能力强,适宜的播种深度为 2～3 cm。草种在播后应立即洇水,使土壤水分处于饱和状态,以促进快速出苗。苏丹草苗期较长,苗期 30～40 d 内不宜浇水。

(4)分批播种　为了保证整个夏季能持续生产青绿饲料,应采取分期播种。每期相隔 20～25 d,最后一期应在重霜前 60～90 d 结束。

4.8.2.5　田间管理

（1）中耕除草　苏丹草苗期生长较缓慢，易受杂草危害。早春播种的苏丹草，由于气温低，苗期长，在苗高 10～15 cm 时应中耕除草 1 次，防止杂草危害。

（2）施肥　苏丹草根系发达，生长迅速，要求土质疏松，施足基肥。基肥应以农家肥为主，每次刈割后每亩施尿素 10 kg。若在堆积了池塘淤泥的鱼塘池埂和田块上种草，则春季种苏丹草时可不施基肥。每次刈割后，应及时用速效氮肥追施，一般每亩用尿素 7.5～10 kg，但不宜用碳铵作追肥。若在堆积了池塘淤泥的鱼塘池埂和田块上种草，可适量减施追肥。

（3）灌溉　在每次刈割施肥后，应及时浇水或稀释的人畜粪尿，使土壤湿润，以便使肥料及时发挥作用。

（4）忌连作　苏丹草消耗地力严重，不宜连作，收获后应休闲或种植一年生豆科作物。

4.8.2.6　青刈

当苏丹草长到 80 cm 左右高时，叶鲜嫩，宜刈割利用。青刈时留茬 15～20 cm，太低影响分蘗与再生而降低产量。以后每 15 d 左右可青刈 1 次，直到霜冻才趋于死亡。

幼嫩苏丹草的茎叶含有少量的氢氰酸，随着植物的生长，含量减少，一般无中毒危险。

4.8.2.7　病虫害的防治

苏丹草苗期易遭蚜虫危害，每公顷用 20％速灭杀丁 300 mL 对水 300 kg 喷杀。中、后期易受粉锈病危害，每公顷可用 15％粉锈灵 525 mL 对水 300 kg 喷洒。

4.8.2.8　苏丹草养鱼的技术规程

（1）正确选择养鱼模式　种草养鱼在确定养鱼的混养结构时，应选用以放养草鱼、鳊鱼、团头鲂等草食性鱼类为主的放养模式，其放养量可占到鱼种总重量的 50％以上，并混养 35％左右的鲢鱼、鳙鱼等滤食性鱼类和 15％左右的鲤鱼、鲫鱼等杂食性鱼类。

投放前水面要进行充分的消毒处理，鱼体也宜浸体消毒，严禁各种病原或病鱼等进入水面。

（2）苏丹草养鱼的饲喂方式　苏丹草的投喂量应该根据天气、水质、鱼情等因素进行合理调整。草料的投喂必须安排在颗粒饲料投喂前进行。可设置自动投饵机进行投喂，同时在距离自动投饵机 20 m 以外的地方设置投草框，一是防止青饲料被风吹满塘，引起腐烂而败坏水质；二是充分利用青饲料，防止浪费；三是便于及时捞取剩饵残渣。一般每天投喂 1 次,投喂时间定在上午的 8—9 时,投喂量以 7~8 h 内吃完为度。如在这个范围内很快吃完,第 2 天投喂量应酌情增加;如当天剩草较多,则次日酌减。阴雨天或寒冷天气可少投或不投。

4.8.2.9　日常管理

(1)适时调节水质　放养时每周应加水 1 次,每次加注新水 10~15 cm,达到最高水位后每隔半个月左右换水 1 次,每次换水 1/3 左右,保证水体透明度在 25~30 cm,pH 为 7~8。

(2)注意日夜巡塘　要经常观察养殖水体的水质情况、鱼类摄食生长等情况,发现问题及时采取措施处理。

(3)注意防治病害　种草养鱼的水面一般水质情况多变,除了在投放鱼种时抓好水体消毒和鱼体消毒外,还要定期用生石灰等调节水质,防治病害。投喂的牧草最好也要消毒处理,以防带病进入水体诱发各种病害。

(本节生产技术规范完成人:丁成龙　顾洪如)

4.9　黄河三角洲地区饲草高粱和高丹草生产技术规范

4.9.1　黄河三角洲地区饲草高粱生产技术规范

本项目组采用大田小区栽培试验,结合新品种的示范推广研究,进行饲草高粱生产技术规范的研究。以饲草高粱生产中的关键技术为出发点,在播期效应、刈割次数、除草剂应用、种植密度、留茬高度以及刈割时期确定等方面进行了系统研究,在此基础上制订了本技术规范,可为新品种应用推广、丰产栽培提供理论依据和技术指导。饲草高粱专用的青饲或青贮牧草品种,在黄河三角洲地区中低盐碱地的中等水肥条件下,株高可达 3 m 以上,一般地上部分鲜产达 60 000~80 000 kg/hm²。

4.9.1.1　范围

本规范规定了适宜饲草高粱生产的环境条件、耕作、田间管理、病虫害防治、收获、贮存等主要生产技术措施。

本规范适用于黄河三角洲地区中低盐碱地饲草高粱栽培利用。

4.9.1.2　产地环境条件

饲草高粱抗逆性强、适应性广,对土壤质地要求不严,适宜在干旱、半干旱、半湿润地区的农区栽培。

4.9.1.3　整地

春天大水漫灌 1 次进行压盐碱。待土地晾干能进人后,施土杂肥,每公顷地施土杂肥 15 000～22 500 kg 或复合肥 750～825 kg。然后旋耕 1～2 遍,使土肥混合,耙压保墒,做到地面平整,无秸秆杂草。

4.9.1.4　播种

根据漫灌后墒情情况,选择 5 月上、中旬播种。由于黄河三角洲地区 80% 降雨量都集中于 6—8 月份,此时播种,苗期正好进入雨季,防止因返盐而造成死苗、弱苗现象。一般盐碱地播种量 15.00～18.75 kg/hm²,重度盐碱地播量适当加大,达到 22.5～30.0 kg/hm²,然后铺地膜,采用地膜栽培。播种深度 3～5 cm,行距 60～70 cm。

4.9.1.5　田间管理

田间管理:包括放苗、封苗、中耕锄草、定苗、补苗、施肥以及病虫害防治等工作。

及时放苗:当苗长至 3～4 叶时开始放苗,即将地膜挑破露出小苗。选择阴天全天放苗,晴天早、晚放苗,避免中午放苗导致损失土壤水分。

适时封孔:根据膜下土壤墒情适时封堵放苗孔,即用周边少量的土壤封堵地膜挑破口。土壤墒情差时随放苗随封孔,膜下湿度大时适当推迟封堵时间,待表层土风干后再封堵,以利于散墒,降低病害。

定苗、补苗:出苗后要及时间苗、定苗,去弱留壮,培育健壮群体。在 3～4 叶期间苗,5～6 叶期定苗,并及时查苗补苗。补苗时将间掉的苗带土移栽至缺苗处,补浇水即可。

中耕除草:盐碱地雨季到来时杂草会严重影响饲草高粱生长,因此必须在苗期利用中耕将其防除。方法是行间露地部分人工或小型机械锄地,既防除杂草,又防止土壤板结。

浇水、施肥:在拔节期浇第 1 次水,以后视降雨情况或土壤墒情及时浇水。结合浇水追施氮肥,每公顷追施氮肥 150～225 kg,追肥后及时浇水,或在雨前追肥。

病虫害防治:饲草高粱易受蚜虫和螟虫的危害,尤其是蚜虫,严重影响茎秆和籽粒产量,显著降低含糖量。防治蚜虫一定要早,可选择无公害农药或溴氰菊酯、氯氰菊酯等,防治螟虫可选用 5% 辛硫磷颗粒剂撒心。

4.9.1.6　收获及利用

饲草高粱乳熟期收割。饲草高粱利用方式主要是青贮和青饲。青贮汁液丰富,含糖量高,可同玉米秸秆混贮弥补玉米秸秆水分和糖分的不足,也可单贮,青贮的质量好,营养丰富,牲畜喜食,易于消化吸收。饲草高粱切碎青饲,配合其他牧草,饲喂相同精料混合料饲喂奶牛,适口性明显地好于玉米青贮和干草。

4.9.2　黄河三角洲地区高丹草生产技术规范

本项目组采用大田小区栽培试验,结合新品种的示范推广研究,进行高丹草生产技术规范的研究。以高丹草生产中的关键技术为出发点,在播期效应、刈割次数、除草剂应用、种植密度、留茬高度以及刈割时期确定等方面进行了系统研究,在此基础上制订了本技术规范,可为新品种应用推广、丰产栽培提供理论依据和技术指导。高丹草专用的青饲或青贮牧草品种,在黄河三角洲地区栽培,中低盐碱地的中等水肥条件下,株高可达 2 m,生育期 115 d,一般地上部分生物量达 60 000～70 000 kg/hm²。

4.9.2.1　范围

本规范规定了适宜高丹草生产的环境条件、耕作、田间管理、病虫害防治、收获、贮存等主要生产技术措施。

本规范适用于黄河三角洲地区中低盐碱地高丹草栽培利用。

4.9.2.2　产地环境条件

高丹草抗逆性强、适应性广,对土壤质地要求不严,适宜在干旱、半干旱、半湿润地区的农区栽培。

4.9.2.3　整地

春季 3 月中旬左右,大水漫灌盐碱地 1 次,晾晒 1～1.5 个月使地表干至能进人时,每公顷地施用土杂肥 15 000～22 500 kg 或复合肥 750～825 kg,然后深耕翻1 遍,旋耕 1～2 遍,使土肥混合,耙压保墒,地面平整。

4.9.2.4　播种

黄海三角洲地区适宜的播种时间一般在 5 月上旬,最晚不能超过 6 月上旬。每公顷播种量为 30～45 kg,如果在田间管理中不间苗,播种量可控制在 22.5～30 kg。条播行距 40～50 cm,播种深度 2～3 cm。

4.9.2.5　田间管理

田间管理:包括间苗、中耕锄草、浇水、追肥以及病虫害防治等工作。

间苗:高丹草播种量大,一般是用手工撒播,均匀度差,对幼苗过密的地方要及时间除或移栽。一般株距 20～30 cm,每公顷保苗 67 500～90 000 株。

中耕锄草:幼苗长势弱,春天杂草长势快,与幼苗抢水、抢肥、抢光照,对幼苗生长影响很大,一般以人工除杂草效果较好,大面积可以考虑化学除杂。中耕锄草在幼苗高度达到 10～15 cm 时进行,中耕深度适度加深,之后有杂草随时清除。

浇水、追肥:高丹草须根发达,生长快,产量高,对肥水需求大。在拔节期浇第 1 次水,以后视降雨情况或土壤墒情及时浇水。结合浇水追施氮肥,每公顷追施氮肥 37.5～75 kg,以后每刈割一次施一次氮肥,以保证其快速生长和持续高产。

病虫害防治:高丹草生长快,刈割周期短,一般 25～30 d 可刈割 1 次,病虫害较少。大田条件下主要病害为锈病,虫害为黏虫。发生锈病时,首先开沟排水,使土壤含水量下降,植株根系呼吸畅通,同时提前刈割 1 次,让植株重新长出新的叶片。若仍然无效,可考虑使用抗锈病药物,如 15% 粉锈宁 1 000 倍液喷雾等。发现虫害时同样可以提前刈割。若效果不好,可用化学药剂防治,如 40% 乐果乳油 1 000 倍液喷雾等。

4.9.2.6　收获及利用

黄河三角洲地区高丹草利用期为 4～5 个月,一般株高长至 120～150 cm 时刈割,一年可以收割 4～5 次。

利用方法主要有以下 3 种。

(1)鲜喂　当植株长到 120 cm 以上时,可以割第 1 次,将整株或铡成 40～50 cm 节鲜喂。

(2)调制干草　将刈割的鲜草成行摊晒,让其自然风干后收集打捆储存。在摊晒时可将茎秆压扁,使茎秆与叶子同时干燥,防止茎秆干燥不充分引起发霉。

(3)青贮　鲜草刈割后在太阳下晒制脱水,当水分含量在 60%～70% 即可。整株或铡成 30～40 mm 节青贮均可,在填料时要层层压实压紧密封待用。

(本节生产技术规范完成人:盛亦兵　贾春林)

第5章 褐色中脉饲草高粱育种技术及良繁体系

高粱按用途划分可分为粒用高粱、糖用高粱、饲用高粱、帚用高粱；若进一步划分，粒用高粱又可分为食用高粱和酿造高粱；糖用高粱可分为糖料甜高粱和能源甜高粱；饲用高粱则分为饲料高粱和饲草高粱。因此，饲草高粱是高粱的一个品种群。

关于饲草高粱的概念，不同学者给出的定义不尽相同，目前尚无公认的权威性定义。笔者在多年从事高粱属作物育种实践的基础上，参考相关学者解释给出了一个基本概念，即饲草高粱是以高粱全株收获作为饲草利用为目的各种高粱属作物的统称，主要包括饲用甜高粱、高丹草（高粱苏丹草杂交种）、苏丹草3类。饲草高粱育种利用的是杂种优势，以高粱不育系做母本，以恢复系或苏丹草为父本所得的杂种一代。

BMR饲草高粱则是指具有 bmr 基因型且表现为BMR的饲草高粱，其突出特点是很好地改善了饲草高粱的饲用品质，因而正逐渐成为国内外相关单位及学者研究关注的热点之一。有关 bmr 基因型高粱情况前文已有详细描述，而BMR饲草高粱的品种改良及选育方法与普通高粱的选育方法没有本质区别，因此，本章在借鉴普通高粱杂交种的亲本系创造及杂交种组配技术的基础上，重点关注对引进的BMR饲草高粱杂交种的改良及新品种选育技术。

5.1 褐色中脉饲草高粱的改良途径

5.1.1 国内外饲草高粱育种概况与进展

国外开展饲草高粱选育工作较早，美国早在20世纪20～30年代就已经开始了苏丹草的育种工作，以苏丹草与甜高粱杂交培育而成的甜茎多叶品种甜苏丹草（Sweet sudan grass），后来又陆续育成了先锋（Pacesetter Plus）、甘露（Sweet-N-Honey）等饲草高粱新品种；日本从1963年开始进行了高粱与苏丹草的属内杂交育种工作，先后于1971年和1975年选育出农林交青刈1号（605A×Sweet sudan）、2号（390A×Regs Hegari）饲草高粱；俄罗斯1995年培育出一种适合在寒冷气候条件下栽培的戈都奴夫中早熟品种,适合寒温带地区栽培利用;加拿大选育出了佳宝高丹草(Jasper);澳大利亚选育出了健宝(Jumbo)及苏丹草与饲用高粱的杂交种乐食(Everlush)等。近年来这些品种陆续引到我国并开始在生产中推广应用。

饲草高粱育种在我国从 20 世纪 80 年代开始受到育种家的广泛重视,钱章强等 1998 年率先育成我国第 1 个饲草高粱杂交种皖草 2 号,其团队后于 2005 年又育成皖草 3 号;山西农业科学院高粱研究所利用 A₃ 细胞质不育系选育出了晋草 1 号、晋草 2 号、晋草 3 号系列饲草高粱新品种;内蒙古农业大学农学院利用高粱雄不育系与苏丹草种间杂交选育出蒙农青饲 1 号、蒙农青饲 2 号、蒙农青饲 3 号饲草高粱常规种,利用高粱 11A 分别与棕壳苏丹草、黑壳苏丹草杂交选育出了蒙农 4 号、蒙农 5 号;河北省农林科学院旱作农业研究所选育出了冀草 1 号、冀草 2 号、冀草 4 号 3 个高粱苏丹草杂交种,并先后通过国审,其中冀草 2 号、冀草 4 号为利用 A₃ 细胞质不育系选育出的光周期敏感型品种。此外,国内学者还陆续选育出天农青饲 1 号、天农青饲 2 号、内农 1 号、吉草 2 号等饲草高粱新品种,并在部分地区示范应用。

上述国内外品种存在的一个共同问题就是,饲草高粱作为禾本科饲草,其木质化程度相对较高,特别是生长至后期——籽实灌浆期,随着干物质积累,本应为最好利用时期,但其茎秆木质化程度增强,导致饲用品质大幅度下降,饲草消化率大大降低,给饲喂利用造成困难。多年来国内外学者已经对饲草高粱的产量和抗逆性状及饲喂利用进行了深入的研究,然而其木质化程度高,饲草消化率低的问题却一直没有得到很好的解决,也成为饲草高粱品种的致命缺点。*bmr* 突变体材料的发现,有望使这一难题从根本上得到解决。研究表明,*bmr* 突变体的突出特点就是有效降低木质素含量而显著提高消化率。所谓 BMR 是指植株在生长到 4～6 个扩展叶后,与木质化组织相关的叶片中脉和茎髓有褐色的色素沉着,根据其表型命名为 *bmr* 突变体,随着植株成熟,叶部褐色沉着逐渐淡化,成熟时植株茎秆表皮呈浅褐色,髓呈红褐色。研究表明,BMR 材料因其叶和茎秆中家畜可消化的纤维素和半纤维素含量增加,而难以消化的木质素含量降低 40%～60%,极大地提高了叶和秸秆的适口性,同样的饲喂量下可获得更高的效益。利用 *bmr* 突变体来提高改善高丹草品质引起了各国研究者的广泛关注。在国外已成功将 *bmr* 基因导入普通高粱和苏丹草品种中,并育成了 BMR 饲草高粱商品化生产,如美国已育成BMR-100、BMR-101 等品种,这些品种的体外干物质消化率比普通饲草高粱提高40%左右,比种植青贮玉米节水 33%左右,饲喂奶牛产奶量与青贮玉米相同。而我国在 BMR 饲草高粱的育种研究上刚处于起步阶段。

5.1.2　引进 BMR 型饲草高粱在国内育种实践中存在的关键问题

品种改良的研究首先应关注的是被改良的材料。bmr 基因型发现于国外,20世纪 90 年代后引进我国,并初步开展了一些相关研究。国外引进后最捷径的途径就是能直接生产利用,然而目前我国引进的 BMR 饲草高粱材料或品种直接应用于生产还存在一定的困难,主要原因是适应性表现较差,多表现为抗病性差、不抗倒伏。此外,引进的个别表现较好的品种也是杂交种,出于知识产权的保护原因,国外一般不同意对外引进亲本,仅提供杂交种。因此,在国内就无法实现 BMR 饲草高粱杂交种种子的商品化生产。

我国要实现 BMR 饲草高粱杂交种的大面积生产利用,唯一的途径是利用现有的资源材料进行创新改良,培育出适合我国生态气候特点的新的杂交品种,也就是要选育出具有 bmr 基因型的双亲,即 BMR 型不育系、保持系,BMR 型恢复系,BMR 型苏丹草自交系,然后再进一步组配各种类型的饲草高粱杂交种。

我们从国外引进的 BMR 型饲草高粱材料,主要包括 BMR 甜高粱杂交种、BMR 高丹草、BMR 苏丹草杂交种、BMR 普通高粱资源。几类饲草杂交种亲本归纳起来不外乎不育系、保持系、恢复系及苏丹草稳定系 4 种。这些材料作为育种材料进行改良,采用不同选育方法,可以获得具有 bmr 基因型的高粱"三系"及苏丹草新品系,进而组配选育成各种 BMR 饲草高粱杂交种。

5.1.3　引进 BMR 饲草高粱资源的综合评价

5.1.3.1　BMR 材料的遗传机制及基因类型鉴别

目前报道的高粱属 BMR 型的已有 19 种,应用于生产的主要有 bmr-6、bmr-12和 bmr-18 突变品系 3 种,因为这 3 种突变品系的可消化率远高于其他类型。等位分析证明 bmr-12 和 bmr-18 是等位基因,bmr-6 和 bmr-12 位于不同的染色体上,bmr-12 和 bmr-18 是等位基因,但它们在控制开花时间上是不同的。其中,bmr-6和 bmr-12 2 种基因型虽表现型一致,但实为 2 个完全不同的基因,2 个亲本材料杂交时,若同为 bmr-6 或同为 bmr-12 突变时则表现出 BMR 特征,若 2 个亲本一为bmr-6 基因型、另一为 bmr-12 基因型,尽管双亲均表现 BMR 特征,但杂交种却不表现这一特性。

鉴定方法:采取测交鉴定。用已知 bmr-6 或 bmr-12 基因型材料作测验种,即作母本;用未知引进材料作被检测种,即作父本,成对测交;通过 F_1 代的叶脉表现型加以确定。叶脉为 BMR 的材料即与测验种为同一基因型,否则则不是。特殊情况下,如已有的 BMR 具体基因型不清楚也无所谓,通过上述方法,找出基因型一致的材料即可,利用时注意双亲选择一样基因型的即可。

5.1.3.2 引进 BMR 饲草高粱杂交种材料的育性鉴定

根据田间花期育性情况及杂交种结实情况,鉴定出杂交种材料亲本的不育基因类型,为进一步利用奠定基础。已知生产中利用的不育系基因型主要有 A1、A2、A3 等几种,根据杂交种 F_1 代育性恢复情况可初步判定其不育系基因型,如若育性很差,可初步断定为 A3 型,关键是 A3 型由于育性很难恢复,所以这类材料基本上是无法改良利用的。

不育株鉴定采取目测鉴定技术。高粱开花时,观察花药的大小和颜色,或于早晨开花时摇动植株看是否有花粉散出,鉴定不育程度的好坏。对花药呈乳白色、紫色、褐色,瘦小无花粉的植株,应作为不育株。为了育性鉴定时观察方便,可采用半面为透明玻璃纸做成的纸袋进行套袋,这样既便于观察、节省时间,又可保证选育质量。

杂交种育性鉴定主要指恢复性的鉴定,鉴定杂交种的结实情况,用结实率表示,这是育种上常用的方法。在实际操作中,通常采用套袋自交鉴定法比较可靠。在植株抽穗后开花前严格套袋,收获后记载每穗结实数和空粒数,然后算出自交结实率,以确定该杂交种的恢复性。

自交结实率 =(全穗套袋自交结实的粒数/全穗可育小花数)×100%

一般每个杂交种至少要套袋自交 5 穗,套袋自交结实率在 0.1% 以下的,定为不育型;80% 以上的,定为可育型;介于二者之间的,定为半育型。只有达到可育型的杂交种才有应用价值。

5.1.3.3 引进 BMR 饲草高粱杂交种材料的适应性、丰产性、抗逆性、饲用品质评价

目的是充分了解引进 BMR 材料的优缺点,便于改良时育种目标的确定和材料的选取,充分利用其优点,改良其缺点。

评价方法:适应性、丰产性、抗逆性是通过多点区域试验方法进行田间鉴定,一般为 2 年,选取当地主栽品种为对照品种;抗病性需要田间鉴定与室内病菌接种试验结合进行评价;饲用品质依靠室内分析及饲喂试验综合评判。

5.1.3.4 摸清引进 BMR 饲草高粱杂交种材料的遗传背景

对引进 BMR 材料应尽可能了解其遗传背景、亲本来源、原产地、隶属哪一类高粱资源等,这对于杂交优势利用时双亲选择非常必要,只有保持遗传距离相对较

远,杂交优势才强大,否则对后期利用造成障碍。如没有办法了解到某个材料的遗传背景,就只能通过田间的生物学性状表现初步鉴定,间接判断得出。

实际应用中上述 4 个方面的鉴定往往是同时进行的。

5.1.2　育种目标的确定及改良亲本材料的选择

以生产利用目标为主,结合鉴定材料及已有资源材料的情况,确定出育种目标,根据育种目标选择出待改良的亲本材料。在保留 BMR 特征基础上,品种选育的基本要求首先为丰产性和适应性,这应是所有品种选育应具备的共同目标,具体目标应为:生长茂盛,绿色体生物产量高,茎秆中含有一定甜度,不含或氢氰酸含量很低;分蘖性强,刈割再生速度快,抗旱、耐盐、耐瘠薄能力强;茎叶饲用品质优,抗病虫害能力强。

5.1.3　育种方案的制订及实施

育种方案内容应包括:育种目的或目标、育种材料及来源、实施地点、年限、内容、选育方法及田间操作技术规范、技术路线、田间选择标准、田间种植方式、后代群体大小、田间管理、调查内容的标准及方法、种子收获及保存方法、实施年度步骤。田间种植图及技术路线图附后。其中核心内容为技术路线及具体采取的育种方法、技术。

5.2　褐色中脉饲草高粱亲本系的选育技术

针对 BMR 饲草高粱引进材料情况,利用现有材料创新"BMR 饲草高粱三系"及 BMR 苏丹草稳定系,一般采取的育种技术方法分别介绍如下。

5.2.1　高粱三系及其特点

高粱三系是指高粱雄性不育系、雄性不育保持系和雄性不育恢复系,简称不育系、保持系和恢复系。

不育系是由保持系保持不育的,杂交种是由不育系与恢复系组配而成的,不育系的遗传组成为 S(msms),不育系由于其体内生理机能失调,致使雄性器官不能正常发育,花药呈乳白色、黄白色或褐色,干瘪瘦小,花药里没有花粉,或者只有少量无效花粉,无生育力;而不育系的雌蕊发育正常,具有生育能力。

保持系的雄性是可育的,其遗传组成为 F(msms)。不育系和保持系是同时产生的,或是由保持系回交转育来的。每一个不育系都有其特定的同型保持系,并利用保持系花粉进行繁育，传宗接代。不育系与保持系互为相似体，除在雄性育性上不同外，其他特性、特征几乎完全一样。

恢复系是指正常可育的花粉给不育系授粉，其 F_1 代不但结实正常，而且不育特性消失了，具有正常散粉生育能力，换言之，它恢复了雄性不育系的雄性繁育能力，因此称为雄性不育恢复系，恢复系的遗传组成为 F(MsMs) 或 S(MsMs)。

在隔离区内，用雄性不育系作母本，用雄性不育恢复系作父本杂交制种时，便可通过自由授粉得到杂交种种子，而且杂交种种子长出的杂种一代能正常开花散粉，授粉结实。

5.2.2 BMR 饲草高粱不育系与保持系的选育方法

5.2.2.1 保持类型品种直接回交转育不育系和保持系

保持类型品种的育性基因型是细胞质有可育基因，而细胞核里是不育基因，当其给雄性不育系授粉，F_1 代是雄性不育，如用该品种连续回交，所得到的回交后代就成为新雄性不育系，而该品种就成为新不育系的保持系。利用此法在育种实践中已选育出很多普通粒用高粱不育系。河北省农林科学院旱作农业研究所以 A3 忻七 A 粒用高粱不育系为母本，以 BMR 型衡 XZ 高粱做保持系，通过连续回交转育，创造出 1 对既具有饲草 A3 型基因同时又表现出 BMR 特征的衡 XZ 不育系和保持系。其选育过程见图 5-1，具体程序如下：

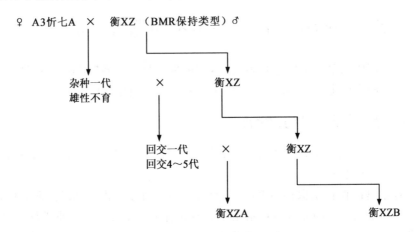

图 5-1 饲草 A3 型不育系衡 XZA 的选育过程

（1）测交 利用现有的雄性不育系做母本，与优良品种或品系做父本进行测交，测交材料播种时注意调节播期，使父母本花期相遇，抽穗后选择生育正常、植株典型的父、母本各 3～5 穗套袋。开花后进行成对测交,并挂上标签。成熟后,成对收获,单穗脱粒,成对保存。

(2)回交 将上年成对收获的测交种子和父本种子相邻种植。抽穗开花后,在测交一代中选择全不育穗,用原测交父本穗成对回交,成熟时分别脱粒,成对保存。

(3)连续回交转育 把回交获得的种子和对应的父本相邻种植。开花时选不育程度高并在长势长相上倾向于父本性状的植株用对应的父本继续回交,连续回交 4～5 代,直到母本达到株型、长相以及物候期都与父本相似时,新的雄性不育系就转育成功了。

5.2.2.2 保持类型品种间杂交法(简称保×保法)

通过保持类型品种间杂交,或保持系与保持系杂交选育保持系,进而转育成 BMR 不育系,其目的是除将不同品种(保持系)的优良性状结合到一起外,使新选育的不育系还具有 BMR 性状。采用保×保法选育 BMR 雄性不育系时,常采取边杂交稳定、边回交转育的方式。具体做法如图 5-2 所示,具体程序如下:

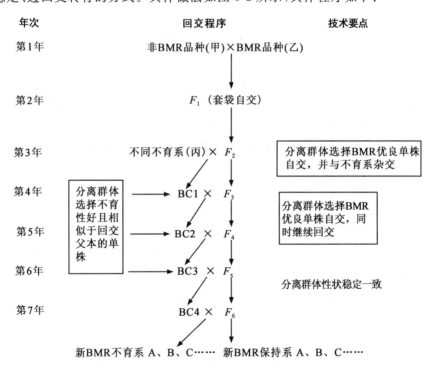

图 5-2 边杂交稳定、边回交转育 BMR 不育系选育程序

第 1 年,选用 2 个保持系(或保持类型品种、品系)进行人工去雄杂交,获得杂交种种子,单收单独保存。

第 2 年,种植上一年收获的 F_1 代种子。当植株开花时,套袋自交,收获自交的 F_2 代种子,单独保存。

第 3 年,种植上一年收获的 F_2 代种子,注意与不同生育期的不育系相邻种植。抽穗开花后,从分离的群体中选择符合育种目标要求的单株自交,同时与花期相遇的邻近不育系杂交,并在成对杂交的父、母本穗上拴系标签,做好记录。成熟时,成对收获;单脱粒,成对保存。

第 4 年,F_3 代单株选择,自交,并成对回交。将上年成对杂交的组合相邻种植,开花时从 F_3 代群体中继续选择符合要求的单株自交,同时与相邻种植的杂交群体中的不育性好、株型相似于父本的单株进行回交,拴系标签。成熟时,成对收获、脱粒和保存。

第 5 年和第 6 年,继续选择单株自交并回交。

第 7 年,保×保杂交后代经自交纯化、选择,已基本上稳定,即是新选育的保持系;回交转育的母本即是新育成的雄性不育系。

但对于选育 bmr 基因型的不育系及保持系,该法可能用不上。因为我们一般没有或很少有 bmr 基因型的保持系材料,因此实际工作中需要采用普通保持系与 bmr 基因型的保持系杂交,由于 BMR 表型表现为隐性,杂交后代群体需更大,才能出现理想的纯合的 BMR 型材料。转育过程中,后代需进行育性选择的同时还要具备 BMR 特性,因此具体选择中难度更大。

5.2.2.3 保持类型与恢复类型品种间杂交选育不育系和保持系(简称保×恢法)

如果已有 BMR 饲草高粱材料没有保持系类型,通过 BMR 饲草高粱杂交种改良选育 BMR 饲草高粱不育系、保持系是比较困难的,可采取保×恢法。

该法的提出是从育种实践得到的。在恢复系选育中,在 2 个恢复系杂交时,有的杂交组合的杂种一代表现出强大的杂种优势,但是由于无法组配成杂交种,因此不能在生产上应用。为了解决这个问题,必须把其中的一个恢复系转育成雄性不育系。但是,直接把一个恢复系转育成不育系又不可能,故采取保×恢的杂交,在杂交后代中选择育性像保持系,其他性状像该恢复系的,这样转育的不育系才有利用价值。

选取 BMR 饲草高粱保持系或普通高粱保持系与 BMR 饲草高粱恢复系杂交方法,即保持类型与恢复类型杂交法。在创造保持系同时完成不育系的选育,需利用新创造的 BMR 恢复系材料。采用保×恢的杂交组合选育 BMR 饲草高粱不育系,由于杂交亲本里含有显性恢复基因,因此在杂种后代中只能分离出极少数具有保持能力的单株,即隐性纯合雄性不育基因型,因而需要种植较大的杂种后代群体。如果双亲有一个是非 BMR 型,后代需隐形纯合雄性不育基因型同时还需要 BMR 型隐型纯合体,这样一来,必然要花费更大的工作量和更多的时间才能选出稳定的不育系。

5.2.3　BMR 饲草高粱不育系与保持系的选育技术

BMR 饲草高粱选育技术包括:回交后代的育性鉴定技术;回交转育父本的选择使用技术;回交转育 BMR 不育系的授粉方式;不育株柱头生活力鉴定技术等。

5.2.3.1　回交后代的育性鉴定技术

在回交转育雄性不育系时,回交后代的育性鉴定技术一般采取目测鉴定法。BMR 饲草高粱抽穗后,选取穗不同部位的小穗,用手挤压护颖使花药外露,观察其大小和颜色是否正常,并用手指将花药捻破,看其是否有花粉粒及其饱满程度。根据上述鉴定结果,将初步定为不育株的挂记标签。开花时,将开花前经目测人选的不育单株进一步观察花药的大小和颜色,或于早晨开花时摇动植株看是否有花粉散出,进一步鉴定不育程度的好坏。对花药呈乳白色、紫色、褐色,瘦小无花粉的植株,应作为不育株进行回交。也可采用半透明硫酸纸袋对其进行套袋,这样既便于观察、节省时间,又可保证选育质量。

5.2.3.2　回交转育父本的选择使用技术

回交转育不育系的关键是严格选择回交父本。根据育种目标的要求,一般应选择植株较矮、抗叶部病害、经济性状好的品种或品系做回交父本。因为矮秆父本育成的不育系,方便制种时父本授粉和去杂去劣。这样可以提高抗倒伏能力,适当增加种植密度,靠群体使制种田增产。但也不应太矮,因为饲草高粱是以收获生物产量高为主要目的的,太矮影响杂交后代的株高。在这一点上不同于粒用高粱。对于选定的回交父本品种,最好是已经过自交纯化的,如果该品种比较混杂,应选择典型株经 2~3 代自交纯化后,再进行回交转育。

在回交转育过程中,为了能有充分的时间观测鉴定回交后代的不育性,要适当晚播回交父本,一般比母本的正常生育期晚播 7 d,使父、母本开花期错开,达到母本全部开完花时,父本开始开花的状况。这样可在母本开花期间有充足的时间观察母本的不育性表现,以便准确选择不育性好的植株与父本回交。

5.2.3.3　回交转育 BMR 不育系的授粉方式

根据回交转育的低代或高代,可采取不同的授粉方式。

（1）套袋授粉法　上午当田间露水消失后,把套袋的父本植株倾斜,轻轻摇动,把花粉集中到纸袋的一角,并将袋角折叠,防止花粉落出来,取下装有父本花粉的纸袋。这时,将套在母本株上的纸袋取下,迅速将父本袋套在开花母本的穗上,左手把纸袋下部封闭捏紧,右手摇动母本植株,将折叠的袋角逐渐展开,使花粉均匀地撒落到母本穗上,同时摇动母本穗,保证花粉授到母本全穗上。这种方法操作简单方便,并能防止串粉混杂,一般在回交低代时采用该法。

（2）绑穗授粉法　这种方法适于回交高代不育系回交或小面积繁育新不育系。具体操作是,当母体抽穗开花时,先鉴定育性,选择不育性好、株型相似于父本的母本穗与邻行的父本穗捆在一起,然后将父母本穗套在一个纸袋内。当父本穗开花散粉时,每天上午露水消失后摇动纸袋,使父本花松散落到母本穗上,以保证母本充分授粉。这种方法既简便易行,又能防止串粉混杂,缺点是有时母本穗授粉不匀,影响结实率。

5.2.3.4　不育株柱头生活力鉴定技术

柱头生活力的强弱是不育系的重要性状之一。一般来说,从形态上看,柱头的长短与接受父本花粉的能力有很大关系。柱头越长,接受花粉的能力就越强,柱头越短,接受花粉的能力就越弱。而且,柱头的生活力与授粉结实率关系很大。鉴定柱头生活力采用套袋授粉目测法。对正在转育的成对材料,母本适当早播,抽穗后套袋,挂记标签,记载开花始期、末期,并于开花末期后 5 d 进行授粉。观察授粉穗上、中、下部的结实情况,如果穗子上、中、下部结实均好,可以断定从始花期到末花期共用了 5 d 时间,加上末花期后 5 d 授粉的时间,共 10 d,表明该穗柱头生活力可达 10 d 以上。如果穗上部结实较差,中、下部结实较好,这样一来,从穗中部盛花期到末花期用了 3 d 时间,加上推后授粉的 5 d 时间,表明柱头的生活力为 8 d 左右。如果上、中部穗结实较差,下部结实较好,那么从末花期前 1 d 到推后授粉的 5 d,共 6 d 时间,表明柱头生活力为 6 d 左右。

对已育成的雄性不育系柱头生活力的鉴定可采取下述方法。在开花盛期,选取 10 个不育穗,把当天开花的小穗全部留下,剪掉开过花和未开花的小穗,全部套袋,挂记标签,记载开花日期。然后,每隔 2 d 对其中 1 穗进行授粉,记载授粉日期,全部授完后,进行结实率的调查。根据授粉日期和结实率为 90% 的时间将柱头生活力分为 3 级:如果在 10 d 以后授粉结实率仍达 90% 以上者,为柱头生活力强;6~10 d 授粉结实率达 90% 以上者,为柱头生活力中等;6 d 以下为柱头生活力弱。

5.2.4 BMR 苏丹草新品系的选育方法

5.2.4.1 亲本系杂交法

选择 BMR 苏丹草与 BMR 饲草高粱或不育系进行杂交选育。首先得到 F_1 代杂交种,再从不同世代分离群体中选择目标性状材料。若现有 BMR 性状材料有限,或只有少量引进的几个 BMR 性状材料,此法很难实现。但育种实践工作中,由于从国外引进的 BMR 材料往往是苏丹草或高丹草杂交种,相当于 F_1 代,可不用再进行杂交,直接选择利用。河北省农业科学院旱作农业研究所经过实际探讨利用此法非常有效,已选育出几个 BMR 苏丹草新品系。需要注意的是,杂交种后代除一般性状分离外,育性表现也发生分离,F_2 代可分离出全育株、半育株和不育株。因此,后代选择苏丹草材料时,一定要注意材料的育性、穗部性状及花粉量选择要选择全育株进行连续自交分离,即可选出与型号的稳定系。具体操作如下:选取 BMR 苏丹草杂交种或 BMR 高丹草材料综合性状较好的,这类高粱杂交种本身即是由不育系和恢复系杂交育成的,采取类似常规杂交育种方法进行,引进材料就是 F_1 代,连续自交多代,从后代分离群体中选择具有目标性状的材料进行后代选择,一般需要 5～6 代便可得到稳定系(图 5-3)。对于高丹草亲本苏丹草稳定系选育标准,国内尚未见到相关研究报道,河北省农林科学院旱作农业研究所根据多年的育种实践做了初步总结归纳,实践应用效果较好,也适合于 BMR 材料的选择。

BMR 苏丹草改良后代选择标准:BMR 特征、分蘖性好,分蘖与主茎生长势一致性好;株型紧凑;叶量丰富,株高适中;刈割后再生性强;抗倒伏、抗病;生育期适中,育性好,花粉量大,结实性强。需要注意的是,后代选择过程中育性选择一定要选择可育性强的单株。

5.2.4.2 杂交选育法

如 BMR 苏丹草杂交种或 BMR 高丹草个别性状表现不好,或从中选育出的 BMR 苏丹草稳定系某些性状仍存在缺陷,可采取杂交选育法进行改良,杂交亲本可选择 BMR 苏丹草或非 BMR 苏丹草材料。此类方法需要人工去雄来完成杂交组合的组配。实际育种中,往往没有现有的 BMR 苏丹草材料,所以杂交亲本需选择非 BMR 苏丹草材料。由于 BMR 性状对于白脉、蜡脉品种均表现为隐型,杂交后代群体中 BMR 性状只有达到纯合后,才能表现出 BMR 特征。因此,杂交后代选择群体数量要较大,以保证 BMR 纯合个体有一定数量的出现。在考虑与其他优良性状的结合显现,所以 F_2、F_3 代群体一般不应低于 500 株。

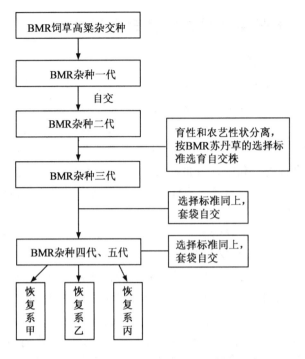

图 5-3　亲本系杂交法选育 BMR 恢复系程序图

5.2.4.3　诱变选育法

　　主要是采用诱变因素,如用 ^{60}Co γ-射线处理 BMR 苏丹草杂交种或 BMR 高丹草,产生变异后从中选育苏丹草稳定系。这种方法也称辐射育种法,适合用于个别性状的改良。其关键是掌握合适的辐射剂量和辐射时间,另外,群体数量要较大,成功的随机性和偶然性较强。

5.2.5　BMR 饲草高粱恢复系的选育方法

　　选育一个优良的 BMR 饲草高粱,不但要有好的雄性不育系,而且还要有更好的恢复系。所谓一个好的恢复系,就是与不育系杂交后其杂种一代要有强大的经济性状优势。BMR 饲草高粱恢复系的选育方法与 BMR 苏丹草新品系的选育类似,亲本系杂交法、诱变选育法、杂交选育法均可,所不同的是利用的改良材料是不同的。改良材料应选取 BMR 甜高粱杂交种或 BMR 高丹草。后代的选择标准也有明显区别。采用杂交选育法时,非 BMR 亲本最好选甜高粱。BMR 饲草高粱恢复系后代选择标准:首先要保证 BMR 特性的充分表达,这是最基本的要求;其次是 BMR 恢复系对雄性不育系应具有很强的恢复能力,而且所选育的恢复系要具有较高的一般配合力效应,与某个不育系杂交产生的杂交种要表现出很高的特殊配合力。此外,BMR 恢复系还要具备优良的农艺性状,如植株健壮、抗倒伏,穗结构合理、增产潜力大,株型紧凑、叶片上冲,抗病虫害、抗不良环境条件能力强等。

5.3　褐色中脉饲草高粱杂交组合的选配技术

对于新选育好的 BMR 不育系、恢复系以及 BMR 苏丹草新品系,其目的最终是要组配优异的 BMR 饲草高粱组合。一个优良的 BMR 饲草高粱杂交种要求具备杂种优势强,恢复性能好,适应性广和抗逆力强等优点。

5.3.1　BMR 饲草高粱杂交组合选配原则

5.3.1.1　双亲要有较大的亲缘差距

一般亲本亲缘差异愈大杂种优势表现愈大。但优势大并不等于配合力高,如亨加利高粱与中国或南非高粱杂交,其优势很大,表现在植株高大、茎叶繁茂、晚熟等性状上,而中国高粱与南非或西非高粱杂交后,其杂种优势虽然不及亨加利与中国高粱杂交的大,但籽粒优势强,配合力高,同一类型品种间杂交,杂种优势明显小,配合力也低。而饲草高粱是以全株收获为目的的,粒用高粱品种选育一些不好的指标如分蘖性、较高株高等,在饲草高粱杂交种选育中却是好的性状。因此,饲草高粱杂交组合选配需要建立一套新的评价指标体系,其评价标准是以饲草产量及饲用品质为最主要指标,杂交组合选择无需过多考虑籽实产量,从这一点来考虑饲草高粱双亲的选育较容易,杂交优势组合评价筛选主要看营养体,评价时期在抽穗期或灌浆期,也较籽实生育期提前,因此相对简单易行。

由于饲草高粱杂交种选配评价的主要是营养体产量,所以饲草高粱尤其是高丹草亲本对恢复系的育性要求也不严,甚至杂交组合后代育性完全不育也可。育种实践中已有利用 A3 不育系组培的新品种被审定。由于 A3 不育系目前很难找到恢复系,因此在粒用高粱育种中很难利用,但培育饲草品种则可以利用。目前国内培育的品种如国家高粱品种区域试验通过审定的山西省农业科学院高粱研究所培育的高粱苏丹草杂交种晋草 1 号,国家草品种区域试验通过审定的河北省农林科学院旱作农业研究所培育的高丹草品种冀草 2 号,均采用了 A3 型不育系为亲本。

5.3.1.2　双亲的性状应互补

正确选择杂交亲本的性状会使有利性状在杂交种中充分表现。例如,抗高粱丝黑穗病是显性性状,只要亲本之一是抗病的,杂交种就会获得抗病性,因此,不必双亲都要求抗病;单宁含量高对低是显性,要使杂交种的单宁含量低,则杂交双亲的单宁含量均要低;一个亲本的穗子长而紧,另一个亲本的穗子宽而紧,杂交种的穗子才能长、大和紧,穗粒数多;大粒亲本与多粒亲本组配,杂交种表现粒大粒多。在株高和生育期性状上,利用性状互补效应则更易奏效。为获得高秆的饲用杂交种或粮秆兼用杂交种,可选用基因型为 $dw1\ Dw2\ dw3\ dw4$ 的短秆母本,与基因型为 $Dw1\ dw2\ Dw3\ dw4$ 的高秆父本杂交,其产生的杂交种基因型为 $Dw1\ Dw2\ Dw3\ dw4$,株高在 2.5 m 以上;在生育期性状上,如选用基因型为 $ma1\ Ma2\ Ma3\ Ma4$ 的母本与基因型为 $Ma1\ ma2\ Ma3\ ma4$ 的父本杂交,则可获得晚熟的杂交种。

5.3.1.3　双亲的平均性状值应高

　　杂交双亲的选择除注意性状互补外,还要考虑性状的平均值要高,因为杂种一代的性状值不仅与基因的显性效应有关,而且也与基因的加性效应有关。高粱在形态、产量和品质性状等方面,亲子之间都表现出显著的回归关系,即亲本的性状值高,杂种一代的性状值也高。选配亲本时,与其注意双亲性状差值之大小,不如注重双亲性状均值之高低。尤其是在有些性状不存在杂种优势或杂种优势很小的情况下,如蛋白质含量、赖氨酸含量、千粒重等,亲本的性状值不高,则杂交种的性状值也不高。因此,必须重视亲本性状平均值的选择。此外,杂交双亲的生育日数要相同或接近,尤其在开花期上最好一致或接近,以减少制种时错期播种所需的工时,或避免由于错期播种拉得过长,因温度、光照、土壤水分的原因而造成的花期不遇;再者,父本恢复系要比母本不育系高一点,以保证不育系授粉良好。

　　当然,在实际选择中很难获得在所有性状上都符合要求的理想杂交组合,因此,应根据育种目标和实际条件有所侧重。例如,在干旱地区应首先关注杂交亲本的抗旱性和丰产性;在病害多发地区应注重亲本抗病性的选择。

5.3.2　BMR 饲草高粱杂交组合的选育程序

5.3.2.1　测交

　　测交是指用新选育的 BMR 不育系和 BMR 恢复系杂交,得到杂交种种子,并进行杂交种的鉴定。对亲本系选育来说,测交的主要目的是测定亲本系的配合力;对杂交种选配来说,测交的主要目的是选择优良杂交种。

5.3.2.2　组合初步鉴定

　　组合初步鉴定是对新组配的杂交种进行初步的鉴定,包括育性、产量等经济性状、抗性性状的鉴定等。

产量鉴定是杂交种最关键的鉴定之一,因为产量鉴定的结果决定杂交种能否推广应用。由于参试鉴定的杂交种数目较多,故田间鉴定试验一般采取对比法或间比法设计,每隔 2、4 或 9 个小区设一对照区。增加重复可以提高试验的准确性。播种前,应根据植株的高矮,将杂交种适当排开种植。在整个生育期注意观察比较,做物候期记载,并做好育性鉴定。

抗性性状的好坏对保证杂交种的稳产性至关重要。对高粱杂交种来说,抗病虫性鉴定尤为重要。高粱的主要病虫害有高粱丝黑穗病、高粱蚜虫和玉米螟虫。对那些与对照相比明显低产或感病或倒伏的测定种,在收获之前直观鉴定时就可淘汰。

5.3.2.3　品种比较试验

通过初步育性鉴定、产量鉴定和抗性鉴定,筛选出来的表现较好的杂交种进一步进行品种比较试验。品种比较试验是在育种单位进行的产量高级试验,而且参加试验的杂交种数目有一定限制,一般都采取随机区组设计或拉丁方设计,小区面积 30 m² 左右,3 次重复。播前根据产量鉴定试验调查的结果,将株高和生育期相差大的组合适当排开种植,以避免造成较大的相互影响。在试验时,种植密度要按着每个杂交种的最适密度进行,以发挥该杂交种的增产潜力。品种比较试验的主要目的是进一步鉴定产量性状的表现,还要继续鉴定育性、抗性性状,以及品质等其他经济性状。品种比较试验一般进行 2 年,根据 2 年试验的结果,进行综合评价,把那些表现优良的符合育种目标的杂交种申请参加国家或省级区域试验。

5.3.2.4　区域试验

区域试验分为全省区域试验和全国区域试验 2 级。各育种单位通过品种比较试验的杂交种申报省级区域试验。区域试验的目的是鉴定杂交种的区域适应性。将参加区域试验的杂交种统一安排到不同的气候、生态区域内进行试验,进一步鉴定杂交种的丰产性和区域适应性。在区域试验中,由于各地生态条件有一定差异,因此,对杂交种的育性反应也要进行观察或鉴定。因为有的(些)杂交种在某(些)地区表现恢复性很好,但在某(些)地区则恢复性较差或很差,因此必须对育性进行监测。此外,对杂交种的主要病虫害抗性表现也应进行鉴定,因为在不同生态区域内,病虫的生理小种和流行种不完全一样,杂交种抗病虫性的表现也不尽相同,必须进行观察记载。

区域试验一般要进行 2 年,试验地点的选择要注意在本区域内在气象条件、土壤地力、生产能力、技术水平等方面有相当的代表性。省级区域试验完成后,经省农作物品种审定委员会审(认)定后,方可进入全国区域试验。国家及有关省对区域试验都有严格的规定或规程要求。一般有国家或省相应农业管理部门负责。随着育种研究进程、育种工作发展及客观条件的变化,相应的管理办法也在不断完善。

5.3.2.5 生产试验

通过区域试验的杂交种进入生产试验,即把在区域试验中表现高产、适应性广、抗性强的杂交种,安排到经区域试验后确定的适宜种植的地区,鉴定其生产潜力和对当地条件的适应性。生产试验的小区面积比区域试验的面积大得多,其面积大小的确定要根据当地的条件来考虑,一般在不低于 1.5 亩。通常生产试验也进行 2 年。第 1 年区域试验表现优良的杂交种,在第 2 年进行区域试验的同时可以进行生产试验。

5.3.2.6 生产试种和示范

生产试种和示范是把表现优良的杂交种在生产上进行试种、示范。生产示范完全按照生产条件、生产管理进行,杂交种的表现对农民来说起示范作用。通常,生产示范从杂交种参加区域试验开始就可以进行。生产示范的面积要大一些,以便进一步考察其丰产、稳产性,并研究和总结高产的栽培技术和措施。在试种示范中,组织农民参观,广泛征求农民的意见,让农民对杂交种的优缺点作出评价,对其缺点要研究相应的栽培措施加以克服,对其优点要采取相应的技术加以发挥,即所谓扬长避短,或者说叫良种良法配套,为大面积推广做好准备。

5.3.2.7 杂交种审定和推广

完成全部育种程序的,有推广应用价值的优良杂交种,由选育单位向各级(国家和省)农作物品种审定委员会提出品种审定申请,品种审定委员会对被审定品种进行全面、严格审查,包括各种试验数据和资料,技术档案资料,并听取基层种子部门、生产单位和农户对被审定品种的意见后,认为该品种有生产推广应用价值,则通过审定,命名推广。在审定命名的同时,要确定该杂交种的适宜种植地区及其繁、制种技术和栽培技术。

杂交种从参加品种比较试验以后,每年在试验的同时要复配杂交种种子和繁育亲本系种子,也可以采取小面积隔离区进行亲本繁育和杂交种制种,以满足试验和示范的种子需要。杂交种选配的全部程序见图 5-4。

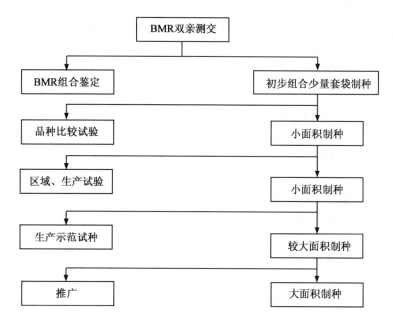

图 5-4　BMR 饲草高粱杂交种选育程序模式

5.4　褐色中脉饲草高粱杂交种种子生产技术

育成优良的 BMR 饲草高粱杂交种后就可通过三系配套的制种方法将其投入到生产上,不育系的繁育和杂交制种程序见图 5-5。在图 5-5 中,一个是杂交种制种区,另一个是不育系繁育区。在杂交种制种区,利用不育系 A 和恢复系 B 杂交,便可得到优质、纯化的 BMR 饲草高粱种子,恢复系 B 种子经同胞交配可以得到繁育,就无需再设隔离区繁育恢复系 B 种子。但是不育系 A 要另设隔离区,与保持

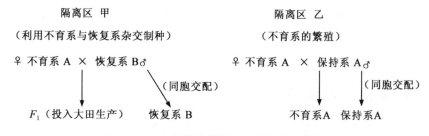

图 5-5　BMR 饲草高粱不育系的繁育和杂交制种程序

系 A 交配,来繁育不育系 A,即不育系繁殖区。在这个隔离区内保持系 A 种子经同胞交配也得到了繁殖。但是要搞好制种田必须掌握如下技术。

5.4.1　选地与隔离

为保证杂交种种子的产量和种子纯度,土地的选择和隔离是制种技术的关键。制种田的土地应选择土壤肥力较好,地势平坦,旱涝保收的地块。为防止非父本花粉进入制种田,还必须具备一定的隔离条件。不育系繁育田隔离距离至少为500 m,杂交种制种田的隔离距离为 300 m 以上。当然也可以利用村庄、山峰、林地、山沟等天然屏障等进行隔离,或利用玉米、大麻等高秆作物作屏障进行隔离,也可将制种田与生产田进行错期播种,使二者的花期错开等通过时间上的隔离来进行制种。田间制种中可根据实际情况来选择不同的隔离措施。

5.4.2　适当行比

合理的父、母本行比,既要保证有充足的花粉量,又要尽可能多地获得杂交种种子。不育系繁育田里的不育系和保持系株高相同,父母本行比一般采用 2∶4。而杂交种制种田里不育系与恢复系的行比,常因恢复系的株高和花粉量的多少而定,如高丹草制种田因恢复系苏丹草具有较强的分蘖性,父母本一般采用 1∶4 的行比进行种植。制种田父母本行比常采用的为 2∶6、2∶8 和 2∶10 等。可根据实际情况确定。

5.4.3　播种期的确定

在杂交种制种田里由于不育系和恢复系的生育期常不一样,需要根据父、母本的生育期来进行播期调整,以确定其合适的播种期。饲草高粱制种田中,若父、母本同期开花,或者母本比父本早开花 2～3 d,父母本均可同播。因为母本先开花,其柱头生活力可以保持 5～7 d,而父本先开花,5～7 d 花粉散尽,母本因得不到花粉而不能结实;而在高丹草制种田中,宁愿将父本先开花,也不要母本先开花,因为父本苏丹草主茎穗开花后,其分蘖穗仍可以开花散粉,而母本先开花 5～7 d 因柱头已丧失生命力,即使得到父本花粉也不能结实。

5.4.4　花期预测与调节

确定最佳播种期目的是使父、母本花期能够相遇,但由于父母本对气候、干旱雨涝以及土壤肥力的反应不同,生育过程中会造成差异而使花期不遇,因此必须进行花期预测和调节。花期预测有叶片计算法和观察幼穗法等。叶片计算法要定点定株标定叶数,计算父母本的叶片差数,以预测花期是否相遇。观察幼穗法是在幼穗开始分化以后,每隔 5～7 d 观察父母本幼穗分化所处的阶段,以预测花期是否相遇。若发现父、母本花期不能相遇,要及时进行调节,具体措施是苗期父、母本生长差异大时,可对生长快的亲本采取晚定苗,留小苗;反之则早定苗,留大苗。拔节后父、母本花期不协调时,可采取偏肥水管理,促进生长迟缓的亲本系赶上去;也可用"九二〇"生长调节剂与磷酸二氢钾液混合后喷施叶片,提高其生长速度,达到花期相遇。对高丹草制种田也可对恢复系苏丹草采取抽取主茎穗刺激分蘖穗开花的方法进行花期调节。

5.4.5　去杂技术

田间去杂工作要从苗期到开花期全程进行,严格把关,才能获得高质量的杂交种种子。一般制种田去杂工作一般分 3 个时期进行。苗期可根据芽鞘色、叶色、叶脉质地、颜色、株型及其他特异性状进行第 1 次去杂;拔节之后到抽穗前可根据株型、株高、叶片颜色、叶脉颜色等性状进行第 2 次去杂;抽穗后到开花初期可根据穗形、穗形、颖壳质地、颜色、芒性等性状进行第 3 次去杂。

5.4.6　辅助授粉

人工辅助授粉可提高母本结实率、增加制种田种子产量。人工辅助授粉应根据花期相遇情况从以下 3 个方面进行考虑。

①授粉次数　花期相遇良好时一般为 5～7 次,花期基本相遇时不少于 10 次,花期相遇不好时应在 15 次以上。

②授粉时间　每天应在露水消散后人工摇动已开花的父本,上午一般在 7:00～9:00 进行,阴天则往后推延。

③授粉方法　当父本开花较多时,用竹竿轻敲父本茎秆,使花粉飞散落在母本穗上。对于过早或过晚开花的母本穗,应采取人工取粉的办法进行授粉。

5.4.7　收获与贮藏

为保证种子纯度,父、母本应分期收获,饲草高粱制种田一般也可先收母本后收父本,为避免混在,不应同时收获父、母本。在北方,制种田要比生产田尽量早收,以便利用秋日阳光快速干燥种子,确保天冷上冻之前使种子含水量降至安全水分。对父、母本要做到分别收割、装运、脱粒和储藏,严防混杂。

5.5 褐色中脉饲草高粱研究存在的问题及展望

随着我国农业产业结构的调整以及畜牧业的快速发展,对优质饲草的需求量越来越大,为饲草高粱等优质饲草的发展提供了更大的空间。饲草高粱营养生长时间长、植株高大、茎秆粗壮、根系发达、分蘖和再生能力强,可多次刈割。由于其综合性状好,适应性强、适口性好、鲜草产量高、供草期长、生产成本低等优点,已成为农区养畜的重要优质高产饲料作物之一。

5.5.1 饲草高粱的主要特点

5.5.1.1 生物产量高

饲草高粱属高光效 C_4 作物,再生能力强,生物产量高。在我国北方,一年可刈割 2～3 次,在南方可刈割 4～5 次。一般每公顷产鲜草 90 000～120 000 kg,最高可达 225 000 kg 以上。高丹草是利用远缘杂交的种间杂种一代,其杂种优势十分显著,是其生物产量高的原因之一。

5.5.1.2 营养价值高

饲草高粱杂交种不仅产量高,而且具有较高的营养价值。研究表明:高丹草的粗蛋白质含量高于苏丹草,也比其他饲草如草木犀、沙打旺高,与饲用黑麦、串叶松香草的含量相当。单位面积的粗蛋白质产量也较高。

5.5.1.3 抗逆性突出

由于高粱和苏丹草均起源于干旱、炎热、土壤贫瘠的非洲大陆,因此具有较强的抗逆性。饲草高粱杂交种不仅保持了双亲的优点,还因其强大根系超过双亲,因而与其他饲草作物比较则更为抗旱、耐涝、耐高温、耐盐碱、耐瘠薄等。

5.5.1.4 适应性广

由于饲草高粱杂交种是收获营养体,且可根据需要一年进行多次刈割,因此其种植区域十分广阔,不论在热带、温代、亚寒带,还是在干旱、半干旱、低洼易涝、盐碱和土壤瘠薄地区种植均能发挥其优势。此外,饲草高粱杂交种再生能力强、生长速度快,即使在无霜区短的地区种植也可获得较高的鲜草产量。

5.5.2 饲草高粱生产利用中存在的主要问题

饲草高粱生产利用中存在的主要问题有:

①国产品种少,生产性能不理想;全国各地生态条件迥异,品种各地表现不一;

同时,良繁体系不健全,种子供应不足。

②生产中仍以国外品种为主,如澳大利亚的健宝、美国的乐食;主要依赖进口,种子供应没保障;同时,进口种子价格偏高,致使生产成本提高。

③与品种配套栽培技术不完善,各地生产条件不同,使用也不规范;实际生产中重种轻管,肥水投入不足。

④大面积刈割尚无专用机械,对机械收获对茬口及下茬再生性的影响缺乏定量评价。

⑤国内对高丹草青贮技术的研究尚属空白,由于其收获时的高水分导致其青贮加工难度加大,需要进行深入细致的研究探讨。

⑥饲草高粱作为禾本科饲草,其木质化程度相对较高,特别是生长至后期——籽实灌浆期,随着干物质积累,本应为最好利用时期,但其茎秆木质化程度增强,导致饲用品质大幅下降,饲草消化率大大降低。给饲喂利用造成一定的困难。

5.5.3　饲草高粱是农牧区具有发展前景的优质牧草

高丹草具有抗旱、耐盐、耐瘠的特点,可利用旱薄荒瘠、盐碱地种植,减少发展牧草与粮棉争地的矛盾,且能缓和北方农区水资源日趋紧张的矛盾,实现节水农业与饲草业发展的有机结合,有利于农业可持续发展。我国北方拥有大面积的旱薄地、盐碱地,配合奶业为主的草食畜牧业对优质牧草的需求,饲草高粱市场应用、发展前景广阔。

饲草高粱的推广应用可以促进传统种植业由"二元结构"向"三元结构"转变,促进农业可持续发展和向现代农业转变;缓解农区饲草料短缺矛盾;可以对奶业提供优质饲草料支撑,节约精料用量,缓解我国蛋白质饲料的供需矛盾,保障国家食物安全。

5.5.4　我国 BMR 饲草高粱育种存在问题及利用前景

BMR 饲草高粱在我国研究刚刚起步,由于其可从根本上解决其木质化程度相对较高,导致饲用品质、饲草消化率低的问题,因此应用前景非常广阔,但要选育出适合我国当地的品种还有许多问题亟须解决,具体为:a. 国外 BMR 饲草高粱资源引进后,直接利用存在诸多困难,主要依靠自主创新;虽已有些单位选配出部分组合,但区域试验表现不理想。b. 国外引进的 BMR 饲草高粱品种目前来看,与现有非 BMR 品种比较,大多数综合评价适应性、抗逆性较差,没有明显优势。c. BMR 饲草高粱不育系转育新途径、新方法探讨,转基因技术的应用,BMR 饲草高粱材料的抗性改善、生物产量的提高、饲用品质及饲喂效果评价等尚需进一步研究。d. 国内开展此类研究的单位不过几家,人员、经费投入有限,技术积累不够,需要同行共同努力开展多方位研究,同时更需要得到国家相关部门的专项支持。

希望国内从事相关研究单位能够携手共进、资源互享、优势互补、联合攻关,从研究上尽快实现突破。因此,我国 BMR 饲草高粱杂交种新品种选育及应用任重而道远。

参考文献

[1] Bucholtz D L,CantrellR P,Axtell J D,*et al*. Lignin biochemistry of normal and brownmidrib mutant sorghum. Agric. Food Chem,1980,28(6):1239-1241.

[2] Pedersen J F,Vogel K P,Funnell D L. Impact of reduced lignin on plant fitness. Crop Sci. ,2005,45:812-819.

[3] 盖钧镒. 作物育种学各论. 北京:中国农业出版社,1997.

[4] 卢庆善. 植物育种方法论. 北京:中国农业出版社,1996.

[5] 卢庆善. 高粱学. 北京:中国农业出版社,1999.

[6] 卢庆善,孙毅,华泽田. 农作物杂种优势. 北京:中国农业科技出版社,2001.

[7] 张福耀,平俊爱,王瑞. 褐色中脉 *bmr* 高粱研究与利用进展. 中国农业科技导报,2009,11(2):30-33.

附　　录

附录1　全国高粱品种区域试验调查记载项目及标准

1.1　物候期

1.1.1　播种期

播种期指播种当日。

1.1.2　出苗期

出苗期指幼苗出土"露锥"(即子叶展开前)达75％的日期。

1.1.3　抽穗期

抽穗期指全区75％的植株穗部开始突破剑叶鞘达75％的日期。

1.1.4　开花期

开花期指全区有75％的穗开花占全穗75％的日期。

1.1.5　成熟期

成熟期指75％以上植株的穗下部籽粒达蜡状硬度的日期。

1.1.6　生育日数

地方品种调查时,指某一品种在生产地区从出苗到成熟期的日数。

1.1.7　极早、早、中、晚、极晚熟品种

地方品种调查时,按具体栽培地区成熟期的习惯,可按实际生育日数划分,生育日数在100 d以下者为极早熟,101～115 d者为早熟,116～130 d者为中熟,131～145 d者为晚熟,146 d以上者为极晚熟品种。

1.2　主要农艺性状

1.2.1　芽鞘色

幼芽刚出土时芽鞘的颜色,一般以实际颜色表明。

1.2.2 幼苗色

幼苗的颜色,一般以实际颜色表明。

1.2.3 株高

由地面到穗顶的长度,以 cm 为单位,分特矮、矮、中、高、极高 5 类。100 cm 以下的为特矮,101~150 cm 的为矮,151~250 cm 的为中,251~350 cm 的为高,351 cm 以上的为极高。

1.2.4 穗长

自穗下端枝梗叶痕处到穗尖的长度,以 cm 为单位。

1.2.5 穗形

按穗子的松紧程度,分紧、中紧、中散、散 4 种。即观察籽粒已达成熟的穗子,枝梗紧密、手握时有硬性感觉者为紧穗形。枝梗紧密、手握时无硬性感觉者为中紧穗形。第 1、2 级分枝虽短,但穗子不紧密,向光观察时枝梗间有透明现象者为中散穗形。第 1 级分枝较长,穗子一经触动,枝梗动摇且有下垂表现者为散穗形。其中,枝梗向一个方向垂散者为侧散穗形,向四周垂散者为周散穗形。

1.2.6 穗形

按穗的实际形状记载,如纺锤形、牛心形、圆筒形、棒形、杯形、球形、伞形、帚形等。

1.2.7 茎粗

按植株地表起 1/3 处节间的大径为准。

1.2.8 壳色

按壳的实际颜色记载,如红、黑、褐、黄、白等。

1.2.9 粒色

按籽粒的实际颜色记载,如红、黑、褐、黄、白等。

1.2.10 粒形

按籽粒的实际形状记载,如圆形、椭圆形、卵形、长圆形等。

1.2.11 籽粒大小

用千粒重量的多少表示,以 g 为单位,分极小、小、中、大、极大 5 级。千粒重 10 g 以下为极小粒,10.1~25 g 为小粒,25.1~30 g 为中粒,30.1~35 g 为大粒,35.1 g 以上为极大粒。

1.2.12　穗粒重

单穗脱粒后的籽粒重量,以 g 表示。

1.2.13　千粒重

1 000 个完全粒的重量,重复 1 次取平均值,以 g 为单位。

1.2.14　穗粒数

以千粒重除以穗粒重,乘 1 000 即得。

1.2.15　籽粒整齐度

以籽粒大小整齐度分整齐、不整齐 2 种。同等粒占 95％以上者为整齐,占 94％以下者为不整齐。

1.2.16　着壳率

按籽粒着壳的多少,分少、中、多 3 级。着壳率在 4％以下的为少,在 5％～7％的为中,在 8％以上的为多。

1.2.17　角质

以籽粒的横断面角质含量的多少,分高、中、低 3 级。角质占 70％以上的为高,占 31％～69％的为中,占 30％以下的为低。

1.2.18　育性

育性指杂交种恢复育性情况,抽穗后套袋检查结实率(％)。

1.2.19　产量

产量指某一栽培地区当时的每公顷产量,以 kg/hm^2 为单位。

1.2.20　鲜重产量

单位面积土地上所收获的地上部分的全部产量,以 kg/hm^2 为单位。

1.3　抗性性状

1.3.1　倒伏

以倒伏百分率和级别 2 个参数表示。按植株倾斜角度,分 0、1、2、3 级。直立者为 0 级,倾斜不超过 15°者为 1 级,倾斜不超过 45°者为 2 级,倾斜达到 45°以上者为 3 级。

1.3.2　抗(耐)旱性

根据田间生育表现凋萎程度,分强、中、弱 3 级。在干旱情况下生育正常的为强,生育较差的为中,生育极差的为弱。

1.3.3　叶部病害

根据发病盛期的叶部病害轻重,分无、轻、中、重4级。叶部无病斑的为无,病斑占叶面积20%以下的为轻,占叶面积21%～40%的为中,占叶面积41%以上的为重。

1.3.4　黑穗病

用0.6%菌土接种,调查病株百分率。

1.3.5　螟虫、蚜虫

根据自然发生的轻重程度,分轻、中、重3级。

1.4　品质性状

1.4.1　食用品质

以出饭多少、饭的香味、面食适口性及黏性综合情况,分良、中、不良3级。

1.4.2　出米率

单位重量籽粒出米的百分率。

1.4.3　适口性

米饭口感,分好、中、次3级。

1.4.4　蛋白质、赖氨酸、单宁、淀粉含量

1.4.5　茎秆含糖锤度(%)

用手持量糖仪测量茎中部节间汁液的锤度,并对测得数值进行温度校正。

1.4.6　茎秆出汁率(%)

压榨2遍,出汁率等于榨出汁重除以秆重,再乘以100。

1.4.7　茎叶中粗脂肪(%)、粗纤维(%)、粗灰分(%)、无氮浸出物(%)、氢氰酸含量(mg/kg)

收获时取地上部分的植株到农业部农产品质量监督检验测试中心(沈阳)进行分析。

附录 2　全国草品种区域试验禾本科牧草观测项目与记载标准

2.1　基本情况的记载内容

为了准确掌握试验情况,凡有关试验的基本情况都应详细记载,以保证试验结果的准确和供分析时参考。

2.1.1　试验地概况

试验地概况主要包括:地理位置、海拔、地形、坡度、坡向、土壤类型、土壤 pH、土壤养分(有机质,速效氮、磷、钾)、地下水位、前茬、底肥及整地情况。

2.1.2　气象资料的记载内容

记载内容主要包括:试验点多年及当年的年降水、年均温、最热月均温、最冷月均温、极端最高最低温度、无霜期、初霜日、终霜日、年积温(≥0℃)、年有效积温(≥10℃)以及灾害天气等。

2.1.3　播种情况

播种时气温、播期或移栽期、播种方法、株行距、播种量、播种深度、播种前后是否镇压等。

2.1.4　田间管理

田间管理主要包括:查苗、补种、中耕、锄草、灌溉、施肥、病虫害防治等。

2.2　田间观测记载项目和标准

2.2.1　出苗期(返青期)

50%幼苗出土为出苗期,50%的植株返青为返青期。

2.2.2　分蘖期

有 50%的幼苗在茎的基部茎节上生长侧芽 1 cm 以上为分蘖期。

2.2.3　拔节期

50%植株的第 1 个节露出地面 1～2 cm 为拔节期。

2.2.4　孕穗期

50%植株出现剑叶为孕穗期。

2.2.5　抽穗期

50％植株的穗顶由上部叶鞘伸出而显露于外时为抽穗期。

2.2.6　开花期

50％的植株开花为开花期。

2.2.7　成熟期

成熟期是指 80％以上的种子成熟。成熟期分为 3 个时期,即乳熟期、蜡熟期和完熟期。乳熟期是指 50％以上植株的籽粒内充满乳汁,并接近正常大小;蜡熟期是指 50％以上植株籽粒的颜色接近正常,内呈蜡状;完熟期是指 80％以上的种子坚硬。

2.2.8　生育天数

由出苗(返青)至种子成熟的天数。

2.2.9　枯黄期

50％的植株枯黄时为枯黄期。

2.2.10　生长天数

由出苗(返青)至枯黄期的天数。

2.2.11　抗逆性和抗病虫性

可根据小区内发生的旱害、病虫害等具体情况加以观测记载。

2.2.12　抗倒伏性

植株倾斜大于 45°为倒伏。观察并记载各参试品种(系)在抗倒伏能力方面的差异。

2.2.13　株高

刈割前每小区随机取 10 株,测量从地面拉直后至植株最高部位(芒除外)的绝对高度。

2.2.14　越冬(夏)率

在每小区中选择有代表性的样段 3 处,每样段长 50 cm,做好标记。在越冬(夏)前测定样段内植株数,返青(越夏)后测定样段内的存活植株数,统计越冬(夏)率。

2.2.15　叶茎比

第 1 次刈割测产时,随机从每小区取 3～5 把草样,将 4 个重复的草样混合均匀,取约 1 000 g 样品,然后按茎、叶(含花序)两部分分开,风干或烘干后称重。禾本科牧草的叶鞘部分包括于茎内,穗部包括在叶内。

2.2.16　干鲜比

　　每次刈割测产时,随机从每个小区取 3~5 把草样,剪成 3~4 cm 长,将 4 个重复的草样品混合均匀,取约 1 000 g 样品,编号后称鲜重。风干或烘干后再称干重,即可计算出干鲜比。